野生動物の
レスキューマニュアル

森田 正治 編

文永堂出版

表紙イラスト：飯嶋　佳代

序

　私が野生動物の保護と関わったのは20年ほど前のことで，マイホームを建設した際に自宅の庭にミニ動物園を作ったのがキッカケだった。開園して間もない頃，「動物園だから診て下さい」と傷ついた野鳥が持ち込まれ，その後，野生動物の搬入が相次ぐようになった。それまでにも，家禽を主にいろんな動物を飼育していたが，野生動物を診ることはなかった。

　キツネやタヌキはイヌ科だし，シカは山羊や綿羊と同じ反芻類だし，獣類については何とか診ることができた。しかし，鳥類については知らないことばかりで，大変困った。参考にできるものと言えば，セキセイインコなどの飼い鳥の本の後の方に載っている「鳥の病気」ぐらいだった。

　その後，池谷奉文先生著の『小鳥が元気になる本』，小川 巖氏訳の『野鳥の医学』が出版され，バイブルのように手もとにおき教えを受けたが，時がたつにつれ次第に高度な医療技術が求められるようになった。大学や専門学校の授業，獣医師関係の講習会などの講師をお引き受けした際，自分の手作りのプリントをテキストに使いながら，海外で使えそうなマニュアル本を探した。飼い鳥については海外の訳本が相次いで発行されたが，適当なものは見当たらなかった。

　そんな時，「野生動物レスキュー研修ツアー」を主催し，日本の獣医師や獣医学生らと最先端の技術を学ぶべく米国に出掛けた。何回か受講する中で，ある程度のマニュアルが見えてきたので，独自に作ろうと言うことになった。著者は，日本の第一線で活躍されている先生方ばかりで，お忙しい中ご執筆いただき感謝申し上げます。また，編集にアドバイスをいただいた森田 斌先生，出版にご尽力いただいた文永堂出版の松本 晶氏に深謝致します。

　傷病野生動物が持ち込まれて困った際，動物病院でも，職場でも，自宅でも，この本をひも解いていただければ，お役に立てるものと思います。また，獣医師や動物看護師の講習会，獣医学生や動物看護生らの授業等のテキストとしても活用されることを望んでいます。

　1頭でも1羽でも多くの野生動物の命を救うことができ，救護を通して大きな自然を守る一歩に役立てれば，そして，この本が「生命の尊さと自然の大切さ」を伝えることに役立つならば嬉しい限りです。

2006年2月

森田　正治

編　集　者
（敬称略）

森田　正治

編集アドバイザー
（敬称略）

森田　斌

執　筆　者
（五十音順，敬称略）

角本　千治	金坂　裕	木村　直人
小松　泰史	佐伯　英治	田籠　善次郎
谷山　弘行	中津　賞	中出　哲也
福井　大祐	森田　正治	柳川　久
横田　博		

プロフィール

（五十音順，敬称略）

角本　千治　＜ Kakumoto Chiharu ＞

有限会社 Eco Friends 取締役。東京環境工科専門学校を卒業後，株式会社野生水族繁殖センター，NPO 法人北の海の動物センター研究員を経て現職に至る。1996 年よりアザラシの救護，野生復帰および普及啓発に取り組み，その後，北海道・北方四島・サハリン沿岸海域のアザラシ・トド生態調査のほか，シャチ，シカその他陸棲・海棲哺乳類の研究用骨格標本の作製・指導等に従事。野生動物救護研究会理事。

金坂　裕　＜ Kanesaka Hiroshi ＞

獣医師，バードクリニック金坂動物病院（千葉市）院長。鳥類とウサギ，ハムスター，フェレット等エキゾチックペットの病院を開業。千葉県傷病野生動物救護事業指定獣医師として野生動物救護活動を実地。千葉県獣医師会，野生動物医学会，NPO 法人野生動物救護獣医師協会，千葉県動物保護管理協会，野生動物救護研究会，エキゾチックペット研究会，鳥類臨床研究会に所属。

木村　直人　＜ Kimura Naoto ＞

愛知県犬山市にある㈶日本モンキーセンター世界サル類動物園動物管理担当獣医師。岐阜大学大学院農学研究科修了（獣医学修士）。同園はサルの飼育種数で世界一の動物園であり，診療対象となるサルも多種多様。獣医学の進歩と共に高齢化が進み，現在の課題はサルの老齢医学と QOL（quality of life）の向上。

小松　泰史　＜ Komatsu Yasushi ＞

新ゆりがおか動物病院（東京都稲城市）院長。酪農学園大学酪農学部獣医学科卒業。現在，NPO 法人野生動物救護獣医師協会（WRV）理事，東京都自然環境保全審議会委員（鳥獣部会長），東京都獣医師会副会長。

佐伯　英治　＜ Saeki Hideharu ＞

獣医師，獣医学博士。㈲サエキベテリナリィ・サイエンス代表，東京農工大学非常勤講師などを兼任。日本獣医畜産大学獣医学科卒業，元 日本獣医畜産大学助教授。現在の専門分野は獣医臨床寄生虫学。著書に『エキゾチックペットの寄生虫ハンドブック』（誠文堂新光社），『医療関係者のためパラサイト』（メディカグローブ社）などがある。

田籠　善次郎　＜ Tagomori Zenjiro ＞

諏訪流第 17 代鷹師。諏訪流放鷹術保存会会長。宮内庁鷹匠で諏訪流第 16 代鷹師だった花見 薫氏に師事し，伝統的な鷹匠の技と心を学ぶ。1983 年，日本放鷹協会を設立。1996 年に 17 代を允許され，2006 年に諏訪流放鷹術保存会を設立。現在，後継者の育成ならびに放鷹術を生かした文化事業，傷病猛禽リハビリ，害鳥防除などを行う。文化財庭園の修復等を行う庭園設計家でもある。社団法人日本庭園協会評議員。

谷山　弘行　< Taniyama Hiroyuki >

酪農学園大学獣医学群教授。獣医学博士。酪農学園大学酪農学部獣医学科卒業，帯広畜産大学大学院畜産学研究科獣医学専攻修士課程修了。帯広畜産大学畜産学部助手，酪農学園大学酪農学部講師・助教授を経て現職に至る。アメリカ合衆国オハイオ州立大学医学部留学時（1991～1992年）にはジストロフィンの研究に携わる。獣医学博士（北海道大学）学位論文は「Pathomorphologic studies of pancreatic islets of spontaneous diabetes mellitus in cattle」。2002年に日本獣医学会賞（日本獣医学会）受賞。

中津　賞　< Nakatsu Susumu >

中津動物病院（大阪府堺市）院長。獣医師，獣医学博士。日本獣医 畜産大学獣医学科卒業，同大学大学院博士課程修了，日本獣医畜産大学家畜外科学教室助手を経て開業。「動物の慢性疲労の研究」で日本獣医畜産大学より獣医学博士号授与。大阪府指定の野生鳥獣救護ドクター。大阪府獣医師会より中村賞を受賞。現在，NPO野鳥の病院代表理事，野生動物救護獣医師協会（WRV）大阪支部長，ペピイ動物看護専門学校講師，日本野生動物医学会評議員。

中出　哲也　< Nakade Tetsuya >

酪農学園大学獣医学群獣医学類伴侶動物医療分野画像診断学ユニット教授。酪農学園大学附属動物病院で画像診断，インターベンショナルラジオロジーを担当。小動物外科専門医。宮島沼での水鳥の鉛中毒の診断，治療を通じて野生動物の保護，リハビリ，野生復帰の難しさを実感する。診断・治療・リハビリを含んだ野生動物医療センターの公的機関設立が望まれる。

福井　大祐　< Fukui Daisuke >

旭川市旭山動物園飼育展示係長を経て酪農学園大学附属動物病院麻酔科勤務。日本野生動物医学会認定専門医（動物園動物医学）。専門は，野生動物の臨床医学（特に麻酔疼痛管理），人と野生動物の関わり学，展示動物の福祉。「一つの地球，一つの健康」を大切に守り，自然と野生動物の尊さをこどもたちに引き継いで行きたい…。

森田　斌　< Morita Akira >

2007年12月13日に死去。北海道大学獣医学部卒業。日本モンキーセンター獣医師，岐阜，札幌，大阪，東京での小動物臨床研修を経てダクタリ動物病院国立病院（東京都国分寺市）を開業。クニタチウイルス発見。野生動物救護研究会監事や野生動物救護獣医師協会副会長を歴任された。

森田　正治　< Masaharu Morita >

森田動物病院（北海道中標津町）院長，NPO法人道東動物・自然研究所理事長。酪農学園大学酪農学部獣医学科卒業。NOSAI家畜診療所勤務の傍ら野生動物保護活動を始め，道東野生動物保護センターを設立，その後，活動に専念すべく開業。傷病保護と共に，獣医学生や動物看護生ら対象の「セミナー」「海外研修ツアー」を開講，センターをNPO法人化させ，さらに環境教育に力を入れる。併せて，別海町野付半島ネイチャーセンター長として，自然環境保全やエコツーリズムにも情熱を注ぐ。日本野生動物医学会評議員，野生動物保護施設ネットワーク代表等のほか，動物看護系専門学校（数校）の講師でもある。

柳 川　　久　＜ *Yanagawa Hisashi* ＞
　帯広畜産大学畜産生命科学研究部門教授。農学博士。山口県生まれ，帯広畜産大学畜産学部卒業後，九州大学大学院農学研究科において博士号取得。専門は野生動物管理学（応用動物学）。開発時の野生動物に対するミティゲーションや野生動物による被害対策，動物園動物のエンリッチメントなど幅広く研究。

横 田　　博　＜ *Hiroshi Yokota* ＞
　酪農学園大学獣医学類獣医生化学教室教授。専門は生化学，蛋白質化学，病態生化学。北海道大学水産学部卒業，理学博士（大阪大学）。環境汚染化学物質が生殖機能や神経活動障害の根本原因になっている可能性が指摘されており、現在その機序の解析を行っている。さらに，スクレーピーマウスや牛海綿状脳症（BSE）におけるプリオンの神経毒性機序について研究を進めている。

目　　　次

第1章　看　　　護

1. は　じ　め　に ……………………………………………（森田正治）… 1
2. 鳥　　　類 ………………………………………………（森田正治）… 1
   1）収　　　容 ………………………………………………………… 1
   2）記　　　録 ………………………………………………………… 5
   3）視診（目によるチェック） ……………………………………… 10
   4）聴診（耳によるチェック） ……………………………………… 13
   5）触　　　診 ………………………………………………………… 14
   6）保温・加温 ………………………………………………………… 19
   7）経　口　補　液 …………………………………………………… 20
   8）強制給餌と給餌 …………………………………………………… 22
   9）止まり木と窓 ……………………………………………………… 24
   10）足　　　輪 ………………………………………………………… 25
   11）野　生　復　帰 …………………………………………………… 26
3. 哺　乳　類 ………………………………………………（森田正治）… 28
   1）収　　　容 ………………………………………………………… 28
   2）捕　　獲　　法 …………………………………………………… 30
   3）投薬用吹き矢の作り方 …………………………………………… 33
   4）餌 …………………………………………………………………… 36

第2章　小型・中型鳥類

1. 一般的な診療 …………………………………………………（中津　賞）… 37
   1）野外からの搬送 …………………………………………………… 37
   2）検　　　査 ………………………………………………………… 38
   3）救　急　治　療 …………………………………………………… 39
   4）一般的な治療 ……………………………………………………… 41
   5）鳥　の　注　射　法 ……………………………………………… 45
   6）小型鳥類の保定法 ………………………………………………… 46
   7）穀物食性の鳥に対する注意点 …………………………………… 47
   8）鳥　類　の　病　徴 ……………………………………………… 50

9）麻酔（鳥における注射麻酔法） …………………………………… 50
　10）処　　　置 ………………………………………………………… 51
　11）感　染　症 ………………………………………………………… 65
　12）収容中に発生する損傷・疾患 …………………………………… 69
　13）放鳥時の検査 ……………………………………………………… 75
　参　考　資　料 ………………………………………………………… 77
　　鳥における周手術期の管理 ………………………………………… 77
　　ワシ・タカ類程度の大きさの鳥における脱水の臨床症状………… 79
　　鳥の正常心拍数と呼吸数…………………………………………… 80
2．雛鳥の処置 ……………………………………………（金坂　裕）… 81
　1）主食の食性ごとに分類した鳥種ごとの特徴……………………… 82
3．リハビリと野生復帰までの管理……………………（金坂　裕）… 88
　1）小型鳥類（管理・餌・放鳥） …………………………………… 89
　2）中型鳥類（管理・餌・放鳥） …………………………………… 94

第3章　鳥類の油汚染・中毒

1．油に汚染された鳥類の処置 …………………………（森田正治）… 99
　1）海鳥の体と特性 …………………………………………………… 99
　2）記　　　録 ………………………………………………………… 100
　3）救護の優先と選別（トリアージ）－緊急時の優先割当て決定原理－ …… 100
　4）初　期　手　当 …………………………………………………… 100
　5）健康チェック ……………………………………………………… 101
　6）採血と血液検査 …………………………………………………… 103
　7）薬剤投与と補液 …………………………………………………… 104
　8）ストレスと収容ケージ …………………………………………… 105
　9）洗　　　浄 ………………………………………………………… 108
　10）給　　　餌 ………………………………………………………… 114
　11）リ　ハ　ビ　リ …………………………………………………… 117
　12）放　　　鳥 ………………………………………………………… 120
2．鉛・農薬中毒の鳥類の処置 …………………………（中出哲也）… 121
　1）鉛　中　毒 ………………………………………………………… 121
　2）農　薬　中　毒 …………………………………………………… 125

第4章　猛　禽　類

1．猛禽類の処置 …………………………………………（福井大祐）… 127

1）基礎的背景 ……………………………………………………… 127
　2）保護収容と飼育管理 …………………………………………… 128
　3）救護臨床の実際 ………………………………………………… 131
　4）放鳥までと野生復帰不能個体の環境教育プログラムへの応用 …… 149
2．鷹匠の技術 ……………………………………………（田籠善次郎）… 152
　1）猛禽の扱い方 …………………………………………………… 153
　2）猛禽への接し方 ………………………………………………… 158
　3）放鳥に向けた訓練 ……………………………………………… 161

第5章　哺乳類・両生類

1．タヌキ …………………………………………………（金坂　裕）… 165
　1）診　　察 ………………………………………………………… 165
　2）検　　査 ………………………………………………………… 165
　3）麻　　酔 ………………………………………………………… 165
　4）注　　射 ………………………………………………………… 166
　5）処置管理 ………………………………………………………… 166
　6）手　　術 ………………………………………………………… 167
　7）幼獣の保護 ……………………………………………………… 167
　8）野生復帰 ………………………………………………………… 168
2．キツネ …………………………………………………（森田正治）… 168
　1）診　　察 ………………………………………………………… 168
　2）交通事故等 ……………………………………………………… 169
　3）エキノコックス症検査 ………………………………………… 171
　4）幼獣の保護 ……………………………………………………… 172
　5）キツネの体臭対策 ……………………………………………… 172
3．シ　　カ ………………………………………………（森田正治）… 172
　1）診　　察 ………………………………………………………… 172
　2）血液検査，糞便検査 …………………………………………… 174
　3）注　射　法 ……………………………………………………… 174
　4）断　脚　術 ……………………………………………………… 175
　5）幼獣の保護 ……………………………………………………… 176
　6）餌と飼育 ………………………………………………………… 177
　7）シカの角の話 …………………………………………………… 179
4．リス類，ウサギ類 ……………………………………（柳川　久）… 180
　1）生物学的特徴 …………………………………………………… 180

- 2）救 護 原 因 …………………………………………………… 180
- 3）麻酔，処置など ……………………………………………… 181
- 4）幼獣の処置 …………………………………………………… 182
- 5）餌 ………………………………………………………………… 184
- 6）野 生 復 帰 …………………………………………………… 184

5．ニホンザル …………………………………………（木村直人）… 185
- 1）診　　　　察 ………………………………………………… 186
- 2）検　　　　査 ………………………………………………… 187
- 3）麻　酔　法 …………………………………………………… 188
- 4）注　射　法 …………………………………………………… 188
- 5）処置・手術 …………………………………………………… 189
- 6）幼獣の処置 …………………………………………………… 189
- 7）訓　　　　練 ………………………………………………… 190
- 8）餌 ………………………………………………………………… 190
- 9）野 生 復 帰 …………………………………………………… 190

6．小型コウモリ類 ……………………………………（柳川　久）… 191
- 1）生物学的特徴 ………………………………………………… 191
- 2）救 護 原 因 …………………………………………………… 191
- 3）取り扱い，処置など ………………………………………… 192
- 4）幼獣の処置 …………………………………………………… 193
- 5）餌 ………………………………………………………………… 194
- 6）野 生 復 帰 …………………………………………………… 194

7．海　獣　類 …………………………………………（角本千治）… 195
- 1）は じ め に …………………………………………………… 195
- 2）アザラシの救護 ……………………………………………… 195
- 3）保護時の注意点 ……………………………………………… 196
- 4）収容する施設や飼育管理 …………………………………… 196
- 5）補液および投薬 ……………………………………………… 197
- 6）保定と哺乳・給餌 …………………………………………… 198
- 7）採　　　　血 ………………………………………………… 200
- 8）リ ハ ビ リ …………………………………………………… 201
- 9）野 生 復 帰 …………………………………………………… 201

8．カ　　　メ …………………………………………（中津　賞）… 202
- 1）カメの疾患 …………………………………………………… 204
- 2）保護収容中のカメの健康管理 ……………………………… 211

参　考　資　料 …………………………………………………………… 212

第6章　人獣共通感染症

1．は　じ　め　に ………………………………………（森田正治）… 217
2．オ　ウ　ム　病 ………………………………………（小松泰史）… 217
　　1）病　原　体 …………………………………………………… 217
　　2）オウム病の感染様式と感染源 ……………………………… 217
　　3）オウム病の症状（人） ……………………………………… 218
　　4）オウム病の症状（鳥） ……………………………………… 218
　　5）オウム病の治療（人） ……………………………………… 218
　　6）オウム病の治療と予防（鳥） ……………………………… 220
　　7）オウム病の診断（鳥） ……………………………………… 220
　　8）消　毒　措　置 ……………………………………………… 220
3．エキノコックス症 …………………………………（佐伯英治）… 220
　　1）病　原　体 …………………………………………………… 220
　　2）多包条虫の発育環と野生動物の介在 ……………………… 220
　　3）日本における多包条虫の分布状況 ………………………… 221
　　4）エキノコックス症の症状と診断・治療 …………………… 222
　　5）エキノコックスの拡散とリスクアセスメント …………… 223
4．狂　犬　病 …………………………………………（小松泰史）… 223
　　1）病　原　体 …………………………………………………… 223
　　2）狂犬病の発生と感染源 ……………………………………… 223
　　3）感　染　様　式 ……………………………………………… 224
　　4）狂犬病の症状（犬・野生動物） …………………………… 224
　　5）狂犬病の症状（人） ………………………………………… 224
　　6）治　療　方　法（人） ……………………………………… 224
　　7）予　防　方　法（人） ……………………………………… 225
　　8）予　防　方　法（動物） …………………………………… 225
　　9）わが国で狂犬病の疑いのある野生動物を野外で発見した場合 … 225
5．疥　　　　　癬 ……………………………………（小松泰史）… 225
　　1）病　原　体 …………………………………………………… 225
　　2）感　染　動　物 ……………………………………………… 225
　　3）感　染　経　路 ……………………………………………… 226
　　4）動　物　の　症　状 ………………………………………… 226
　　5）動　物　の　治　療 ………………………………………… 226

6）予　　　　防 …………………………………………………………… 226
　7）人 の 症 状 …………………………………………………………… 226

第7章　病　　　　理

1．病理学的検査 ………………………………………………（谷山弘行）… 227
　1）目　　　　的 …………………………………………………………… 227
　2）病理学的検査の前に …………………………………………………… 227
　3）検　査　法 ……………………………………………………………… 227
2．鳥　　　　類 ………………………………………………（谷山弘行）… 231
　1）解　剖　法 ……………………………………………………………… 231
　2）サンプリング …………………………………………………………… 232
3．哺 乳 類（海獣類）…………………………………………（谷山弘行）… 233
　1）解　剖　法 ……………………………………………………………… 234
　2）サンプリング …………………………………………………………… 236

付　　　　録

環境ホルモンを解説する ………………………………………（横田　博）… 239
　1）は じ め に ……………………………………………………………… 239
　2）環境ホルモンとは何か？ ……………………………………………… 239
　3）環境ホルモンの主なもの ……………………………………………… 239
　4）人の病気との関連 ……………………………………………………… 240
　5）問題の深刻さ …………………………………………………………… 240
　6）私たちの研究の紹介 …………………………………………………… 241
野鳥の感染症・寄生虫症の概要と対策 ………………………（谷山弘行）… 242
　1）序 ………………………………………………………………………… 242
　2）ウ イ ル ス 症 …………………………………………………………… 242
　3）細　菌　症 ……………………………………………………………… 243
　4）真菌症と原虫症 ………………………………………………………… 243
　5）蠕　虫　症 ……………………………………………………………… 244
　6）対　　　　策 …………………………………………………………… 244

参　考　図　書 ……………………………………………………………… 247
索　　　　引 ………………………………………………………………… 253

第1章　看　　　　　護

1．はじめに

　読者の中には，傷付いた野鳥や弱った獣類の手当てや治療を手がけた人もいるだろうし，これから経験する方もおられるでしょう。骨折治療など高度な医療技術も大切だが，初期の手当てや救急処置が適確に行われていなければ，死に至らしめてしまうことになる。

　獣医系大学や動物看護系専門学校では，飼育動物の治療や看護について教えている。動物病院での診療およびスタッフによるシャンプーやトレーニングの場合は，例外はあるものの，ほとんどのペットは大人しい。

　飼育動物が人に慣れているのに対し，無主物の野生動物は全く人慣れしていない。著者の口癖は，「野生動物は人が大嫌い，神経質の固まり」である。できる限り手を掛けないことが，野生動物にとっては親切なことであり，野生動物の手当ては，飼育動物の場合と姿勢を切り替える必要がある。

　真っ先に行わねばらないことは，安静にし保温することである。すぐに餌をやろうとしがちであるが，これは間違いである。それは人の救急救命の場合と同じと考えてもよいだろう。

　ある時，弱った野鳥を拾って持って来た方が，私が収容するダンボール箱を準備している間，「今，診てもらうから，もう少し待ってネ」とその鳥の頭を何度もなでていた。これは人が動物に接する一般的な態度であり，実に心優しいのだが，野生動物に対しての場合，逆効果であることはいうに及ばない。

2．鳥　　　　　類

1）収　　容

（1）入　れ　物

　自分自身で傷付いた野鳥を拾うことは，一生に1度あるかないかのまれなチャンスだろう。拾ったもののいつまでも手に持っているわけにもいかず，持つことのストレスも考えると入れ物に早く移す必要がある。職場や自宅ならいろいろな物があるが，徒歩やドライブ中であれば収容するものをすぐには思いつかない。帽子，タオル，ハンカチ，スカーフ，上着，ソックス，ティッシュペーパーの箱（空にして），袋などを利用するとよい。ビニール袋は嘴や爪で簡単に裂けるので避けたい。

a．ドアと窓のチェック

　動物病院をはじめ動物を取り扱う施設ではごく当たり前の話だが，念のために注意点を書いておこう。鳥籠からダンボール箱に移したり，診療を行う時は必ず，ドアや窓が閉じられていることを確認してから始めよう。万一，逃げられた場合でも捕獲が容易である。弱ったまま屋外へ逃げられてしまうということは，その鳥にとって死を意味するものといっても過言ではなかろう。拾われた時にはグッタリしていても，入れ物に収容して安静にしている間に元気を取り戻すことが多く，油断は許されない。

b．鳥籠はだめ

　鳥籠は，セキセイインコなどの飼い鳥を見て楽しむために使うものである。野生動物は「見られるのが嫌い」であり，鳥籠から逃げようと必死になり翼などを傷めてしまうことが多い（図1-1a，1-1b）。鳥籠を使わないようお勧めするが，使うことになった場合は，籠の上からバスタオルや上着などをかぶせると鳥は安心する（図1-1c）。

c．野鳥はダンボール箱

　鳥籠など入れ物に収容されていた場合は，ダンボール箱に移す。箱の大きさは鳥の体の大きさに合わせる。大きすぎると羽ばたき動き回り，小さすぎると窮屈である。小さなダンボール箱に収容されていた場合も同様である。底が浅い箱だと鳥が中から飛び出しやすいので，深め

図1-1a　飼鳥用の鳥籠に入れて持ち込まれたら，ダンボール箱に移す。

図1-1b　ふたをしないで持ち込まれた悪い例で，搬入時には元気を取り戻し，今にも飛び出しそうである。

図1-1c　鳥籠は野鳥にとって居心地が悪く，籠の上からバスタオルや上衣をかけてあげるのがよい。

の箱の方が安心である。

ダンボールに収容する際，箱に通気穴を開ける人がいるが，完全に密閉されるのならともかく，無理に開ける必要はない。もし，穴を開けるとすれば，その場所は外側が見えない鳥の目線より低い位置が望ましい。ただし，鳥を箱の中に入れた状態での穴開け作業は，鳥を傷付ける恐れがあるので避けたい。

ダンボール箱には，持ちやすいように箱の横に指を差し入れる穴が開けられているものがある。以前，保護し届けられた箱の横穴から鳥が顔を出していて慌てたことがあった。穴をガムテープなどで貼って閉じるべきである（内側からも貼る）。

図 1-2 密封度の高い発泡スチロール箱に穴をあける悪い例も。

「小さな穴では息苦しい」と思ってか，時折，箱の横に窓を開ける人がいる。鳥籠と同様，逃げようと必死になり弱らせてしまう結果となる（図 1-2）。

d．ダンボール箱の利点

ダンボール箱は「鳥の集中治療室」の代わりとして非常に役立つので，是非とも利用をお勧めする。

①何処にでもあり，簡単に手に入る。

②閉じると暗くなり，鳥は落ち着き安静にさせることができる。多くの鳥は「とりめ（夜盲症）」である。

③保温性があり，ショック状態をやわらげることができる。

④使用後，焼却処分することによって防疫対策が容易となる。これからは，動物由来感染症の対策も重要視しなければならない。

なお，「庭で物を燃やしてはいけない」ということに対し，行政は「すべて駄目である」とはいわず，例外を認めているのでご安心いただきたい。

e．キツツキ類の注意点

ずいぶん前の話，持ち込まれた箱にアカゲラを何気なくそのまま入れておいたところ，数時間後には箱を突いて大きな穴を開け，今にも逃げ出しそうだったことがあった。よく考えれば当たり前のことなのだが，ちょっとした油断である。

キツツキ類を保護した場合は，鳥籠かケージをダンボール箱に入れるか，あるいは箱を上からかぶせるとダンボール箱内に収容したのと同じ効果が得られる。ペットボックスを使うとキツツキ類が網につかまることができ，縦長タイプの止まり木が不要で一石二鳥である（図

第1章 看　護

1-3)。

　鳥が鳥籠や小さな箱に収容されて持ち込まれた時は，適当な大きさのダンボール箱に移す必要がある。中に入っている鳥をいきなりつかまえるというのは無謀である。小鳥であれば手のひらに包み込むように，中型以上の鳥ならばタオルを上からかぶせて両手でつかまえるのがよい。万一，逃げられたとしても追いまわしてはいけない。素手でやっと捕まえても羽の何本かを抜いてしまう場合が多い。虫捕り用の網があればよいが，タオル，帽子，上着などを用いて鳥の頭からかぶせると上手くいく。

f．底には新聞紙

　鳥の排糞対策としてダンボール箱の底に吸水性のよい新聞紙を敷くのがよい。糞で新聞紙が汚れた場合，取り替えるの

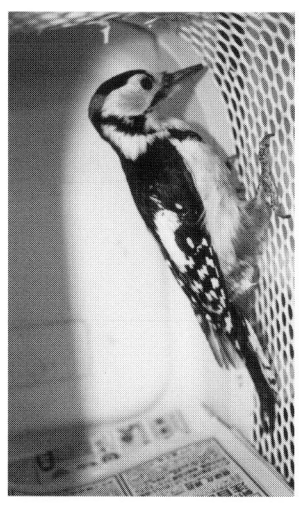

図1-3　ペットボックスはキツツキが突ついても穴は開くことはない。

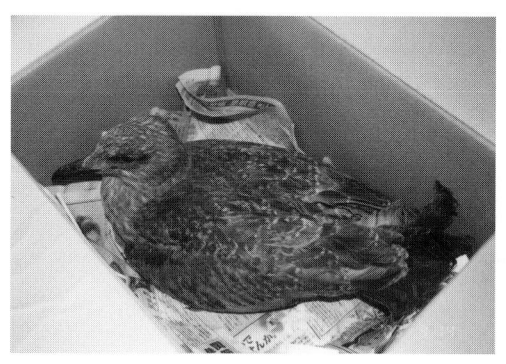

図1-4　中型の鳥なのでダンボール箱と新聞紙の間に挟まることはないが，小鳥は…。

図1-5　きちっと新聞紙を底側に折り曲げると安心。

図1-6　水鳥（ウトウ）が地上で生活するのは脚に負担がかかる。とりあえず短冊状の新聞紙を敷くのがよい。

図1-7　ネットだと脚にやさしく，排糞対策にもなる（ウミガラス）。

ではなく新たに上から新聞紙を重ねるのが，鳥にストレスを加えないためにもよい。なお，新聞紙よりペットシーツの方が鳥の体が汚れにくく，特に長期に及ぶ場合はお勧めする。

ところで，敷く場合には新聞紙とダンボール箱と壁との間に鳥が挟まらないように注意する（図1-4）。新聞紙を底側にきちっと折り曲げるとトラブルはなくなる（図1-5）。水鳥の場合は，水上の生活をしていて地上では脚に負担がかかるので，少しでも和らげるために新聞紙を短冊状に切って敷くのがよい（図1-6）。余裕ができれば，エスロンパイプの枠にネットを張った専用のものを自作して使うとよい（図1-7）。脚にソフトだけでなく，糞が下に落ちて体を汚すことがなくなる。

2）記　　　　録

（1）写　　　真

鳥の識別はなかなか難しいことがあり，写真に撮ることは大変よい。実物よりも写真と野鳥図鑑を見比べて調べると判断がつきやすく，また専門家に見てもらう場合，保護された鳥を持って行くわけにもいかないので写真を撮っておくとよい。今ではデジタルカメラで撮影し，E-mailで画像を送ることができ，とても便利である。また，保定時には，いろいろな角度からの撮影が可能なので，類似種の識別が容易となる。

鳥が持ち込まれたらできるだけ早いうちに写真を撮ることをお勧めする。「元気だから後で撮ろう」「大丈夫そうだから明日にでも」と思っていると容態が急変し死亡してしまうケースがある。

（2）嘴　と　脚

鳥の嘴（図1-8〜図1-14）の形でおおよその食性を知るヒントになるし，脚（図1-15〜図1-20）の形では生息や生活環境を推定することができる。

図1-8　樹上性の鳥の嘴

図1-9　昆虫食の小鳥の嘴

図1-10　種子食の小鳥の嘴

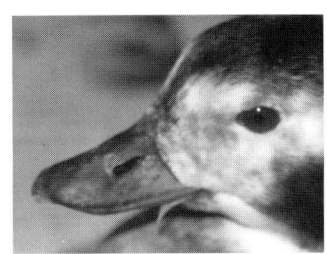

図1-11　カモの嘴

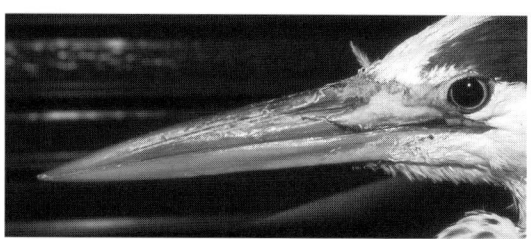

図 1-12 サギの嘴

図 1-13 シギの嘴

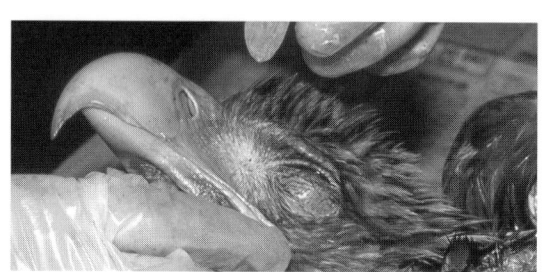

図 1-14 猛禽類の嘴

図 1-15 キツツキの脚

図 1-16 水辺の鳥の脚

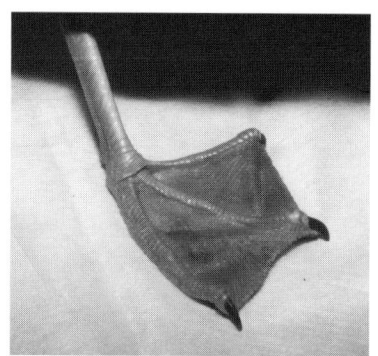

図 1-17 水鳥の脚

図 1-18　地上性の鳥の脚

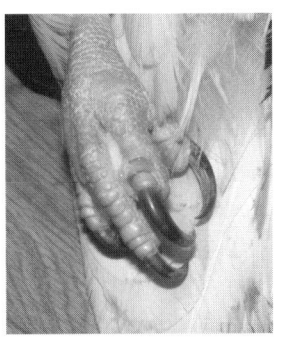
図 1-19　猛禽類の脚

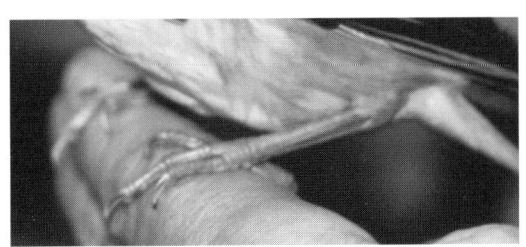
図 1-20　樹上性の鳥の脚

(3) カルテ，記録簿

　動物が持ち込まれると記録をとる必要があるが，北海道では図 1-21 の様式のものが使われている。また，野生動物救護獣医師協会（WRV）では，図 1-22 のカルテを使用し集計しているので参考にしてほしい。
　①保護収容年月日，②保護収容地（市町村名），③保護収容場所，④保護収容理由，⑤動物種，⑥推定年齢，⑦栄養状態，⑧診断，⑨治療内容（複数記入），⑩予後。
　保護された場所や状態を知ることは，原因や病名を判断するうえで貴重なデータが得られるので，拾って届けてくれた人から詳しく聞きとることが重要である。道路上や道路脇であれば交通事故，建物の軒下であれば窓ガラスへの衝突，低気圧の通過後であれば衰弱などが推定できる。

(4) 体　　　重

　小鳥であれば，台所用の秤を使って体重をはかり，回復の度合いをチェックすることができる。例えば，オオハクチョウは標識調査の際，体重が計測されてデータが記録されているので，そのデータを参考にすれば，栄養状態をチェックできる。

野生鳥獣保護治療等処理簿（北海道）

整理番号　　　　　　　

報告機関	住　　所	
	診療所名	
	担当獣医師	

事故発生日時	年　　月　　日　　時　　分　（確認・推定）
発 見 日 時	年　　月　　日　　時　　分　天候（　　）
保護収容日時	年　　月　　日　　時　　分
保護収容場所	市　　　　　町 郡　　　　　村　字
搬 入 者	住　所 氏　名
鳥獣の種類等　　　　　（数　　　　）	性　別　♂　♀　不明 年　齢　卵・雛・幼・成・不明
原　　　因	交通事故・ガラス衝突・迷入・衰弱・その他（　　　　）
鳥獣の状態、周辺の環境等	
病　　名 処置・診断・治療等の内容 　　　　　　　治療費　　　　円　　収容費用（エサ代等）　　　　円	
予　・　後	放野（　　年　　月　　日　　場所　　　　　　　　　　） 飼養継続（飼養場所　　　　　　　　　　　　　　　　　） 死亡（　　日目）　殺処分（　　日目）　その他（　　）
備　　考	

図 1-21　記録簿

野生動物診療カルテ

提出用 2004.12.改訂

特定非営利活動法人　野生動物救護獣医師協会

会員番号 M –	会員氏名	初診年月日	年　　月　　日
保護者氏名	住所 〒　郵便番号は必ず記入して下さい。		TEL （　　）　－

保護日時	年　月　日　時頃	保護地	都道府県　　市町村区　　丁目

保護場所　路上　宅地内　建物の下　駅・学校等施設地内　空き地　河川　湖沼　海岸　田畑　鉄塔　その他（　　）

保護理由　巣の破壊　交通事故　農業ネット、罠、釣り糸等より保護　カラス、猫より救出　銃弾（　　）
　　　　　化学物質汚染：油脂類　殺虫剤類　粘着剤類　鉛中毒　銃弾　他　　激突場所：ガラス、橋、電線、電柱、建物、車　他

● 保護動物の現況

動物種類現況	鳥類	品種	ドバト　キジバト　スズメ　ヒヨドリ　ムクドリ　カラス（ハシボソ・ハシブト）　ツバメ（イワ、コシアカ）　メジロ、シジュウガラ、コイサギ、フクロウ、カルガモ、コサギ、トビ　その他（　　　　　）　可能な限り品種名は記入して下さい。
		年齢	巣内びな・巣立ちビナ・若鳥・成鳥　　性別　♂・♀　/?　　体重　保護時　　　g　放鳥・死亡時　　　g
		自然翼長　　　cm　　全頭長　　　cm　　特記事項
	哺乳・爬虫類	品種	ホンドタヌキ、アブラコウモリ、ハクビシン、ムササビ、ノウサギ　その他（　　　　　）
		年齢	幼獣・成獣　　性別　♂・♀　/?　　体重　　　kg
		頭胴長　　　cm　　肩高　　　cm　　特記事項

● 栄養状態　　過度の肥満　　肥満　　普通　　削痩　　過度の削痩

● 診断

外科的疾患	内科的疾患	寄生虫寄生	汚染中毒	その他
骨折(部位　)	栄養不良	外部寄生虫	鉛中毒	衰弱
打撲(部位　)	消化器疾患	ハジ、ノミ、マダニ、カイセン	油脂類	誘拐
咬傷(部位　)	呼吸器疾患	（　　）	殺虫剤類	巣立ちの失敗
外傷(部位　)	感染症(部位　)	内部寄生虫	粘着剤類	特に問題なし
気嚢破裂	神経学的異常	回虫、鈎虫、鞭虫		
そ嚢破裂	泌尿器疾患	条虫、フィラリア		
その他(　)	その他(　)	ジアルジア	その他(　)	その他(　)

↑保護された主因を①として重度の病状のものより②③···と記入して下さい。いくつでもかまいません。

● 治療　　行った治療全てに○をつけて下さい。

保温・補液・給餌・強制給餌・酸素吸入・抗生物質・抗真菌剤・ビタミン剤・ステロイド剤・駆虫・止血剤
テープ固定・ピンニング手術・外固定・皮膚縫合　その他の手術（　　　　　）・野生復帰リハビリ
電話等による飼育指導・汚染物の洗浄　その他（　　　）

● 予後　　1項目のみ○をつけて下さい。全てカルテ提出時の事を記載して下さい。

放鳥獣（　治療開始　　日目　開始日を1日目とします。）　　都道府県　　市町村区　　丁目にて
飼育維持中（　院内　　保護者　　里親　　公共施設　）
死亡（　治療開始後　　日目　開始日を1日目とします。）
来院時死亡　　　安楽死　　　予後不明

添付書類の有無　有（カルテ等治療経過書　写真　検査：血液、X線、糞便、尿、心電図、超音波、CT
死亡個体の病理部での解剖の有無　有（依頼日　年　月　日）
病理解剖を依頼される際には、必ず検体に本カルテのコピーを添付して下さい。

★保護動物には、移入種も入ります。
　WRVに対するご意見、ご希望、カルテ記載方法に対するご意見、ご希望がございましたらお聞かせ下さい。

図1-22　WRV提出用カルテ

3）視診（目によるチェック）

（1）出血の有無

　野生動物が持ち込まれたら，まず最初に出血の有無を確認する。これは人やペットの救急医療と同様である。特に，鳥類は獣類に比べ体内の血液量が少なく，一見少ないと思われる出血量でもダメージが大きいので特に注意する。

　ところで「出血の有無」というのは簡単なことに思えるが，鳥の体に血液が付着しているからといって現在も出血しているとは限らない。底に敷かれた新聞紙に流れ落ちる血液を見て，出血の程度をチェックすることがポイントといえる。自信がない場合は，新しく新聞紙を敷きなおすと判断しやすい。

（2）外科的止血処置

　出血を発見したら，急いで保定をして出血部位を指で押さえ，圧迫止血処置を数分間（目やすとして5分間動かさずに圧迫）続けることが重要である。圧迫しても依然出血が続く場合は，焼烙法による止血や縫合が必要で，獣医師に任せる必要がある。近くに獣医師がいない場合は，仏壇用の線香による焼烙，犬・猫の深爪の止血剤"クイック・ストップ"（文永堂）を塗るのもよい。

（3）濡れ対策

　鳥の体中が水に濡れて弱っている場合は，急ぎ乾かさなければ体温が奪われて，さらに衰弱することになる。ただし，海鳥が海水で濡れている時には，一度ぬるま湯で洗って塩分や汚れを落としてから乾燥させなければ塩だらけになってしまう。乾かす方法はヘアードライヤーを使うのが一般的で（図1-23），鳥を収容したダンボール箱をわずかの時間ストーブに近づけるのもよいが，置き忘れのないように注意を願いたい。

（4）全身から各部へ

　羽毛をふくらませている場合は（図1-24），体温が低下している症状であるので，急いで温める必要がある。

　①翼が図1-25のように床まで垂れている場合は，指骨や橈骨・尺骨の骨折が疑われる。図1-26のように翼が外側に開いている場合は，肘・上腕骨の損傷が疑われる。肩関節などの損傷は，図1-27のように初列風切羽がそり上がっている場合が多い。ところで，骨折は「開放性骨折」といって皮膚が破れているもの（図1-28）と，「非開放性」または「閉鎖性骨折」という皮膚の損傷がないもの（図1-29）に大別される。このことの説明は後述する。

　②脚に異常があれば，止まり木に片脚で止まっているとか，起立できない状態になる。脚の

第 1 章　看　護

図 1-23　アビをドライヤーで乾かしている。

図 1-24　寒いと羽毛をふくらませる。

図 1-25　翼が床まで垂れているアオサギ

図 1-26　翼が外側に開いているオオセグロカモメ

図 1-27　初列風切羽がそり上がったアカエリヒレアシシギ

図 1-28　タンチョウの脚の開放性骨折
骨端が飛び出している。

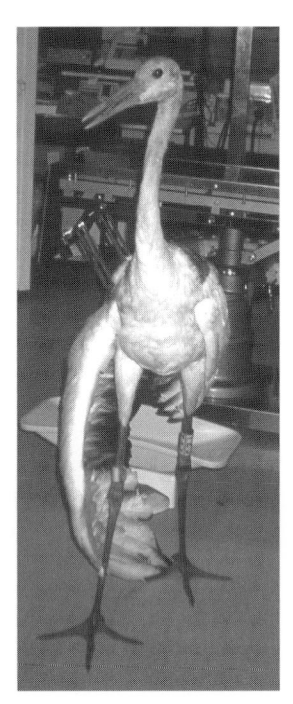

図 1-29　タンチョウの翼の非開放性骨折

長い水辺の鳥は，脚の障害が致命的なので傷や腫れがあるかないかなど，こまめなチェックが必要である。

　③目は鳥の全身の状態を知る上でとても重要で，正直に体調を反映する。体調が悪ければ「具合が悪い」という目をしていることが多い。特に猛禽類などで顕著だが，目を合わせることには注意する。

　④息づかいが荒い場合は，呼吸器系疾患が疑われるのはすべての動物にいえる。獣類の腹式呼吸に対して鳥類は胸式呼吸で，十分な観察が求められる。鳥の人工呼吸法は，首を伸ばして1分間に3〜4回の割りに胸部を軽く圧迫して行う。口を開けない時には，嘴に細い木などを強制的にくわえさせる必要がある。

（5）トビの「死んだふり」

　トビを道路上などで保護した時，あるいは収容し持ち込まれた際には「死んだふり」をしていることが多い（図1-30）の

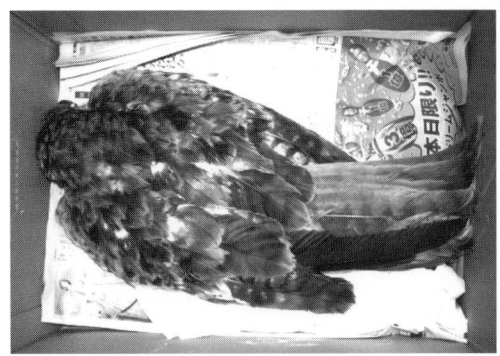

図 1-30　トビは「死んだふり」をしていることがある。死んでいると思ってもきちんと収容する。

で，くれぐれも油断しないように気を付ける。トビの目をチェックすると，ギラギラさせている場合は「死んだふり」，体調が悪い場合は具合が悪そうな目をしている。保護されたトビの5羽中4羽がこのような行動をとり，保護が続くと次第にやらなくなっていく。ただし，小屋の掃除時に暴れ回った後，突然バタリと倒れ，死んだふりをすることがある。

　救護活動を始めた頃，弱っていると判断したトビのところに餌を置いておいたところ，翌日にはなくなっていた。餌を与えた後，こっそりと様子を見ていたら，ガバッと起きてガツガツと食べ始めた。顔を見せると再びバタリと倒れ，妻が思わず発した言葉「死んだふり」が著者の保護施設での常用語となった。動物学者や野鳥研究家にこの不思議な行動について尋ねたがこれといった返事がなかったが，自衛手段として学習したのだろうと思っている。

（6）排糞のチェック

　収容して数時間以内に排糞が認められれば，最近まで餌を食べていたものと判断してよい。持ち込まれて時間が経過しても排糞がなければ，給餌を検討しなければならない。動物食の野鳥への給餌は，あまり急ぐ必要はなく安静を優先させるべきだが，小型鳥類や植物食の鳥は「食いだめ」ができないのでのんびりはできず，強制給餌を考える必要がある。

　少しずつの排糞であれば，古いものと新しいものとの区別がつけづらいので，底の敷物を新しい物と取り替えるとチェックが容易である。

　鳥類の場合，尿成分は糞と一緒に排出される。糞からはその鳥の多くのデータが得られるので，こまめなチェックが大事である。量とともに形状に注目し，水様下痢便の場合は要注意であるが，軟便と識別が難しい時は経験者に相談するのがよい。"緑色下痢便"は「鉛中毒」の主症状だが，採食量がごく少ない場合でも"緑色便"となるので急病と慌てることはなく経過を観察しよう。

　最初の糞が悪臭で下痢を伴うケースがまれに見られるが，2回目から硬くなりなんともなければ安心してよい。糞の中に多くの砂が混じっていることがあるが，立てなくなって周りの砂を食べたものとも思われる。回虫や条虫などの寄生虫が糞中に見られることがあるが，実際の判定は顕微鏡による糞便虫卵検査も併せて行う。

4）聴診（耳によるチェック）

　聴診器を使っての診療が"聴診"と思われがちだが，聴診器は小さな音を大きく聴くための道具で，聴診とは耳で聴くチェックのことをいう。ダンボール箱の中で鳥の羽ばたく音が次第に大きく力強くなってくれば"元気回復"のサインである。2～3日目に元気に羽ばたいていれば「放鳥OK」の合図。逆に，「先ほどまで騒々しかったが静かになった」となれば"容態悪化"であり，手当てが必要となる。

　鳴き声を発することは案外ない。雛の場合はなかなか賑やかに鳴くが，これも"元気サイン"である。鳴かないものの嘴でトントンとダンボール箱を突つくのは，これも貴重な元気チェッ

図1-31 実習用のアイガモに聴診器をあてて心音を聴いている。

クの判断材料である。

聴診器を使う場合は保定をし，心臓に近い背部から聴く（図1-31）

5）触　　　診

飼育動物の診察や手当ての際にも重要なのは動物の保定だが，神経質な野生動物の保定は難しいし，それだけに重要である。

（1）保　定　法

a．小　　鳥

小鳥の場合は，鳥の背後から手のひらで包み込むように持ち，人差指と中指で首を挟み，後の3本の指を下腹部に当て，さらに小指と薬指で両脚を挟むのが最適である（図1-32）。鳥類は胸式呼吸なので，保定の握り方が強いと胸部を圧迫して呼吸困難に陥る。逆に，握り方が弱いと翼をバタつかせることになるので指の力加減が難しい。

b．中型鳥類

中くらいの鳥は，鳥の背後から両手で挟むように持ち，左右の小指と薬指でそれぞれの脚を挟むとバタつかない。頭部を含めて体全部にタオルを掛けると保定が楽になる。なお，ハト科の場合は，翼が短いこともあり下腹部側から親指を後方，小指を頭部側にして握るのがよい（図1-33）。

図1-32 力を入れ過ぎると窒息する恐れもあるのでソフトに握る。

第1章 看　　護

図 1-33　ハト類の保定

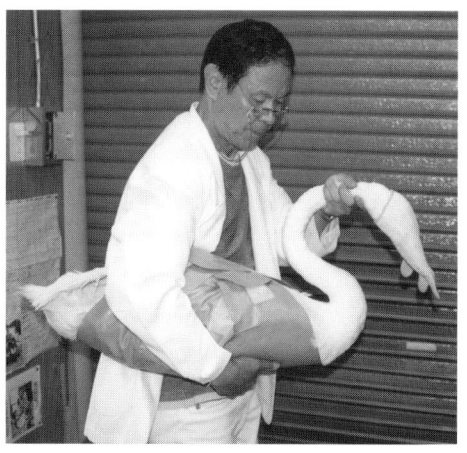

図 1-34　目隠しに手袋を利用するのもよい。

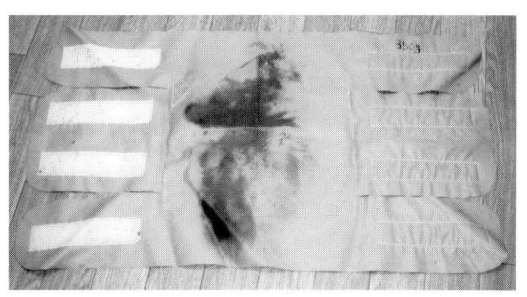

図 1-35-1　大型鳥類には鳥保定用シート（㈶山階鳥類研究所の特別注文品）を使う。

図 1-35-2　ビア樽を包むようにたすき掛けに。

c．大型鳥類

　ハクチョウなどの大きな鳥は，利き手側の腕でつかみ腰で支えて両脚を手でつかみ，反対の手で嘴の攻撃を防ぐために頭部を持つのがよい（図 1-34）。また，鳥保定用シートがあれば活用する（図 1-35-1，図 1-35-2）。

d．猛禽類

　トビやフクロウなどの中型の猛禽類の場合，爪が大変危険なので両脚をしっかり保持することがポイントである。人差指と中指で両脚首を挟み，その上の関節上方を親指で巻き込むと両脚と爪がロックされる（図 1-36）。さらに，両翼の初列風切羽を親指で握るように持てば，片

図 1-36　猛禽類には独特の保定法がある。

手で両翼両脚が動かなくなる。また，利き手と反対側の手で保定すれば，ひとりで強制給餌や処置が可能となる。

（2）保定の注意点

人手に余裕があれば，複数で作業をすることをお勧めする。

a．嘴

野鳥は突然嘴で襲ってくることがあるので十二分に気を付ける。特に，カモメ類，サギ類，ウ類などの水辺の鳥は，嘴の先が実に鋭い。できれば，ゴーグルやメガネの使用をお勧めする。頭部にタオルなどをかぶせればおとなしくなり，鋭い嘴の攻撃から守ることができる。両嘴を合わせた状態で嘴の先にガムテープを貼り付けるのもよい。

b．爪

猛禽類の爪の危険性については先に述べた通りだが，皮手袋をはめるのが安全策の１つである。しかし，危険を伴う作業だけに，初心者は避けてほしい。

c．窒　　息

鳥の鼻孔は上嘴にあるが，ろう膜のある種にはその中央部に，ない種は中央から後方にかけて位置している。頭部にタオルなどを掛けて嘴を持つ場合，内側が見えないので鼻孔をふさぎ，窒息させる恐れがあるので注意する（図 1-37）。カツオドリ類やペリカン類など外鼻孔のない種は，割り箸か棒をくわえさせ輪ゴムかテープで固定するのがよい。

（3）骨　　折

骨折は大きく２つに大別でき，皮膚が破れて骨端が露出するものを"開放性骨折"といい，皮膚の損傷のないものを"非開放性（閉鎖性）骨折"という。

a．開放性骨折

皮膚が破れるので，出血を伴うケースが多く重症といえる。野生界で皮膚が破れるというこ

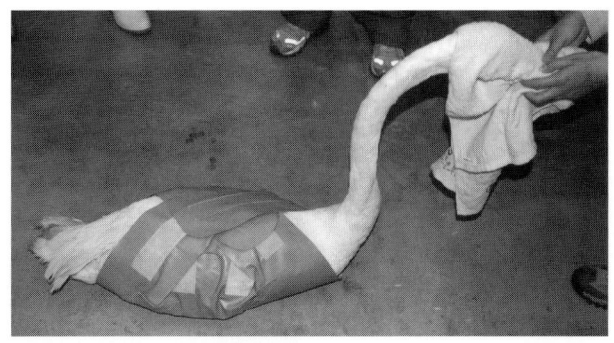

図 1-37　目隠しをすると実におとなしくなるが，鼻孔を握り窒息させないようにする。

とは，傷口が細菌感染する可能性が高く，化膿により接骨の確率が低くなることも考えられる。できるだけ早い時点で傷口を消毒することがポイントで，出血時の止血処置と同様，最優先させることが大事である。さらに，骨折した翼や脚を動かないようにタオルなどで包み，仮固定をして獣医師に引き渡すようにするのがよい。

b．非開放性（閉鎖性）骨折

皮膚の損傷がないだけに，局所の細菌感染がなく安心できる。人の接骨院での処理のように，テープによる固定で骨折整復できる（図 1-38-1 〜図 1-38-11）。鳥類の骨は"含気骨"といっ

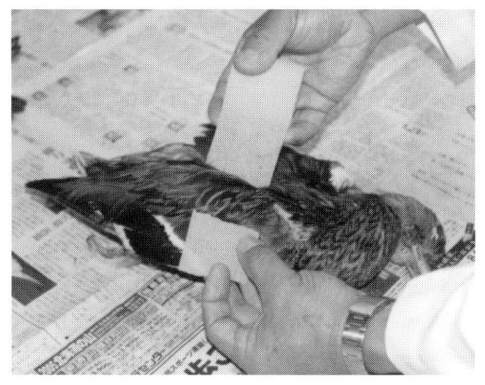

図 1-38-1　背中を上にし，Vetrap 包帯で翼を巻きはじめる。

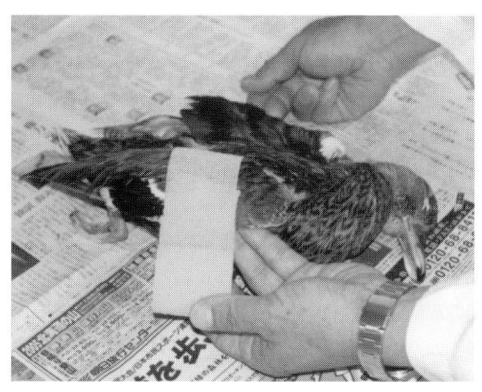

図 1-38-2　翼全体を一度巻く。

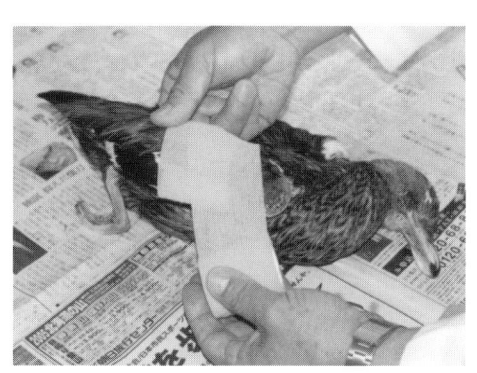

図 1-38-3　2 回巻いた後翼角側へ。

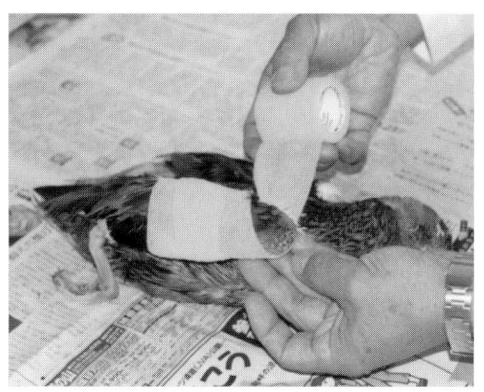

図 1-38-4　きつく巻いてはいけない。

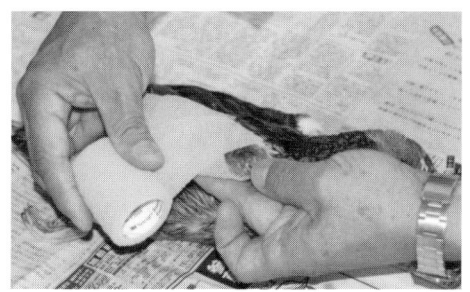

図 1-38-5　翼角の先を少し残して巻くのがコツ。

図 1-38-6　再び元のところにもどる。

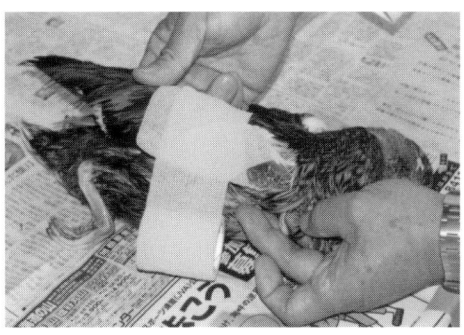

図 1-38-7　翼が固定されれば，まずはよし。軽度であればこれだけでも効果がある。

図 1-38-8　引き続き胴に巻く。

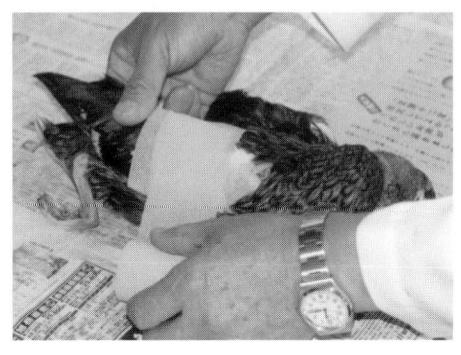

図 1-38-9　前側に巻くのがコツ。

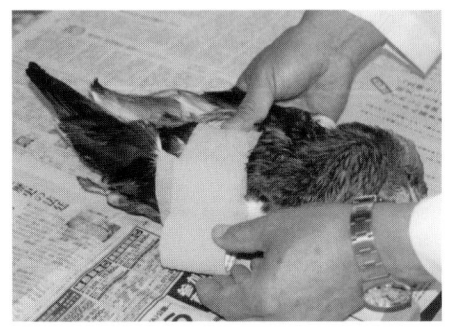

図 1-38-10　胴に2回巻く。

図 1-38-11　テープを切れば完了。3週間ほどで外す。

て骨髄がなく空洞で，骨の中を空気が通っている。獣類のようにポッキリ単純に折れることはなく，斜めに複雑に裂けることが多いので，包帯法による治療は完璧なものではないことが多い。

（4）胸筋による栄養チェック

人と同様獣類の栄養度チェックは臀部だが，鳥類は胸筋の厚さで判断する。筋肉の様子は，胸の中心部にある"竜骨突起"の出っ張り具合で容易に分かる（図 1-39）。保護される鳥の多くは竜骨突起が飛び出すなどの痩せた個体が多い。

（5）体　　　　温

計測部位は，他の動物と同様に普通の体温計を肛門に差して行う（鳥類の場合は「総排泄口（腔）」といって尿成分を含んだ糞や卵を産む門）。鳥類の平温は 39～41℃で，体温が低い場合は加温することがとても大事である。

（6）目

野鳥は，相手の目をつつくこともあり，アイコンタクトには注意する。頭部の打撲は目のチェックが大事で，図 1-40 のシマフクロウは左右の瞳孔の大きさが違う。

6）保温・加温

獣類と比べて鳥類は，温度管理がキーポイントで，軽視したり間違うと命にかかわる結果となるので，くれぐれもご注意いただきたい。

野鳥をダンボール箱に収容することによって保温することができる。一般的には 30℃前後が望ましいが，衰弱が著しい時はダンボール箱の中の温度を鳥の体温と同じくらいの 39～41℃に温めるのがよい。加温用の道具は，ペットボトルを利用した「湯たんぽ」がよく，温度は熱めのお風呂（42℃）くらいで，タオルを巻いておくと長持ちする（図 1-41）。長時間に及ぶ場合は，電気アンカや赤外線ランプ（図 1-42）が便利である。使い捨てカイロは熱く

図 1-39　保護の多くは竜骨突起が出っ張り痩せていることが多い。

図 1-40　交通事故に遭ったシマフクロウ　左頭部打撲により瞳孔散大している。

図 1-41 "湯タンポ"をタオルで包むと長持ちする。寒いと体を付けてくる。

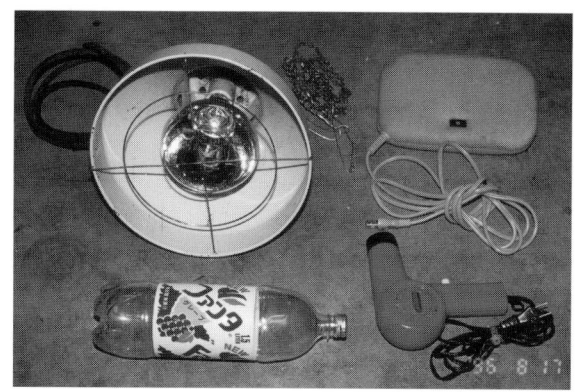

図 1-42 鳥の保護は温度管理がキーポイントだ。

なり過ぎることもあり，お勧めできない。

7）経 口 補 液

　温度管理の次に大事なのは，脱水症状の改善のための補液（体液を補う意）である。補液剤としては，リンゲル液や生理食塩水が一般的だが，5％ブドウ糖が無難かもしれない。入手が困難な時は，水に少々砂糖を加えたものやスポーツドリンクでもよい。
　ニードル・カテーテル補液には鳥類専用のニードルや補液用胃カテーテルを使うのがよい（図 1-43）。もし専用のカテーテルの手持ちがなくても，点滴・補液セットのチューブを鳥の大きさに応じて切って使うのもよい。

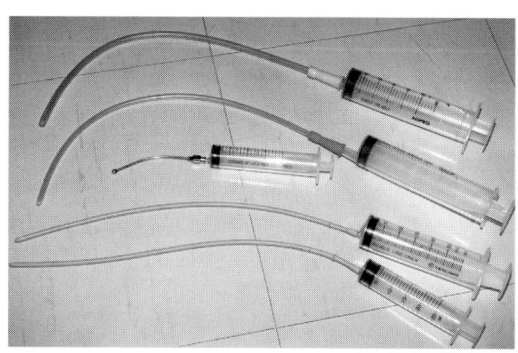

図 1-43 補液用のニードルや胃カテーテル
　手持ちがなければ点滴セットのチューブを切って使うとよい。

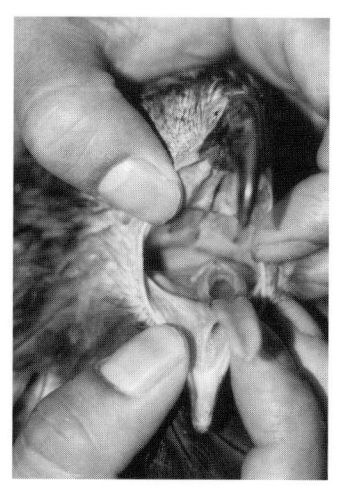

図 1-44 補液や強制給餌には気管口に十分注意する。

第1章 看　　護

　強制給餌や補液は経口的に行うが，間違って気管内に入れては致命的となる。万一，気管内に水分が入った時はすかさず体部を持ち頭部を振って遠心力により吐かせる。舌の付け根に気管の入り口があるので，強制的に開口し中を確認してから食道内に入れる（図 1-44）。鳥の大きさに合わせてニードルやカテーテルの長さを決め，そ嚢や胃内に達するまで挿入しないと大量補液の際，逆流することがある（図 1-45 〜図 1-47）。また，カテーテルを食道内から抜くときは必ずカテーテルを折って液がポトポト落ちて気管内に入らないように注意しなければならない（図 1-48）。小さな鳥では，少し横にして嘴の付け根に滴下するとパクつくことがあり，水を飲ませるだけでも気付けなどの効果もある。

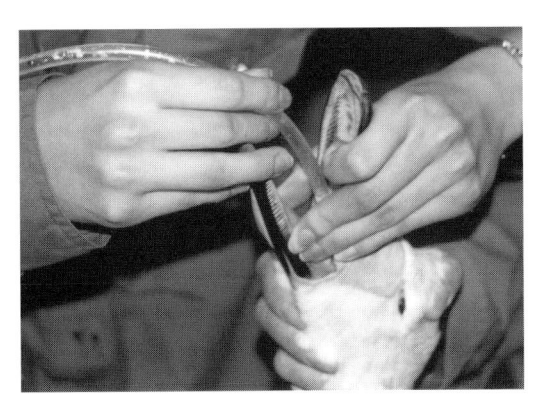

図 1-45　オオハクチョウにカテーテルを挿入するところ。

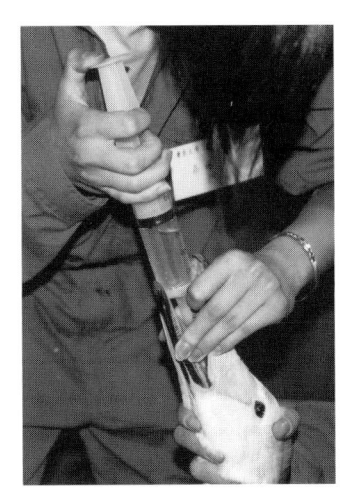

図 1-46　オオハクチョウに補液剤を経口投与しているところ。

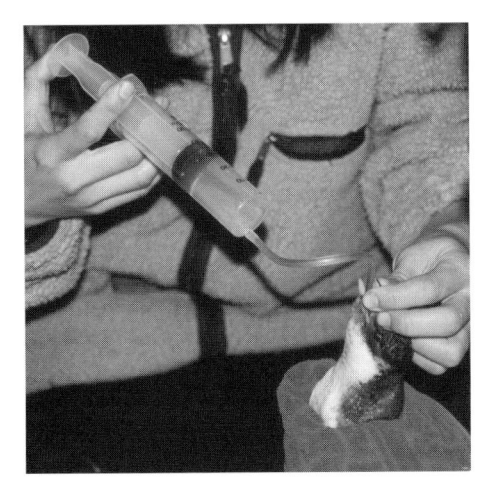

図 1-47　ウミスズメの補液

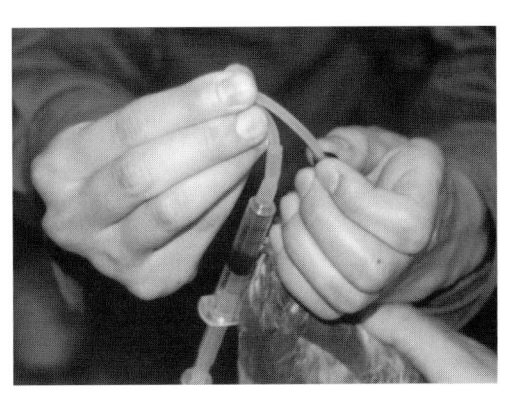

図 1-48　カテーテルを抜く際は，必ず管を折って誤嚥防止につとめること。

8）強制給餌と給餌

　いきなり強制給餌をするのではなく，鳥の口元に餌を持っていくとか，容器に餌を入れて置いておくとか，自力採食を促すことが必要である。ピンセット等の挟む物を使う場合は鳥に近づかねばならないが，焼き鳥用の串や棒の先を削った物を使えば，少し距離をとることができる（図1-49）。

　「保護をすれば，すぐに餌を与えなければならない」と思う人が多いが，安静を優先させて落ち着くまで待つ。パニックを起こしている時に餌や水を与えようとしても暴れて容器をひっくり返し，体に水を浴びれば逆効果でもある。排糞チェックなどもしたうえで，落ち着いても餌や水を口にしない場合，最後の手段として強制給餌を行うことにする。

　小鳥の給餌や強制給餌にはピンセットが便利であるが，先の尖ったものは危険なのでできるだけ避け，鈍性のピンセットを使う（図1-50）。

　種子食の鳥にはアワやヒエを与えるが，ピンセットで1粒ずつ与えるわけにもいかないので飼鳥用の給餌器を使うと実に楽である（図1-51）。盃のような小さな容器にアワやヒエを入れ，水を少し加えると給餌器に詰めやすくなる。もちろん，愛玩鳥の雛用なので野鳥の雛の給餌にも使える。300円ほどなので買い求めておくと便利である。

　小型ではピンセットだが，中型以上の猛

図1-49 キレンジャクに自給を促している。

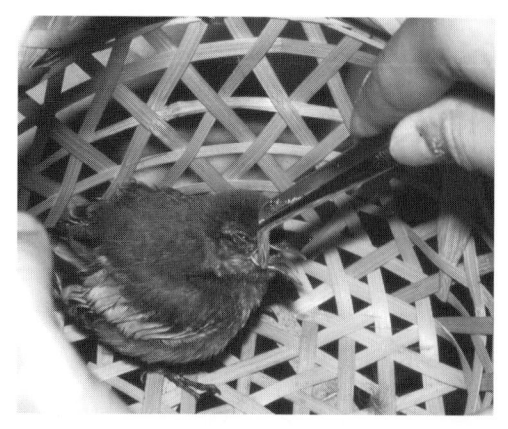

図1-50 先曲がりピンセットがあると何かと便利である。雛にミルワームを与えているところ。

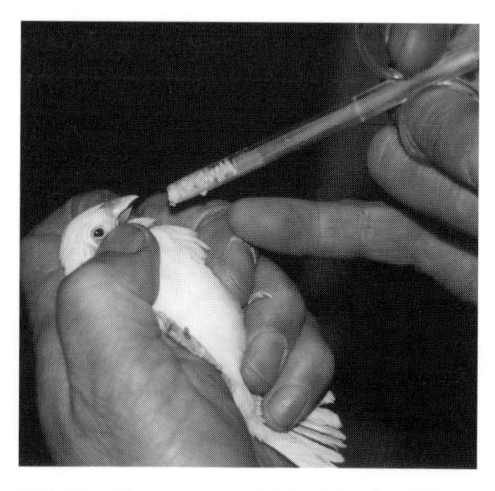

図1-51 アワ，ヒエの給餌は飼い鳥用給餌器が便利。

禽類には割り箸を使うと便利で，餌の鶏肉を少し湿らせておくと食道内にスムーズに入れることができる（図1-52）。鳥の目の前で餌を動かしてみると本能的に食いつくことがある。

餌用の魚は丸ごとのものを買う。スーパーマーケットでは，頭や内臓を取り除いて売られていることがあり，その場合は，魚屋で買う。ワカサギやチカが小さくて手頃で，冷凍ものであれば解凍後，底の浅い入れ物に水とともに入れ口元に持っていくと食べることがある。強制的には，魚にはウロコがある為，頭の方から与えなければならない（図1-53）。

植物食の水鳥は食パンが無難で，水の入った容器に細かくしたパンを浮かばせて口元に置いてみる。少し様子を見て食べなければ，その湿ったパンを口の中に入れるのがよいが，パン片が小さ過ぎると逆にくずれて難しい。採食が順調になったら，ダンボール箱の中に容器を入れておくと狭いうえにひっくり返すこともあるので，図1-54のように箱に窓を開け容器を箱の外に設置するとよい。

図1-52　トビに鶏肉を強制給餌。複数での作業をお勧めする。

図1-53　ウミスズメにワカサギの強制給餌。

図1-54　オオハクチョウには，とりあえず食パンがよい。

図 1-55 猫用缶詰を利用した給餌
コシジロウミツバメは台風が通過後に持ち込まれることが多い。

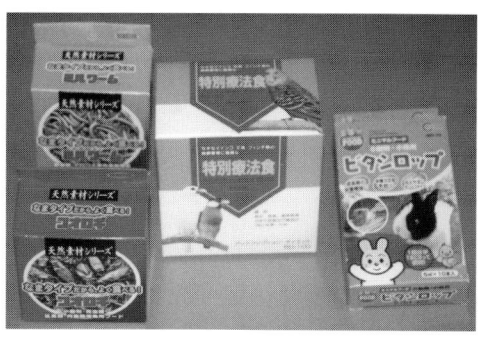

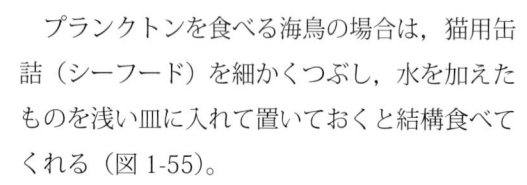

図 1-56 ペット用の餌（ミルワームやコオロギなど）を活用するのがよい。

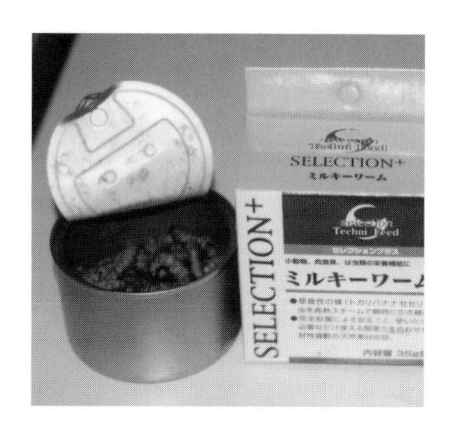

図 1-57 蝶の幼虫の缶詰

プランクトンを食べる海鳥の場合は，猫用缶詰（シーフード）を細かくつぶし，水を加えたものを浅い皿に入れて置いておくと結構食べてくれる（図 1-55）。

ミルワームはたいていの小鳥が食べてくれる"病院食"で，最近ではペット用で生体ではなく加熱処理した缶詰（図 1-56）が市販されているのでお勧めする。

このほか，カラスやカモメ類の雑食性の鳥にはドッグフードを水でふやかしたもの，カモ類にはアヒルや鶏用の餌，カラ類にはヒマワリの実，ヒヨドリ，ムクドリには果実等々，ペット用の餌（図 1-57）を応用するのがよい。また，元気がない際には，ペット用の療法食や栄養剤の利用をお勧めする（図 1-56）。

9）止まり木と窓

安静と保温，そして給餌により元気を回復してくると排糞量も多くなり，鳥の体が自らの糞で汚れることになり（図 1-58），趾瘤症になる心配もある（図 1-59）。「集中治療室」としてのダンボール箱に，止まり木をつける必要がある。止まり木の太さは脚の大きさに合わせて，また高さは尾羽が床に触れるか触れないかぐらいで取り付けるのがよい。木の枝は小さな枝端が出ていて，鳥にとっては痛いようで好ましくない。

閉めきったダンボールの中では，安静にはなるものの，野生復帰（自然復帰）にはマイナスであり，この時点で1つの面に窓を作るのがよい。カッターで窓を開け，網やすのこを張り

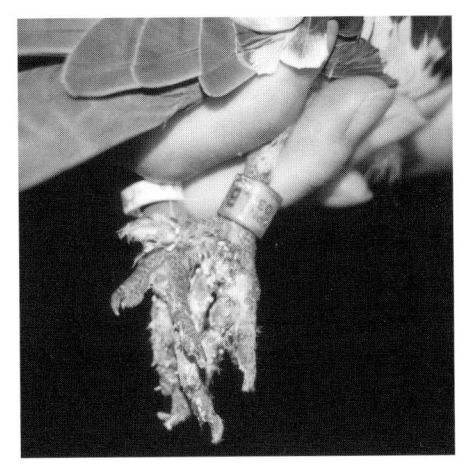

図1-58 脚が糞で汚れたレースバト

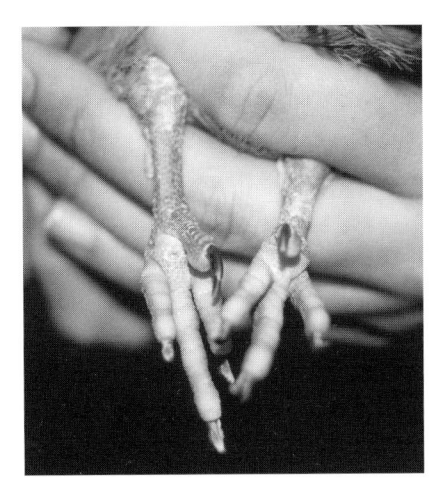

図1-59 軽度の趾瘤症がみられる。

図1-60 ある程度落ち着いてきたら，ダンボールの1面に窓をあけるのがよい。

付けると立派な「入院室」となる（図1-60）。

10）足　　　輪

　保護された鳥の脚に足輪がついていることがあるので足元に気をつけてほしい。これは，遺体となった鳥も同様である。

（1）レースバト

　ハトに足輪（図1-61）が付いていれば，レースバト，伝書バトであり，飼い主の元に返送するシステムができている。2つの協会があり，各々に通報すると日通航空から専用の箱（図1-62）を持参して回収にやってくることになっている。ただし，連絡をしても音沙汰がない場合がある。保護されるハトは，レースバトとしては落伍者であり，飼い主にとっては迷惑な

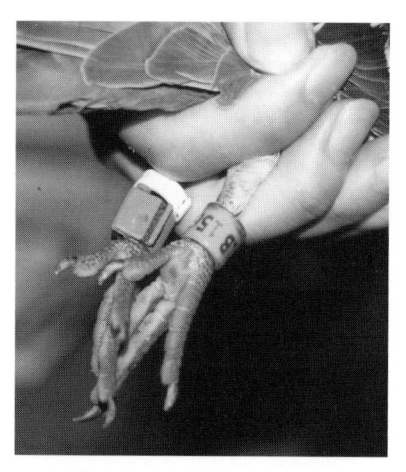

図 1-61 レースバトの足輪

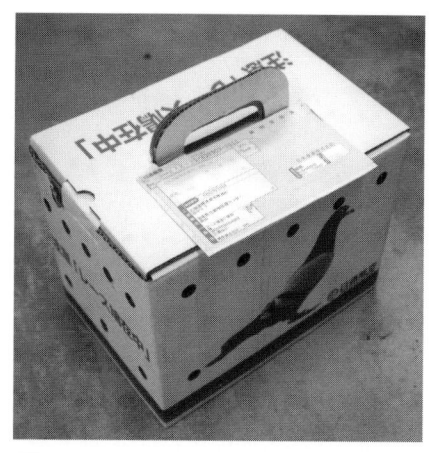

図 1-62 迷いバトは日通航空が回収するシステムになっている。

図 1-63 ノゴマの雄
遺体の野鳥にも足輪が付いていることがあり，遺体を回収することも大切である。

のかもしれない。

JPN（JAPAN）の記載がある場合：日本鳩レース協会　Tel 03-3822-4231（代）

NIPPON の記載がある場合：日本伝書鳩協会　Tel 03-3801-2789・2687

（2）鳥類標識調査

ハト以外の鳥に"JAPAN"などが記された足輪（図 1-63）が付いていれば，千葉県にある"山階鳥類研究所標識研究室"（Tel：04-7182-1107）へ連絡を取るよう願いたい。野鳥の渡りのルートや生態についての貴重なデータが得られるため，標識研究室では大変喜んでくれる。

11）野 生 復 帰

保護した動物を1頭1羽でも多く自然に復帰させたいものだが，そうは甘くない。傷（外科）病（内科）保護のうち，前者は窓ガラス衝突などの軽症であれば放鳥できることが多いが，交通事故などによる骨折などは重症のケースが多く放鳥までたどりつくのは難しい。後者は元気を取り戻せば放鳥できるが，自力で餌を食べず痩せている状態だと難しい。

図 1-64 a：オオハクチョウの放鳥。b：砂浜を海へ向かって歩く。c：仲間を探して泳ぐ。d：仲間の群に向かって飛び立つ。

（1）野生復帰の条件

①天候が良く，翌日も晴れが期待される日の午前中に放鳥するのが理想的である。ただし，風が強い場合は様子をみよう。

②夜行性のフクロウ類は，夕方に放すのがよい。フクロウ類は薄暗い夕方でもしっかり見ることができ，万一，放鳥失敗で再捕獲することになった場合でも探すのに夜よりも楽である。

③保護収容された場所かその近所で放すのが原則であるが，やむなく遠方の場合は似た環境が望ましい。野鳥に詳しい方と相談するのもよい。

④市街地にはカラス，港町にはカモメが多く棲んでいるので，これらの場所に放すのは避け

図 1-65　フクロウの放鳥
夜行性なので夕方に放すのがよい。

図 1-66　山中の養老牛温泉のホテルの玄関に衝突したクマゲラ。

図1-67 港町でハイタカが保護されたが，カラス，カモメ対策のため，近くの林のある所で放すところ。

たいものである。
　⑤カモ等の水鳥は，水辺でそっと放すのがよい。
　⑥コシジロウミツバメ等の上昇気流を利用する種は，崖など高所で放さないと上手に飛べない。
　⑦賛否両論あるが，追跡調査のためにも鳥類標識調査員（バンダー）の協力を得て，バンディングすることをお勧めしたい。

（2）野生復帰できない場合

「鳥は翼が命」と言われ，翼に障害があると野生復帰には致命的である。野生復帰不能個体を環境教育や生命の学習の「教材」として活用することをお勧めしている。しかし，一般の方が障害鳥を「里親」として飼育することは，法律上の問題がある。と言って，長期にわたり何頭羽も動物を保護し続けることは，動物病院では無理と言える。各地で獣医師の指導によるボランティア養成講座が開かれているが，救護ボランティア活動に頼らざるを得ない状況にある。問題の解決方法のひとつとして，「野生動物リハビリテーター（野生動物看護師）」の資格認定制度の確立と普及を期待したい。

3．哺　乳　類

1）収　　容

　鳥類と同様，哺乳類を取り扱う場合も，部屋の窓やドアが閉じられていることを確認してから作業にとりかかることにしよう。傷付いた野生動物を屋外に逃がすことは，前述したがその動物の死を意味することはいうまでもない。

（1）鳥類以上に危険

　野生哺乳類は人が近づくと，必死に逃げようと歯をむき出し暴れまわることがある。また，弱っているように見えても細心の注意を払っていただきたい。
　①コウモリ類や齧歯類の小さな哺乳類でも鋭い歯を持ち，動作も俊敏で咬まれる恐れがある。
　②キツネやタヌキはイヌ科であり，丈夫な犬歯を持っている。
　③万一，咬まれた場合，細菌感染が心配されるので人の病院で必ず診察を受けていただきたい。飼い犬や猫からでも感染症をうつされるくらいであり，自然界に棲む動物ならばさらに危険度が高い。

④狂犬病については発生国ではないといわれているが，念のために医師による診察を受けてほしい。

（2）視診と出血チェック

鳥類の収容の項でも述べたが，出血の有無のチェックと処置は救急救命にとっては最優先されることはいうまでもない。出血が認められなければ，まずは安静を保ちながら，視診により経過を観察してほしい。特に，外科的原因と思われる場合は痛いので触れられたくないし，餌を与えても食欲旺盛であるはずがない。餌や水を与えるのは動物が落ち着いてからにすべきで，暴れて容器をひっくり返して体を汚せば，逆に衰弱させることになってしまう。

（3）ケージとダンボール箱

鳥類とは異なり，哺乳類の場合はそのままダンボール箱に収容するのは好ましくない。歯で容易に箱を咬み壊してしまう恐れがあるので，まずはケージに収容する。哺乳類を収容したケージをダンボール箱にすっぽりと納めれば，鳥類の場合と同様に「安静」と「保温」の効果が得られる。大きなダンボール箱がない場合，ガムテープを使って加工するのがよい。糞尿のことを考慮するとダンボール箱の口を上下逆さにして，ケージの上からすっぽりとかぶせるのもよい。その際，新聞紙を敷いてからその上にケージを置かないと床が糞尿で汚れる。人間嫌いで興奮している哺乳類を落ち着かせるためには暗くするのがよいことはいうまでもない。しかし，ケージの上から毛布やバスタオルを掛けるのは好ましくない。犬や猫でも見られる行動だが，布類をケージ内に引き込み，かじって穴だらけにしてしまうことがあるのであまりお勧めできない。

（4）床にはスノコ板

床にスノコの板が敷かれているペット用ケージがお勧めである。床に何も敷かれていなければ，収容された動物は冷たいし痛がるだろう。といって，全面に新聞紙やダンボールを敷けば，糞尿で汚れた際の取換えに苦労する。それ以前に，かじってクチャクチャにしてしまうことが多い。床の半分だけ板を敷き，半分はそのままにしておくのもよい。

（5）保温と加温

哺乳類の場合は，鳥類ほど温度管理に神経を使う必要はないが，衰弱している動物にとって，保温は優先すべき大事な看護である。水に濡れていたり，毛を逆立てたり，あるいはぐったりしていて体温の低下で衰弱が著しい場合は，加温する必要がある。

哺乳類の平均体温は38℃台であり，ぬるめの風呂の湯加減の湯をポリ容器に入れ，ケージとダンボールの間に置くのがよい。ポリ容器が大きい方が冷めにくくて楽であり，ペットボトルをいくつも並べてもよい。もちろん，赤外線ランプがあれば活用していただきたい。

2）捕　獲　法

　哺乳類の歯やキバは鋭く危険であることは前述したが，捕獲するのには工夫を要するので準備を十分に行うこと。また，フィールドで傷付いたりした動物を捕獲するのと屋内で処置をするために捕獲するのとでは大きな違いがある。

（1）捕 獲 用 ワ ナ

　キツネやタヌキなどの捕獲には，野犬の捕獲に用いられるワナ（図1-68）が便利である。餌に誘われてオリの奥に入ると動物の重みで床が傾き入口が閉まる仕掛けである。カラスやネズミが入った場合は，重さが足りないので餌だけ食べられてしまう。場合によってはアライグマを捕獲してしまうことがあり（図1-69），タヌキと間違わないように識別して注意すること。小型のリス類やイタチ類には，家庭用の鋼製のネズミ捕りでも可能である（図1-70）。もちろ

図1-68　野犬捕獲用のワナはキツネなどに利用できる。

図1-69　ワナにかかったアライグマ

図1-70　イイズナ（冬毛）が牛舎のネズミ捕りにかかった。

図 1-71a 馬場国敏先生（馬場動物病院，川崎市）考案の捕獲用ネット
　不要になったゴルフ練習場のネットを利用している。

図 1-71b タモ網

図 1-72 マジックハンドと革手袋

ん，ネズミがかかることもある。

（2）屋内や追い込んだ場合

　建物の陰に追い込んだり，屋内での捕獲には，人の手による捕獲が一般的である。素手はもちろんのこと，軍手の使用も避けたいものである。弱ったり，うずくまっている場合は革手袋をつけ，そのままつかむことができる。逃げ回る場合は，取り囲んで挟みうちにし漁網をかぶせたり，捕獲用ネット（図 1-71a），タモ網（図 1-71b）やマジックハンド（図 1-72）を使って動物を動かなくさせる。バケツなどの容器で動物の上からかぶせて捕らえた場合は，その後の収容作業が大変である。バケツをかぶせた場合は，逆さになったバケツと床の間にわずかなすき間をつくり，少し厚めの木の板か鉄板を差し入れてフタをする。

（3）不動化の方法

　薬剤を用いて鎮静化させたり麻酔をかけたりするのが一般的になってきているが，獣医師でなければ薬剤の取扱いはできない。ここでは簡単に述べておく。

a．吹 き 矢

　最もポピュラーな方法で，動物関連の大学や研究機関では日常的に用いられている。また，動物園では個体からの血液などのサンプリングや傷病処置をする際に行われている。作製法は後述する。

b．麻酔銃

至近距離であれば吹き矢で十分だが，距離が長かったり，風が吹いていたり，あるいは大型獣の場合は麻酔銃の使用が必要である。保護が目的の麻酔銃とはいえ，「銃砲刀剣類所持等取締法（銃刀法）」により，銃砲所持許可証が必要なので自ら使用することはできない。地元の市町村の担当者と相談するのがよい（図1-73～図1-75）。

c．麻酔薬等

- シカ（成獣）…キシラジン 1～2mg/kg
- キツネ（成獣）…ケタミン 10mg/kg
- タヌキ（成獣）…ケタミン 10mg/kg

その他の種については，「野生動物救護ハンドブック」（文永堂出版）p.58を参照されたい。なお，ケタミンが麻薬指定となるため，獣医師でも麻薬施用者免許が必要となる。

図1-73 麻酔銃にはライフル型と拳銃型がある。

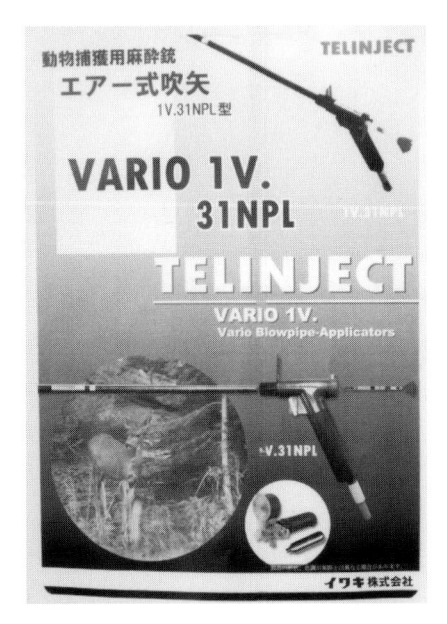

図1-74 ドイツ製エアー式吹き矢として市販されている（イワキ㈱）。

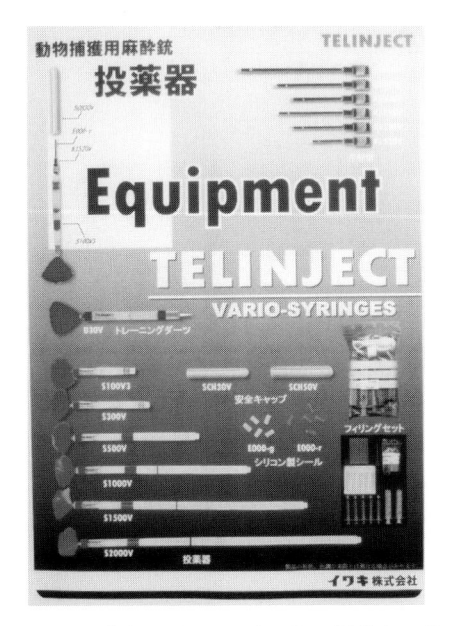

図1-75 鳥類，犬からゾウまで投薬器の注射針のサイズがある。

3）投薬用吹き矢の作り方

(1) 材料と器具

- ディスポ注射器 10cc … 2
- ディスポ注射針 18G … 数本
- 虫ピン … 3
- 毛糸 … 少々
- ビニールテープ … 少々
- エポキシ系接着剤（金属等用）… 少々
- スリーブ用ゴム … 少々
- 塩ビ管（長さ 1～1.2m）内径 2cm … 1
- 針金（約 15cm）… 1
- カッターナイフ
- ニッパー
- 金属用特殊ヤスリ
- ライター用ガス
- ノコギリ（塩ビ管切断用）
- ハサミ
- ディスポ注射器（薬剤注入用）

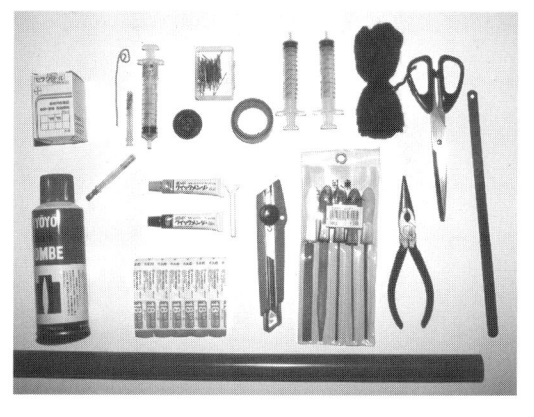

図 1-76 吹き矢の材料

(2) 作り方（図 1-77）

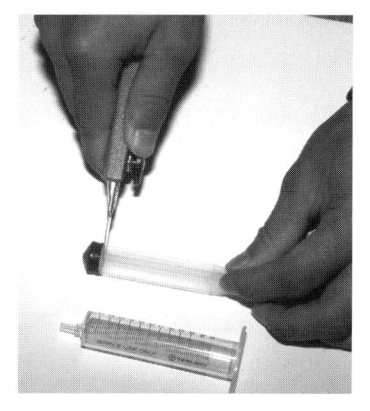

図 1-77-1 ディスポ注射器の内筒を抜いて，先端をゴムと一緒に切断する。

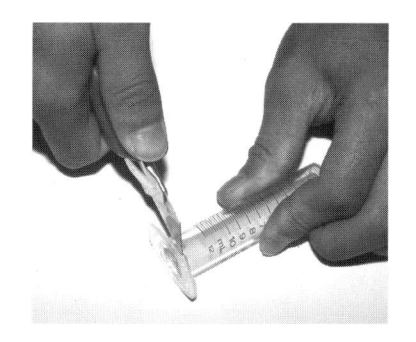

図 1-77-2 ディスポ注射器の外筒の後部を切断する。

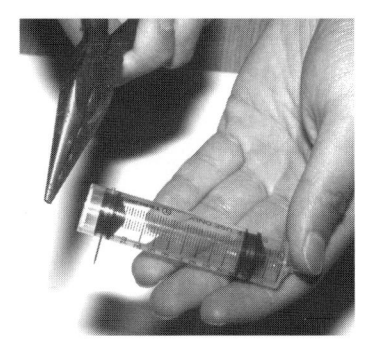

図 1-77-3　そこに 1 の先端を挿入し，別のディスポ注射器の内筒先端のゴムを外し挿入。

図 1-77-4　毛糸を写真のように切って束ねる。

図 1-77-5　その毛糸を 3 のゴム後方に挿入し虫ピンで固定する。

図 1-77-6　虫ピンを切断しヤスリで研ぎ，ビニールテープを巻き，投薬器本体が完成。

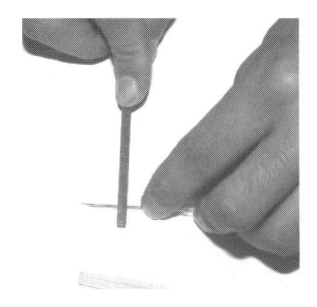

図 1-77-7　18G 注射針の先から 1～2cm の個所を▽型ヤスリで擦り穴を開ける。

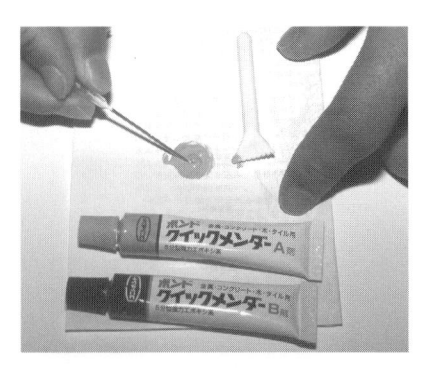

図 1-77-8　エポキシ系接着剤で図 1-77-7 の注射針の先を詰める。

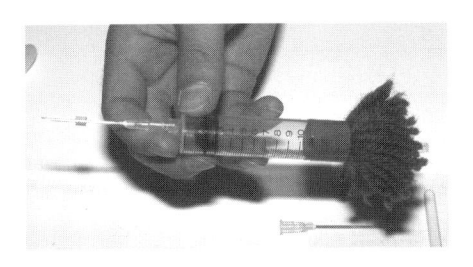

図 1-77-9　針にスリーブ用ゴムを差し穴を塞ぐ。

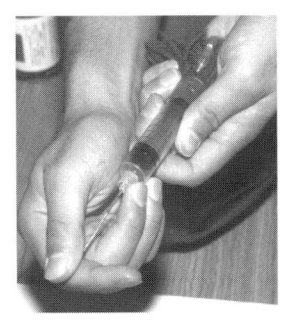

図 1-77-10　投薬器後方の毛糸そしてゴムに注射針を刺しエア抜きし，先から針金で薬の量の目盛まで1を移動させる。

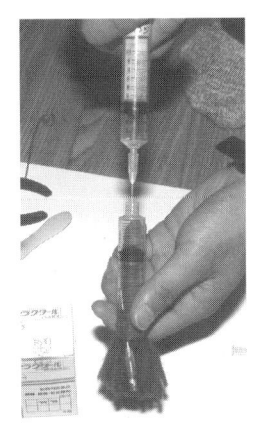

図 1-77-11　別の注射器で薬剤を注入する。

図 1-77-12　図1-77-9の針を刺す。

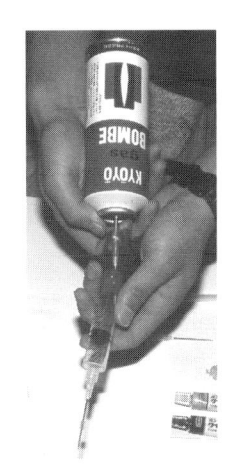

図 1-77-13　後方のエア抜きの針からライター用のガスを充填する。

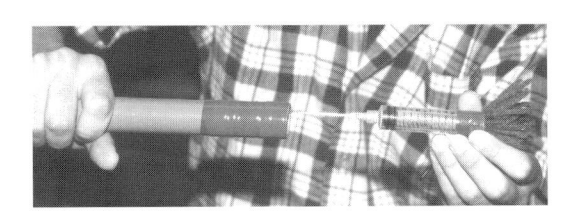

図 1-77-14　投薬器を塩ビ管に挿入。

図 1-77-15 吹き矢
動物の体に当たり，針のスリーブがずれると，ガス圧で薬が注入される。

4）餌

- キツネ … ドッグフード（ドライ，缶詰）
- タヌキ … ドッグフード（ドライ，缶詰）
- リス類 … ペット用リスの餌，コオロギ缶詰
- シカ，カモシカ，ウサギ … 牧草，牛用の配合飼料，ペット用ウサギの餌
- コウモリ … ミルワーム

第2章　小型・中型鳥類

1. 一般的な診療

1）野外からの搬送

　シギ，サギ，カモ等の中型鳥類や多くの鳴禽類が動物病院に持ち込まれるが，その原因や症状も実に多岐にわたる。特に小型の鳥類は貯蔵栄養も少なく，救護原因の究明と共に栄養の補給が治療の要点となる。野外からの持込みは段ボール箱に入れて運ぶのが最良である。輸送用の箱の大きさは，その鳥が翼を広げられない様な比較的狭い箱が適している（図2-1）。この際，真夏を除いては，換気用の穴を開けない方が鳥は落ち着く。小鳥用の金属製のケージに入れると，翼角に擦過傷を作るばかりでなく，翼の骨折を起こしかねない。また運搬中は気温は30℃以内に保つように指示する。また段ボールやケージの中には水や餌は入れないように指示する。搬送中に水で羽毛が濡れることは一層体温を低下させ，衰弱がさらにすすんでしまう。また，餌等で鳥の羽毛が汚染されることは，将来の野生復帰（自然復帰）の妨げの一因になり得る。タオルやバスタオル等で動物をぐるぐる巻きにして搬送することは，呼吸運動を抑制するので，勧められない。また夏季では体温が異常に上昇する危険がある。ワシ・タカ類あるいは鋭い嘴を持ったサギ類では，厚い布製の目隠しフードを頭からかけておくと落ち着いて扱いやすくなる（図2-2）。

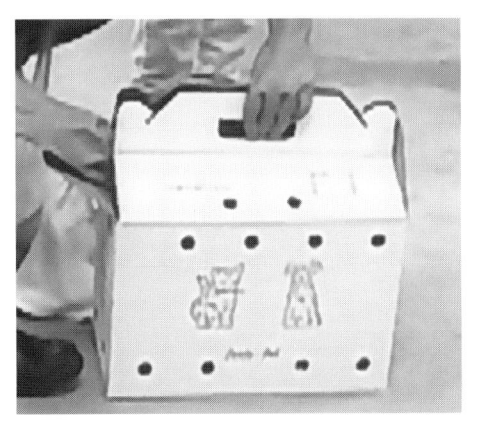

図2-1　施設に運び込まれたマガモ程度の大きさの鳥の紙製の輸送箱
　換気用の穴が目の高さを避けて数か所設けられている。

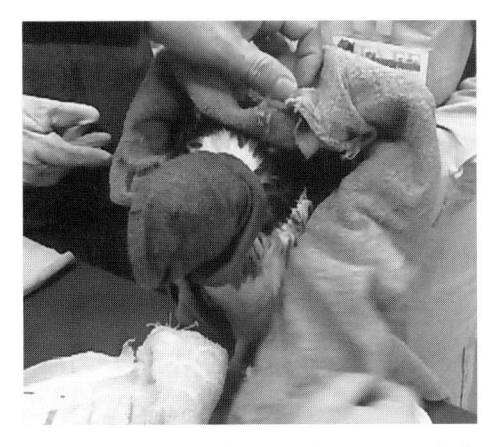

図2-2　フードを掛けて目隠しされたミサゴ
　人が近くにいる恐怖と騒ぎを防ぐことができ，きわめて扱いやすくなる。

(1) 受け入れとカルテの作成

　病院に到着したならば，カルテを作製する。ID（個体識別）番号を付し，搬送者から保護場所，保護した時刻，保護理由を必ず聴取する。動物病院のカルテだけでなく，所管官庁指定の様式のカルテ，あるいは救護団体指定のカルテがあれば，それぞれ要項を記入する。

2）検　　　査

　通常の単発的な救護活動においても真の意味での野生復帰が可能かを治療開始前に，厳格に判断することが求められる。

　ペットとしての種々の動物のあらゆる疾患は，獣医学の知識・技術を動員して救命し，治療することに全力が注がれる。しかし野生動物の救護・治療との決定的な相違はこのトリアージ（負傷動物選別）である。

　これは保護された鳥が治療を受け，野生に戻された際に，

①身体各部が正常な機能が維持できて，餌が十分に採れる。
②野生動物としての俊敏な行動がとれ，身の安全の確保が確実に行える。
③繁殖活動に参加できる。

　以上の3点を治療開始前に判断しなければならない。それ故に，加療によって生命がとりとめられる可能性がある野生動物でも，野生復帰が困難と判断された場合は，治療開始前あるいは治療中であっても安楽死を検討するケースもある。また，環境教育のために長期飼養する場合もある。

　効果的に治療するために，あるいは救護施設での管理において，野生動物の習慣や正常な行動とは何かを，常日頃の自然観察を通じて把握しておくことはきわめて重要である。例えば種々の水鳥の喫水線はどの位置にあるかを知っておくことは，重油等による油汚染水鳥の救護活動では欠かすことのできない知識である。基本的には，暖かい，静かな部屋に収容して，保護下のストレスを少しでも和らげる。さらに，脱水の補正，損傷の治療，野生復帰の機能回復訓練，飛行訓練へと移っていく。この間，人との接触は最小限に制限する。人の視界から遮ることも大切である。

(1) 個々のペットに対するトリアージ（負傷動物選別）

①すぐに命に関わる異常を発見すること。
②命に関わる異常は直ちに治療を開始すること。
③治療の結果，生命に関わる異常が落ち着いたなら，詳しい身体検査を実施する。
④負傷動物の症状の変化に合わせて，一定間隔で検査を繰り返す。

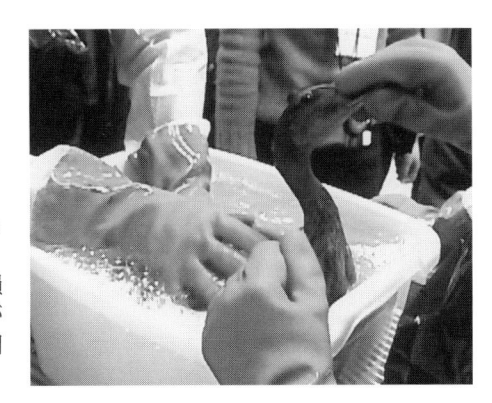

図 2-3 油汚染水鳥救護技術講習会における洗浄実習
　野生復帰を目指して，羽毛の微細構造を損傷しないように，細心の注意を払って洗浄が行われる。重度の油汚染では洗浄は1時間半を越えることもある。

（2）野生動物の救護現場におけるトリアージに大きな影響を与える項目

①回復可能な負傷程度か。
②この負傷が治癒した後で，自然界で生存できるか。
③人道的に生命救護は適切か。
④多数の受傷動物が存在する場合には，人的，資材的準備はできているか，救護・収容場所があるのか。

したがって，日頃から大規模災害に対応できるように，獣医師の研鑽，技術の習得，ならびに救護技術を持った一般ボランティアの養成が重要項目である（図 2-3）。

（3）個々の個体における救護原因

①交通事故
②犬・猫に捕まる
③ガラスや建物への衝突
④電線等との接触
⑤誘拐，他

3）救　急　治　療

（1）緊急事態にある動物の取り扱い方

a．気道確保：気管内異物の除去・気管チューブの挿管

院内に搬送された動物が呼吸しているかどうかをまず判断する。気道内の分泌物を綿棒等で除去する。時には，受傷時に嘔吐して，餌が気道を閉塞していることもある。

b．人工呼吸の開始

酸素濃度は60％程度とし，気道内圧20mmHg程度の加圧で，1分間12回の人工呼吸を開

始する。

c．循環の確保：出血の制御，ショックからの離脱

明らかな出血には直ちに対応する。止血鉗子等器具がない場合には手指による圧迫で止血を計りながら，外科的処置の準備ができるのを待つ。鳴禽類では数滴の動脈性出血が生命を脅かすことはよく知られている。鼻腔，口腔，および天然孔からの出血を示す受傷動物は内出血の可能性についても常に考慮を払う必要がある。

（2）ショックからの離脱の手順

①主要臓器の血液灌流の再開と組織の酸素化
②ショックの原因の究明と除去
③ショックに続発する疾患の手当
④急性腎不全，急性呼吸器障害，消化管潰瘍を発見し治療を開始する

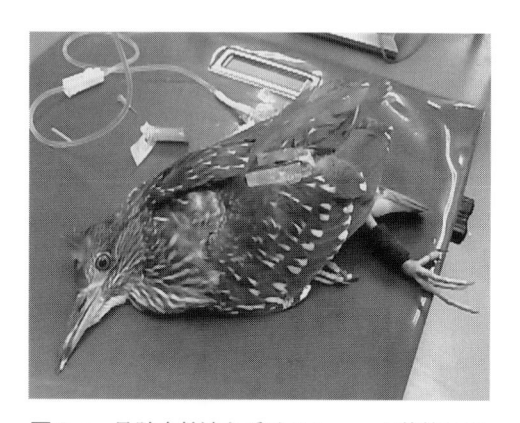

図2-4 骨髄内輸液を受けるショック状態にあるゴイサギの幼鳥。

（3）ショックからの離脱の手法

経静脈（IV）あるいは経骨髄（IO）（図2-4）からの，急速な輸液を実施する。単純ではあるが最も有効な手段である。輸液剤はブドウ糖加等張リンゲル液が最適で，いわゆる輸液開始液で各社から販売されている。他のルートが確保困難なときは，とりあえず，皮下注射（SC），経口投与（PO）で行う。最大輸液量は 90ml/kg/hour である。

鳥は尿を濃縮して，ほとんど固形で排出する。そのため，腎臓における水の再吸収能力は高い。したがって，過剰の水分補給は容易に肺水腫を引き起こすので注意が必要である。水分飽和を示す水様性の尿の排泄が確認され次第，輸液を中止するか，減量する。

体重を監視しながら，2〜3日あるいは数日かけて再水和し，また食餌も徐々に流動食から自発的な固形物へと戻していく。

（4）ショックを起こしている鳥の治療の進め方

①ショックの仮診断
②血糖値，PCV（ヘマトクリット値），TP（総蛋白量），重炭酸イオン濃度を測定するために採血。その他の臨床検査は延期。
③骨髄内あるいは静脈内にカテーテルを設置。
④脱水の評価と輸液量の計算。

基本的な1日に必要な輸液量の計算法
　BMR（基礎代謝量）は次の計算式で求められる。
　　BMR＝k×（体重kg）$^{0.75}$
　k＝ワシ・タカ類，カモ等の体重200gを越える中・大型の鳥では78，鳴禽類などの体重200g～50g程度の小型の鳥では128。〔1日輸液量（ml/kcal/day）はBMR（基礎代謝量）kcalに等しい。〕

計算例
　体格から見た推定正常体重100gの鳥，10％の脱水を示す症例で，この3日間で水飽和を目指すとき，給与すべき水分量を求めたい場合。
　　BMR＝128×（0.1）$^{0.75}$＝22.8kcal/day　（注）：（0.1）$^{0.75}$＝0.1778279
　　1日の水分必要量＝BMR＝22.8ml
　　脱水量＝100g×10％＝10ml，これを3日間で補給すると3.33ml/day
　　投与すべき水分量＝22.8＋3.3＝26.1ml
　　3日間での総水分補給量は26.1×3＝78.3ml

　⑤最初の輸液は12時間以上をかけて必要量の半量を乳酸加リンゲルで与える。健康鳥で輸液速度は10ml/kg/hであるので，病鳥は5～8ml/kg/hとし，水負荷を避ける。
　⑥ショック状態の鳥に必要なその他の薬物
　　a．ビタミンB群（塩酸チアミン10mg/kg）
　　b．ステロイド（デキサメタゾン0.1～0.5mg/kg）もしくは非ステロイド系抗炎症薬NSAIDs（ケトプロフェン，フルニキシン，カルプロフェン2mg/kg）
　　c．デキストリン鉄 iron dextrin（デキストリンと水酸化鉄の錯体。鉄欠乏症の治療に静脈注射で用いる）10mg/kg。経口投与剤としてはペットチニック®（pfizer）がある。
　　d．必要なら注射による栄養補給：脂肪製剤の点滴
　⑦骨折・開放創・軟部組織損傷があれば，あるいは細菌感染症（糞便の塗沫の細胞学的検査で白血球陽性）が疑われるときは，抗生物質の投与。
　⑧PCV，TP，重炭酸イオン濃度と尿量のモニター。
　⑨禀告の完全聴取と諸検査を実施して，余病の併発の診断を進める。
　⑩維持輸液の開始，カロリー補給のために強制給餌を実施。
　⑪鳥が自立して採餌できるまでは体重の定時的な測定。

4）一般的な治療

　救護施設での動物は常にストレス状態におかれている。
　①野生とは切り離されて生活することを強要される。そのため動物病院は常に清潔な環境にしておき，救護過程における院内感染，趾瘤症，竜骨突起付近の褥瘡を防ぐことで，死亡率を引き下げ，放鳥率を上げることができる。
　②常に救護に携わる人が近くに居るし，他の動物もその存在を脅かすかもしれない。そのため，動物の視界をタオルや新聞紙等で制限することは重要である。また人の動線を調べて，ケージの設置場所を決定することも保護動物を安静に保つ上で大切な事項である。

③救護活動計画は鳥の習性に合わせ，日の出から日没までの生活リズムを守るように給餌，治療，リハビリ計画を立案する。

救護活動に関係する人の安全確保にも関心を持つべきである。例えば，サギなどのような鳥は動く物を鋭い嘴でつつく。そのため，ゴーグル等で人の眼を保護する必要がある。その他手袋の着用や肌が露出することのないように十分気を付ける。ワシ・タカ類は爪が鋭く，また握力がきわめて強い。うっかり腕等を握られるとその爪は簡単に筋肉を貫通する。革手袋をはめた手で左右の中足部を保定できると安全に作業ができる。

(1) 栄養要求量

①種々の疾患，あるいは保護下でのストレス状態では栄養要求量は増大する。
②成長中の雛，巣立ちしたばかりの若鳥は成鳥に比べて2～3倍のカロリーを要求する。
③与えている食餌のカロリーが適切かどうかは，定時的な体重測定で判断できる。体重は保護時よりも増えるか，最低でも維持されなければならない。
④食餌は食性に合わせる。

肉や魚は穀類に比較して，その消化は容易である。そのため，肉食性あるいは魚食性を示すワシ・タカ類，海ガモ類，サギ類等では比較的短い小腸を持っている。それに対して穀物食性の多くの鳴禽類や淡水ガモでは消化管はよく発達する。定時的な体重測定でカロリー不足が示唆されるときは，入手が容易なワカサギから，やや脂肪分の多いハタハタ等に切り替えるなど食餌の内容は質・量共に食性と合わせてやることが肝要である（図2-5）。また魚を与える際に，水中で魚を動かして食欲をそそるような工夫も大切である。この際，水に入れる人の手の油分が，鳥の羽毛の撥水性を損なうことがあるので注意する。

ワシ・タカ類では肉片や，解凍マウス等を眼前で揺らして与えるとよい。キジ・ウズラ等の

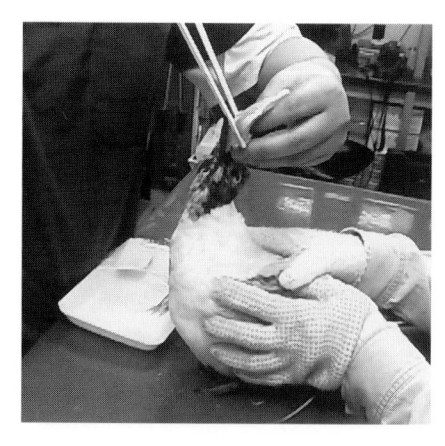

図2-5 ユリカモメにワカサギを給餌
　胸郭内の食道拡張部まで送り込むと吐き戻しにくい。

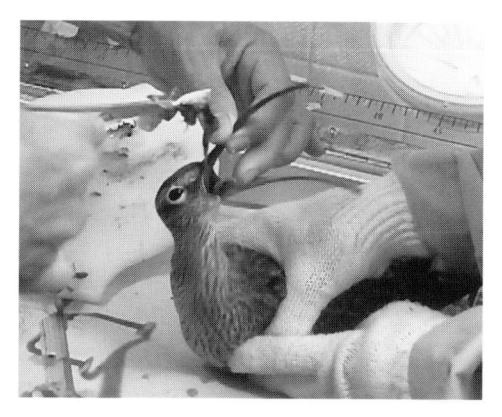

図2-6 チュウシャクシギへの魚の給餌
　嘴の辺縁はナイフのように鋭いので注意が必要である。

雛では細かい穀類を床において，木片でこつこつ床を叩く。その振動がこれら雛の注意を引き，餌であることを認識して，食欲を示す。ヒルズ社の a/d 缶は食性にかかわらず多くの鳥に流動食として用いられ，良好な成績をあげている。

（2）検査と容体の把握

収容した人から詳細に凜告の聴取することは診断を進める上で重要な要素である。保護時の動物の様子，出血量，意識の有無は特に聞き漏らしてはならない。そして身体検査所見と結びつけて診断を確定する。また収容してからも動物の様子を常に観察して異常がないかを見分ける観察眼が必要となる。

①捕まえて診察する前に，自然な状態を観察することをまず行う。
②検査と診断は迅速に的確に実施する。
③短時間で行えるように，予め決められた手順あるいは項目を実施し，準備は周到でなければならない。
④観察は常に周辺視野を用いて行う。すなわち目を凝らして，一点を見つめ続けるいわゆる凝視は捕殺動物の行動であるので，見られる側の動物は人のこの行動を最も恐怖の対象としてしまう。

野生動物は自然界の微妙な食物連鎖の中で生命をつないでいる。自分自身も他の動物から見れば，格好の餌である。そのため自然界では滅多に病気を悟られないように振る舞い，受傷していることも隠してしまう。したがって自然界では，少しでも弱みを見せた時点で死を覚悟しなければならない極限状態の生活を強いられている。保護された以降も同様で，疾患あるいは外傷は気づかれないように振る舞うので，観察眼が必要である。

採血あるいは採材のために，必要があれば，ドミトール，塩酸ケタミン等の鎮静剤あるいは麻酔剤の使用を考慮する。しかし中・小型の鳥類ではタオルを使用して保定できることが多い。できるだけ早期に試料を採取し，検査に入る。検査結果が出るまでは，周囲を動き回る人の数を制限し，動物はできるだけ静かで，暖かい環境に置き，ケージには目隠しのタオルをかける。またタカのような鳥には目隠しフードをかけると落ち着いてよい。

（3）予　　　　後

野生動物は野生に帰すべきが建前で，救護の全過程を通じて野生復帰が危惧される事態が発生すれば，獣医師あるいは動物愛護家としての感情を切り離して，判断する必要がある。原則として野生動物はケージの中で飼うべきでなく，安楽死を考慮するケースも出てくる。安楽死させる場合，通常はペントバルビタールの 50mg/kg 以上の過量を腹腔または血管内に注射する。

検査により骨折が確認されたなら，応急的に局所の不動化を計る。包帯あるいは副木による固定を実施して，周辺組織の更なる損傷を防止する。創傷があれば壊死組織を除去して，滅菌

図 2-7 前庭障害により，頭部の定位ができなくて床をころがり回るドバト。

図 2-8 頭部打撲によって，瞳孔の左右不対称を示すオオコノハズク。

生食水で十分に洗浄する。その後滅菌ガーゼを当てて応急処置をする。いずれにしても，受傷野生動物では損傷を受けた組織，器官が機能回復することが期待できない症例では安楽死も1つの選択である。

受傷動物には神経学的検査も実施する。頭部，脊髄，それに眼科学的検査も必ず実施する。これらの動物では，眼の損傷は比較的多い。

神経学的症状を有する動物は脳あるいは脊髄の浮腫を抑えるために，保温と安静が求められる（図 2-7，図 2-8）。

（4）治療計画の立案

必要に応じて1日数回の治療をすることもあり，注射あるいは経口で実施する。

①抗生物質

抗生物質は使わないときもあるが，多くの場合は使用が指示される。ただし，抗生物質の持つ毒性あるいは副作用対その投与による効果との兼ね合いにも配慮する必要がある。また薬剤の耐性の問題も検討するべきである。

②副腎皮質ホルモン製剤

使用しないときもあるが，投与を指示されることもある。使用に当たっては免疫抑制に配慮すると共に，創傷の治癒も遅延することを忘れてはならない。

③鎮痛剤

痛みを除去してやることは，疼痛によるストレスを軽減し，副腎からのステロイドの分泌を抑制するため，創傷あるいは手術創の治癒が促進される。最近では使用できる鎮静剤の種類も増えて，使用機会が多くなってきている。

5）鳥の注射法

（1）皮下注射法

等張性薬剤を少量投与するのに用いられる。通常は左右の肩甲骨間の皮下に行う。鳥の背中を上にして，水平に近い角度で肩甲骨間の皮膚に刺入する。30g程度の小鳥で，1mlは注射できる。注射後は刺入点を指頭で圧迫して，薬液の漏れと出血を防ぐ。また，鼠径部も皮下注射に適している。

（2）筋肉注射法

等張性薬剤あるいは多くの抗生物質の投与に用いられる。鳥を仰向けか，立たせるように保定し，大胸筋に刺入する。この際運針の方向は真横から竜骨突起に直角に刺入すると安全である。削痩して竜骨突起が突出していたり，小鳥の場合は十分な注意が必要である。

（3）静脈注射法

主に，採血の目的で，皮膚尺側静脈が用いられる。鳥を横臥位に保定し，下側の翼を伸展する。肘部を酒精綿で濡らして，羽毛をよけると，当該静脈がはっきりと見える。近位部を指頭で圧迫して駆血する。27Gの針付きマイクロシリンジで必要量を採血する。少量の薬液を経静脈で投与する場合には正中中足静脈も用いられる。

（4）腹腔内注射法

他のルートが確保できないとき，低血糖やショック状態など緊急性を要する時に，温かい等張性輸液剤の投与に使用される。鳥を仰臥位に保定する。ほぼ水平に正中線で，血管のないところを刺入して注射する。これは腹部に存在する気嚢を避けるためである。

（5）骨髄腔内注射法（Intraosseous injection）

骨髄輸液（IO）が有利である。IOでは次の投与が行える。
各種輸液剤：ブドウ糖加等張リンゲル液が輸液開始液として用いられる。イントラリピッドのような高カロリー輸液が実施できる。脱水の程度の判定は後述するが，多くの野生動物は保護された時点で，10％程度の脱水があるといわれている。治療の一環として脱水の補正は不可欠の要素である。
血液製剤：供血動物はドバトが使われ，異種間輸血が有効な手段として盛んに実施されている。1か月以内なら，繰り返し輸血できる。また，血液凝固障害は新鮮血の輸血が効果的である。
抗生物質：敗血症，菌血症に伴う指先や爪の血栓症に有効である。
非経口栄養補給：衰弱して咽・喉頭反射が消失している症例にはきわめて効率的にカロリー

補給できる。

コロイド製剤：血漿増量剤の投与が可能である。

高張ブドウ糖液：20％ブドウ糖も時に使われる。

a．骨髄輸液の応用範囲

低血糖，低血圧に陥った鳥では，経口投与は誤嚥の危険性があって使えない。しかし骨髄内への輸液は虚脱状態の鳥にも応用できる（図2-9）。設置と維持が容易で，骨皮質が比較的薄く，21Gの注射針で容易に骨皮質を穿孔して，骨髄に達することができる。翼状針に変えて，絆創膏で付近の羽毛に接着・固定する。こうすれば数日間連続して骨髄内に輸液できる。虚脱から回復して，咽・喉頭反射が見られたなら，経口投与に切り替える。使用した関節は，数日間は可動範囲いっぱいに動かして関節硬直を防ぐ。血管注射に比べて点滴中は保定の必要がないので，鳥へのストレスも軽減できる。

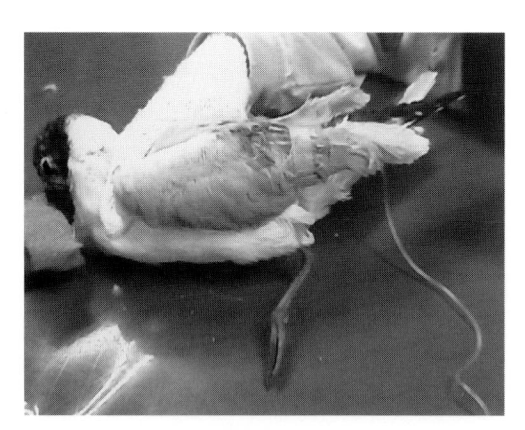

図2-9　骨髄内輸液を受けるユリカモメ
飢餓等で低血糖，低血圧を示す鳥では本法が奏功する。

b．設置可能な骨が多い

上腕骨は含気骨で本法では使用しないが，尺骨が鳥では太くて設置が容易である。大型鳥なら他の骨も使える。しかし，その設置期間は関節を刺入する関係で，関節硬直を防ぐため，せいぜい3日間に留めるべきである。

中型から大型の鳥では，尺骨の遠位端から刺入（数日設置可能）する。

小型の鳥では，脛足根骨の近位から刺入することでIO実施できる。しかしこの部位は回復と共に動きやすいので通常は短時間の設置に留められる。

6）小型鳥類の保定法

①呼吸困難がないか，よく観察する。

②ケージ内の止まり木は，はずす。

③手袋をはめた手で鳥を背後からケージに押しつけるようにして捕らえる。

　できるだけ短時間に捕らえる。

　翼を畳んで，肩を押さえると鳥は動けない。

　空いた手で入口をふさぎ，鳥が逃げないようにする。

　尾羽や一部の風切り羽根だけを引っ張ると抜け落ちるので注意。

④ケージから出す。

第2章　小型・中型鳥類

⑤この時保定が不十分であれば，自分の白衣に鳥を押しつけて，保定を確実にする。

⑥親指を鳥のあごに，人差し指は頭頂部に，中指は片方のあごに当てて，この3本の指で鳥の頭部を確実に把握する。他の指は腹部と尾根部に軽く添える。

⑦この状態を保持しながら，

　　そ嚢内容の有無　→　給餌の必要があるのかの判定。

　　大胸筋の発達具合　→　消耗性疾患であるのかの判定。

　　腹部の大きさの観察する　→　産卵期を除いて，健康な鳥は小さい。

7）穀物食性の鳥に対する注意点

（1）強制給餌法

①呼吸困難がないかよく観察する。

②流動食を体温近くまで温める。流動食としては穀物食性の鳥では，フォーミュラー3[注]が最適で，3倍の温湯で溶く。

カリフォルニア大学の栄養学者であるRoudybushが考案した製品で，大型のインコやオウム類の雛も本剤だけで栄養的に問題なく成長できるといわれている。微粉末製の餌で，容易に水に溶くことができる。使用経験から，衰弱した鳥では消化不良が起こりやすい（図2-10）。糞便検査で，澱粉粒がルゴール反応で確かめられたなら，膵酵素製剤を少量添加する必要がある。50℃以上の加温で糊化して流動性を失う。この欠点を改良した製品に，フォーミュラー　オプティマムがある。製造元Roudybush社，輸入発売元ペットケアーニューフーズ社（TEL：0798-68-2910）

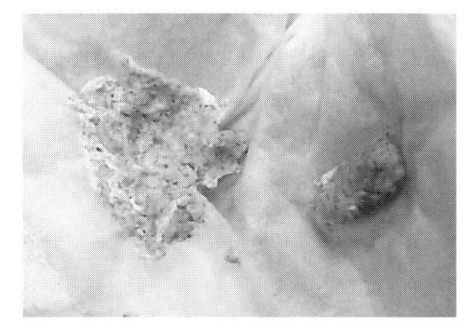

図2-10　澱粉の激しい消化不良を示す糞便　白っぽくて，多量の排糞をするのが特徴である。

③4cm程度のカテーテルの付いたシリンジに流動食を2～20ml取る。

④鳥を確実に保定し，頸部をやや伸ばし加減にする。

⑤開口させてカテーテルを静かに食道内に進める。

　　開口法：爪楊枝，クリップ，開口器を使う。

⑥そ嚢底に達したら，カテーテルを少し前後に動かして，折れたり，曲がったりしていないか点検する。

⑦流動食を静かに流し込む。もし，流動食が逆流するようなら，直ちに保定を解除してケージに戻す。

⑧カテーテルを静かに引き抜く。

⑨しばらく頸を伸ばしたままに保定して，流動食がそ嚢内に落ち着くのを待つ。

⑩ケージに戻す。時々，検便をして，消化不良があるかをチェックする。

（2）日常の管理チェック

a．餌

①配合飼料

1日に消費する量だけを与える。数種類の雑穀類が混合されている配合飼料を器に入れて与える。1日では食べきれない量を与えていると，鳥は自分の一番好む1種類の餌しか食べない。例えば嗜好性の高いカナリアシード[注]だけ食べて，満足している。

> [注] カナリアシードはリジンとメチオニンの含量が少ないが，アルギニンとトリプトファンは豊富に含む。ヒエはトリプトファンを欠き，アワはアルギニンが少ない。したがって配合飼料は極力多種類の穀類から構成される必要がある。

偏食によって，実に多様な病的状態が引き起こされるが。最初に気づく変化は羽毛の色彩変化である。尾羽の下面や腹部の羽毛に黒い横線が入る。これはフェザーマークと呼ばれている。メジロとスズメの羽毛が黒変した症例がある（図2-11，図2-12）。これはコリン，リジン，などの必須アミノ酸の欠乏，リボフラビンの欠乏，肝障害あるいは甲状腺機能低下を指摘する文献もある。明らかな羽毛の色彩変化と共に，下尾筒あるいは尾翼の下面にフェザーマークが同時に観察される。

羽毛の色素が全く抜け落ちて部分的に白くなる羽毛色素欠乏症が知られている。鶏，七面鳥，ウズラの黒っぽい羽毛を持つ品種で，リジン欠乏により同じく羽毛色素欠乏症を引き起こす。しかしドバトではリジンが欠乏しても羽毛の白化は起こらない。しかし成長期が終わってからは，たとえ各種アミノ酸が欠乏しても順調な換羽と羽毛の輝きが見られる。

栄養による病気を予防するには，配合飼料を1日の必要量与えて，多種類の穀物を食べさせることが大切である。また最近では，色々の種類の小鳥に合った良質の固形飼料がローディーブッシュ社やハリソン社から市販されている。これらの栄養学者が市販したペレットタイプの

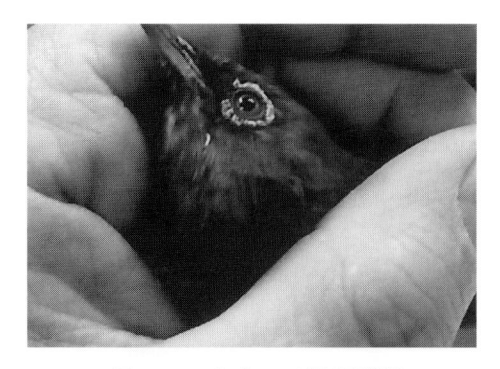

図2-11 メジロの長期保護例
ミカン等の果汁のみで飼育されていたために抹茶色のきれいな緑色を失って，黒変した羽毛を見せる。

図2-12 スズメの長期保護例
黒色に変化した羽毛。

固形飼料は雛のうちから与えるとよく食べる。また若鳥ほど早く，慣れて食べ始めるが，老齢のものではなかなかなじめないので，注意が必要である。食べ始めたなら，配合飼料を減らして，最大50％までペレットに代えてもよい。

与える餌を制限するので，確実に食べられるように器は，さらに大きな器に受けて，餌が効率よく摂取できるように配慮する必要がある。

②青　　　菜

カルシウムとビタミンの補給のために必要である。適当な野菜としてはコマツナ，チンゲンサイ，ダイコンやカブの葉である。これらにはカルシウムが豊富に含まれている。しかしレタス，キャベツ，ハクサイにはあまり含まれていないので，不適当な野菜である。
穀類には全くビタミンAが含まれていないので，ピーマンやトウガラシ，ニンジンやその他の緑黄色野菜を時々与えることも必要である。

③ボ　レ　イ　粉

カキの貝殻を砕いた物で，カルシウムの補給に不可欠である。いつでも食べられるように少しずつ，小さな器に入れて与える。青く着色したボレイ粉は与えない。

④塩　　　土

鳥は筋胃の中に，貝殻や砂粒を保留して，穀物をすりつぶすのに，役立てている。その補給のために与える。中にはすごい勢いで塩土を食べる個体がいるが，そんなに食べる必要がないので，その時は1週間に一度くらい小さなかけらを与えるようにするとよい。これで十分である。

⑤水

新鮮な水がいつでも飲めるように時々入れ替える。結石の原因になるので，ミネラルウォーターは与えない方がよい。

b．器

配合飼料やボレイ粉，水入れ等の器はカビが生えやすく，健康に悪い影響を与えるので，要らなくなった歯ブラシなどで隅々まできれいにする必要がある。

c．止　ま　り　木

止まり木は糞で汚れていることがある。個体によっては，ひどく汚してしまうことがある。時々十分に擦って，汘れを落とし，水洗して，乾かすとよい。翼を使って飛行できる空間を確保するため，ケージの中にはせいぜい2本の止まり木で十分である。

d．糞の性状の観察

鳥は糞と尿を同時に排泄する。小さな，少し盛り上がって，白と緑色が混ざっているのが正常である。1日に50個近くする。産卵期や抱卵時には，人の小指大の糞をすることもある。これは正常である（生理的宿糞）。朝一番の糞は生理的飢餓糞といって，夜寝る前に食べた餌は数時間ですっかり排泄されるため，朝には空腹になっている。そして腸の粘膜が再生されて剥がれ落ちた物が糞として出る。色は黒っぽく，粘液状の糞である。餌を食べ始めて，30分

もしないうちに，正常な外見の糞を排泄するようになる。

　あまりに数が少なくて，白い液体ばかり出しているときは，尿のみを排泄している。これは餌を食べていないことを示している。また飲水量が多く，したがって流れるような多量の尿をするときも異常で，腎疾患や糖尿病が疑われる。

e．体重の管理

　保護・収容中は，太りすぎになる個体が多い。1週間に一度は体重を測定，記録する。料理秤が便利である。放鳥前に減量する必要が生じたときは，体重が50g程度の個体では，配合飼料は6gとして，青菜を多給する。1週間に1g以内の減量が最適である。急激な減量は脂肪肝を引き起こして，元気がなくなるので，注意が必要である。

8）鳥類の病徴

つぎのような症状のある時は，原因を究明する必要がある。
①停立：止まり木の上で，じっとしたまま動かない。あるいは下に降りて動かない。
②膨羽：羽根を膨らませて，悪寒を訴えている。
③排泄孔が糞で汚れている。（下痢）
④急に片脚で負重している。指の動きが悪く，止まり木に指を拡げて止まれない。
⑤翼の抱え方に，変形がある。翼の先が上がっている。逆に変に下がっている。
⑥眼が開かない。涙が出ている。
⑦餌を吐いている。頭の周囲の羽毛が吐いた粘液で濡れている。
⑧呼吸が荒い，早い，深い。あるいは咳やクシャミをする。
⑨どこからか出血している。
⑩ひきつけを起こす。
⑪餌箱に入って，餌を食べ続けている。（嚥下障害）
検査の材料として，軟らかい便，吐いた物，出血の付いた敷き紙を確保し，診断を進める。

9）麻　　　　　酔（鳥における注射麻酔法）

　安全域がきわめて広いため，著者は塩酸ケタミンを好んで用いている。通常使用量は30〜60mg/kgで，必要があればさらに増量できる。また，塩酸ケタミンは呼吸停止がきわめて起こりにくい。

　鳥においては犬や猫のように流涎がない。

　麻酔前2時間は飲水給餌制限し，麻酔前30分には酸素化を必ず行う。透明ビニールの袋にケージを収容し，酸素を何回かフラッシュして酸素濃度を60％以上にする。注射後1〜2分で不動化されるので，すべての手術準備が終わってから麻酔薬を注射する。

　注射部位は大胸筋である。竜骨突起に向かって大胸筋を水平に刺入し，深く注入する。刺入点は指頭で軽く抑え，出血を防止する。追加麻酔は腹部手術で，腹腔が開いているときは

30～50g程度の小鳥では腹腔内へ，ケタラールの1滴の滴下でよい。イソフルラン吸入麻酔を併用してもよい。

麻酔中の保定は手袋をはめた手で助手が保定し，必要があれば脚は第2助手が保定する。手袋をはめるのは鳥の高い体温を奪わないためである。

麻酔中，術中・術後は酸素を吸入し続ける。麻酔中は心電図をモニターする。

術野の覆い布は術者と打ち合わせて，術中の鳥の容体把握が保定者にも分かるように掛ける。

覚醒時に頸を打ちつけたり，翼をばたつかせるので，30g～50g程度の小鳥ではトイレットペーパーの芯の紙の筒に収容する。この際一方の端はセロテープで塞いでおき，頭から入れて覚醒を待つ。覚醒すれば後退して出てくる。なおこの間インキュベーターに収容して30℃の保温を続ける。

大型の鳥ではタオルを巻いて肩を保定し，頭部の打ち付けを防止するため起立可能までの約1時間，助手が手で保定しておくのが一番安全である。小型の鳥でも，覚醒まで動物看護師が1時間ほど保定し続けていることも多い。

通常は1～2時間で起立でき，止まり木に止まれるようになる。

ハクチョウや大型の鳥では3％イソフルランで，マスクによって導入する。気管チューブを挿管して，1.5～2.0％で，麻酔を維持する。

10) 処　　　置

(1) 外　　　傷

保護された野鳥は外傷を負っていることが多い。その中には致命的な重度のものから，わずかな擦過傷までさまざまである（図2-13）。慎重な身体検査によって小さな外傷も見逃さないように留意する。外傷の原因の主なものはガラス等の建築構造物への衝突，疾走する車による交通外傷，他の捕食動物による咬傷などである。ワシ・タカ類などに襲われると，その強大な握力と爪によって，皮膚ばかりでなく，筋肉・内臓が重大な損傷を負う。外傷に注意を払うと同時に，内臓の損傷の程度，内出血，機能の低下などにも十分な検査と手当が必要になることが多い。

図2-13 車に轢かれたが，幸い次列風切り羽根と大雨覆の損傷で済んだドバト。

（2）新　鮮　創

　受傷後数時間以内の新鮮創ならば，積極的に縫合する。そのためには，局所周囲をまず清拭する。創傷面に覆い被さる羽毛は羽軸ごと抜毛する。創面に付着する羽毛片，異物を徹底的に除去する。創傷面に眼科用表面麻酔薬オキシブプロカイン 0.4 ％液を最初に滴下して，疼痛を取り除いておくと，これらの処置が容易に行える。大きな傷ではケタラール 25 〜 30mg/kg による全身麻酔を行う。創面にイソジン液を塗布して消毒する。眼に近い傷ではクロラムフェニコール点眼液あるいはゲンタマイシン点眼液で消毒する。皮膚，筋肉，腱，神経等をよく見極めて，損傷を受けた部位を慎重に縫合する。縫合材料は創傷部の汚染がひどいときは MAXON など単線維のものを選択する。頭部の創傷で頭骨が露出しているような症例では，生存が危ぶまれるので，頭骨が露出していないように縫合を終えることが肝要である。案外薄い皮膚がたくし上げられたように巻き込んでいる場合があり，慎重に引き出す。皮膚の縫合はできるだけ細い，6-0 以下の縫合糸を使用する方が違和感がなく，術野のつつきも少なくなる。

　細い縫合糸では緊張した皮膚が引き寄せられないときは最初に減張目的で，絹糸を用いて，数か所縫合する。こうして引き寄せられた皮膚なら，極細の縫合糸で縫合できる。すべての縫合を終わった時点で減張用の絹糸を取る。あるいは皮膚の緊張が強い時は 2 日減張用の糸を残しておく。術後にエンロフロキサシン 5mg/kg を筋肉注射する。その後は経口投与に変える。すなわち 2ml の本剤を 10ml のシロップで希釈して，その 10 滴を 10ml の水に溶解して，自由飲水させる。抜糸は 10 日目に行う。

　30℃による保温と食性に合わせた，確実な栄養補給を行う。1 回目の投与から，4 〜 5 時間経過してから 2 回目の経口投与を行うが，この時そ嚢内に前回の投与液が減らずに残存している時は腸蠕動の低下を疑う。塩酸メトクロプラミド・シロップ（プリンペラン）を小型鳴禽類では 1 〜 2 滴流動食に添加しておく。あるいは本剤の注射液 0.01 〜 0.02ml/50g を皮下注射する。これらの処置にもかかわらず，次回の経口投与時にもなお，そ嚢内の食滞あり，しかも 30℃の保温にもかかわらず，体温低下を示すときはかなり予後は悪いといえる。

図 2-14　そ嚢破裂したドバト
受傷後日数が経過しているために，創面は肉芽で盛り上がっている。そ嚢内には摂取したトウモロコシが見える。

（3）陳　旧　創

　受傷後 24 時間以上経過すると，腐敗が始まり，創面に鼻を近づけると，腐敗臭がする（図 2-14）。このような陳旧層は，この腐敗している壊死組織を徹底的に除去することで，治癒に向かわしめる。滅菌綿棒や鑷子，鋭匙あるいは炭酸ガスレーザー等で壊死組織を除

去できたならば，局所を十分に生食水で洗浄する。縫合は創面を狭める程度の縫合に留め，腐敗産物の体内への吸収をできるだけ阻止する方が予後がよい。

（4）そ嚢の裂傷

給餌または採食した餌が前胸部から，漏れ出てくることで気付かれる。そ嚢はきわめて薄い膜性構造物で損傷を受けやすい。新鮮創あるいは陳旧創の処置法に準じて手術を進める。

皮膚とそ嚢粘膜の分離を終えたなら，そ嚢内の餌を除去する。粘液なども滅菌生食水で洗い流す。ただし洗浄液が口内に逆流しないように洗浄中は，頭位を高く保持しておく。

そ嚢の縫合は5-0以上の細い縫合糸で，密に2重の結節縫合する。レンベルト縫合に準じた運針で，粘膜面に糸が出ないようにする。眼科手術用の顕微鏡下で手術を実施すると精密な縫合ができるため，治癒率が飛躍的に向上する。そ嚢の癒合不全が術後に起こって，流動食が皮下に漏れた時に，皮膚を密に縫っておいては発見が遅れることがある。

数日はそ嚢を使わない方がよいので，カテーテルを胸郭からさらに奥へ進め，リブケージ（胸郭）の中程までに挿入する。そして流動食を腺胃まで送り込んでやる。胸郭の入口に指を当てて，カテーテルの胸郭内への挿入を誘導することもできる。これを1日数回繰り返して給餌する。

保護収容中の事故として低温火傷によってそ嚢破裂を招くことがある。人工育雛中の雛に給餌する時は，日齢が浅いほど，餌は加温して与える。この餌によって低温火傷を起こす。特に電子レンジで餌を加温した際，加温にムラがあり，表面は適温でも中は熱すぎることがある。このような状態の熱い餌を給餌されることで発生する。これを防ぐには餌を加熱したならば，攪拌し人の手指で餌を触ってみて，餌が熱すぎないかを確認をすることである。

この人為的な失宜によるそ嚢破裂の症状の特徴はそ嚢と皮膚の円形の脱落である。そして傷の表面には必ず壊死組織が存在するので，塩酸ケタミン30mg/kgの全身麻酔下で，確実に除去する。十分除去できたらイソジンで消毒する。小型鳴禽類では手術用の顕微鏡下の縫合で粘膜面を確実に埋没させる。粘膜の癒合不全があると，術後2週間ぐらいで再度小孔が開き，餌が漏れ出すこともある。再縫合を試みる。

（5）骨　　　折

a．原　　　因

野鳥の場合の原因の多くは飛行中の建造物への衝突であろう。特に透明ガラス，あるいは高反射ガラスを識別できなくて衝突する（図2-15）。交通事故，ワシ・タカ類およびイタチなどの捕食動物に襲われることもあろう。多くの場合は原因不明である。

b．骨折の発生部位と頻度

経験的には脛足根骨が50％を占める。次いで，橈骨，尺骨，大腿骨，足根中足骨に見られる。もちろん，その他の骨にもまれに発生する。

いずれの部位の骨折でも，通常局所は出血のために暗紫色を呈し，かなり腫脹する。しかし

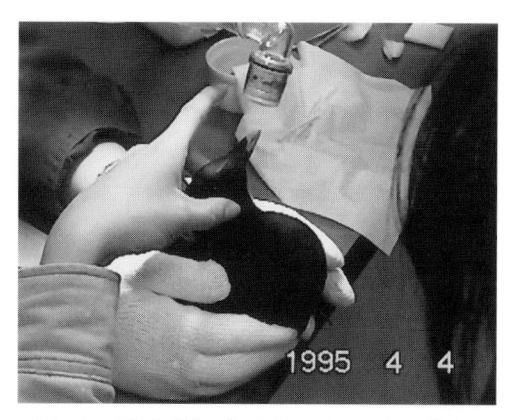

図 2-15 原因不明であるが，バンの頭・胸部打撲による意識の喪失と呼吸困難
　酸素吸入をしながら，口内の血液，餌の吐き戻したものを清拭して，気道を確保する。必要が有れば気管チューブを挿管する。

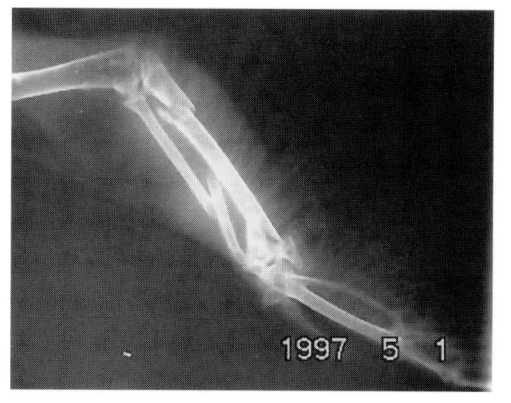

図 2-16 前腕骨（橈・尺骨）の骨折
　局所の激しい腫脹が見える。尺骨の骨髄ピンによる整復と羽軸を利用した外固定法が試みられた。

肉芽組織は早期に増殖し，3〜4日で局所の不動化が始まる。しかし中足部や趾の骨折のような，周囲に筋肉組織のない部分では，かなり不動化・治癒が遅れる。

c. 診　　　断

触診で骨に外力をかけて弯曲や疼痛の有無を調べて，骨折あるいは亀裂部位を確定することができる。外傷を伴っている時は骨折との相関があるか慎重に判断する。骨折端が露出しているときは，骨折発生からの時間の経過とともに細菌感染の機会が増える。確定診断としてX線撮影をする（図2-16）。骨折の疑いのある時に，いきなりX線検査をするのではなく，またX線写真上で骨折部位を探すのではなく，十分に触診あるいは視診から得た情報を総合判断をしてから，その判断が写真と一致するかどうかで，逆に触診あるいは視診の精度が高められる。

d. 治療の要点

鳥は当然ながら，自らは決してリハビリテーションしないので，関節を固定するような治療法では回復が著しく遅れる。特に翼の各関節の固定はせいぜい3日以内でないと関節硬直が起こる。予防法としては関節を毎日十分に可動範囲いっぱいに動かしてやるとよい。脚の骨折の場合には止まり木に早期に止まらせて，趾の機能を維持してやると骨折の回復と共に運動機能も回復する。

e. 整復材料

整復材料としての条件は次の要件を備えていなければならない。軽いこと。装着または整復操作が容易なこと。強度が短時間で十分に確保されること。治癒後の除去が簡単なこと。以上の項目を満たす材質として鳥の自らの羽毛を利用し，これを外科用創面接着剤として開発されたアロンアルファ（シアノアクリレート，コニシ株式会社）で塗り固めて，患部を固定する方

法が優れている。小型の鳥の脛足根骨や大腿骨の骨折整復にはきわめて優れた画期的な方法である。しかし本法の適応は局所の不動化の始まる3日以内に実施されるべきである。そうでないと局所の十分な伸展，整復が不可能である。

§アロンアルファ による整復法

アロンアルファ による小鳥の骨折の治療法を創案されたのは川村正道博士（東京・北区・川村動物病院）である。体重100gまでの鳥の骨折で，皮膚の損傷を伴わない脛足根骨の骨折を本法を用いて整復する要領について述べる。

1．骨折の部位および周囲組織の損傷程度が十分把握できたなら，助手は体温を奪わない様に軍手をはめて鳥を横向きに保定する。保定の要領は，翼を畳んで頭部を親指，人差し指，中指の3本の指で保定する。空いている手で，尾根部を掌に押しつけて置くと，鳥は動かずにいる。整復・固定には5分程度かかるので，真夏の気温の高いときは体温の過度の上昇を防ぐために，扇風機等で鳥に冷風を送って涼しくしてやる。また，通常は無麻酔で操作を行うので，容体が懸念されるときは酸素吸入を固定操作中行う方が無難である。

2．患肢の中足部をもってゆっくりと十分に伸ばす（図2-17）。下から骨膜剥離子のヘラの部分を当てて，骨折端を動かし断端が接合するように力を加減する。骨折後3日以内なら肉芽の形成が始まったばかりで，かなりよく整復できる。それ以降は肉芽組織によって急速に骨折部の不動化が進むので，整復は困難となる。

3．局所を伸ばした状態で，水を含ませた綿棒で皮膚面・綿毛・正羽のすべてに湿気を与える（図2-18）。水あるいは湿気はアロンアルファ の最も安全な重合促進剤である。そしてその綿棒で撫でつけて羽毛の片寄りをなくし，外観を整える（図2-19）。

なかには受傷時の外力で，下腿部の羽毛が全くない症例もある。あるいはすでに治療を受けて羽毛を引き抜かれていたり，あるいは不完全に絆創膏で固定されていたため，絆創膏の除去時に羽毛が引き抜かれたために患部は無羽毛状態になってしまう。この場合は修復材料とし

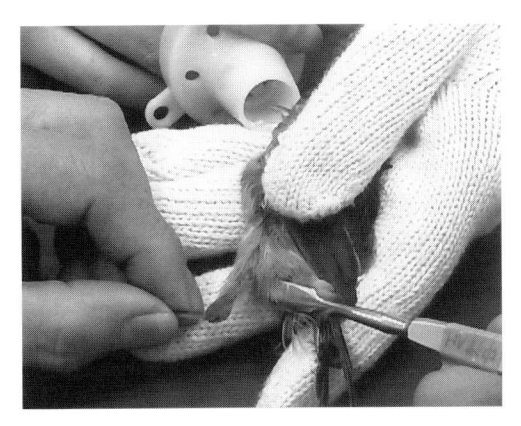

図2-17 中足部を持って，脛足根骨を充分に引き延ばす。マイクロスパーテルを下からあてがって，整復を試みる。

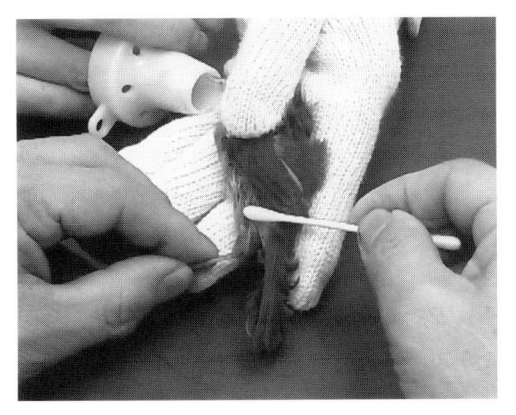

図2-18 水をつけた綿棒で，固定すべき部位の羽毛に湿気を与える。水はアロンアルファの最も安全な重合促進剤である。

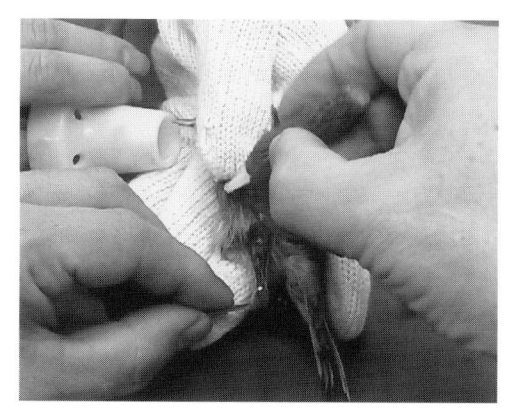

図 2-19 アロンアルファを関節部を覆わないように，全周の 2/3 に塗りつける．スパーテルで表面を平らに整える．

図 2-20 症例の中には，骨折整復部の羽毛を失っているものある．収集した種々の羽毛を用いて，固定材料とする．

て，あらかじめ貯めておいた綿毛や半綿毛（羽軸はあるが羽弁形成のないもの）を用いる（図 2-20）．

4．アロンアルファを羽毛に塗り付ける．この時，関節運動を阻害しない範囲に限定する（図 2-21）．関節に近い骨折でもギリギリの所まで塗布し，整復後すぐにも患肢が使える様にしておくことが大切である．関節を固定しないと骨折部分を不動化できない時は関節の角度を止まり木に止まった角度に固定する．塗布後 2 分ですっかり重合硬化して強度を増し，乾燥する．骨折部の羽毛が全く存在しない症例も時にある．この時はあらかじめ収集しておいた綿毛を用いて，順次何層にも塗り固めて必要な強度を得る．

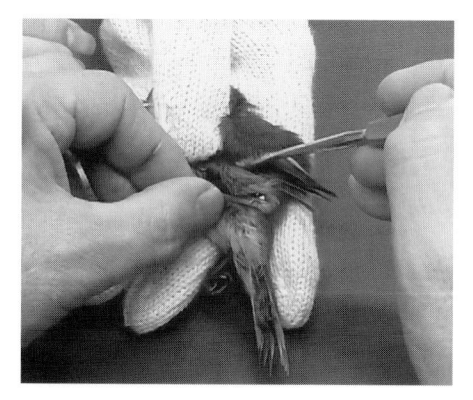

図 2-21 固定が終わったなら，近・遠位のそれぞれの関節を強く屈曲して，関節運動を阻害していないか確認する．

5．塗布の範囲は全周の 2/3 までとし，全周を塗布することによって起こる血流障害を避ける．

6．エリザベスカラーを 10 日間装着して，固定部位をつつかないようにしておく．

7．止まり木のあるケージに戻し，普通の生活をさせる．カラーが付いているので，ケージの中で不都合が起こらないかしばらく観察する．餌と水は器一杯に入れて飲みやすくしておく．またボレー粉か骨髄の粉末製剤である BPD-S を与える．またコマツナ等のカルシウムの多く含まれる青菜も骨折修復材料補給の目的で多給する．

8．10 日目にカラーを外すと，鳥は直ちに固定部の接着剤を剥がし始める．接着剤の除去

は鳥に任せた方がきれいに，外傷なく剥がれる。この頃には患肢は負重し，握力の回復も見られる症例が多い。

9．当該部は羽毛がすっかりなくなるが，2週間位で再生が始まる。

10．重合後のアロンアルファはアセトンで溶けるので，関節運動を阻害するようならアセトンで溶かして調節することができる。

f．脛足根骨の骨折

①症　状

骨折の部位と程度によってもちろん異なるが，脚の完全骨折では負重は困難で，患肢は挙上するか，脱力して下垂する。不完全骨折では種々の程度の機能障害をしめす。時に軽度の跛行しか示さない例もある。

②皮膚損傷を伴う脛足根骨の骨折

1．局所感染の可能性が低い新鮮創の場合

綿棒にイソジン液を付け，局所を消毒する。次いでできるだけ細い8-0程度の縫合糸で細かく縫合する。縫合に障害のある羽毛だけ抜く。この部を覆わないようにして接着剤で固定する。

2．骨折端が露出して感染の可能性がある場合

付近の羽毛を抜去する。

イソジン液で創孔とその付近を十分に消毒する。

感染の可能性のある露出している骨折端をロンジュール骨鉗子でかみ切り，断端に骨蝋を擦り込んで止血する。あるいは炭酸ガスレーザーを用いて止血する。

新鮮創であれば8-0の糸で細かく縫う。

もし壊死組織が存在するときは綿棒や眼科鋏でできるだけ除去する。皮膚の縫合はかなり粗く縫って，腐敗産物を吸収させないようにする。粗く縫った場合の経過としては，やがて患部は乾燥して痂皮を形成し，痂皮下癒合する。

患部を十分に牽引しながら，貯めておいた羽毛と共にアロンアルファで固定する。ただし皮膚損傷部は接着剤で覆わない。体重が100g程度なら，その筋力に逆らってアロンアルファの固定法で元の長さに整復できる。

③ハトの脛足根骨の単純骨折

ハト以上の大型の鳥ではキュルシュナー鋼線によるピンニングが適している。著者は多くの場合全身麻酔はしないで，表面麻酔下で手術を行っている。出血を最小限に留めるためと，筋・腱の損傷を最小限にするために，骨折部位の局所の切開を行わないで遠位の関節面から刺入する方法を採用している。局所の可動性のある，受傷後3日以内であれば本法の適応症である。

1．軍手をはめた手で，ハトを患肢側を上側にして，横向きに保定する。

2．足根関節から25Gまたはφ1.5mmのドリルの歯を用いて脛骨足根骨の骨髄に入る。この時オキシブプロカインを滴下して，表面麻酔する。

3．この穿孔部から0.6mmのキュルシュナー鋼線を挿入して遠位の骨折端まで進め，さら

に少し推し進めて2mm程度突出させる。
　4．足根関節を強く引いて骨折部を十分に伸展させる。この状態で鋼線の先端で近位の骨折端を探る。
　5．近位の骨髄腔が触覚から確認できたらそのまま骨髄腔内へ鋼線を推し進める。
　6．先端が骨端の緻密質に当たるまで刺入する。
　7．数mm鋼線を創口より引き戻して，完全に骨髄内に埋まるような長さに鋼線を切る。
　8．再度深く刺入する。さらに釘締めなどで深く打ち込んで，鋼線の断端が関節面に触れていないか足根関節を動かして，確認する。
　9．刺入孔が大きい時は1糸縫合する。
　10．ABPCまたはエンロフロキサシンの規定量を大胸筋へ筋肉注射する。
　11．更なる外固定は行わない。早期に脚を使わせて機能障害が残らないようにする。
　12．10日後に抜糸する。

g．大腿骨の骨折

　鳥の大腿部で遊離しているのは膝関節部付近のみで，あとは体側に密着している。骨折した大腿部を体に張り付ける要領で固定する。
　①骨折部位が確認されたなら，骨折部を中心に羽毛を水で濡らす。膝をやや屈曲して脛足根骨を前方に引いて大腿骨を牽引する。
　②牽引しながら，加湿してから，骨折部を中心に体側部に大腿骨を張り付ける要領で広く接着剤を塗布する。関節の可動性を損なわない様に留意する。
　③10日間エリザベスカラーを装着し，患部を保護する。

h．翼の骨折とその症状

　翼の骨折では患側を下垂する。もちろん神経の麻痺でも下垂するが，多くは筋と骨の損傷で起こるといえる。下垂の症状でおおよその骨折部位が推察できる。
　①翼の起始部に損傷がある場合：肩関節，烏啄骨の骨折損傷では，翼が幾分捻転し，手根関節が下がり，翼端は正常位置から上がって，尾翼より上に来る。
　②翼の中ほどの骨折：肘部付近の骨折，すなわち上腕骨遠位の骨折，あるいは前腕骨（橈骨・尺骨）の近位での骨折では翼端が尾翼より明らかに下がる。しかし翼端が床に接触することはない。
　③翼の先端部の骨折：橈・尺骨の中央付近より遠位の骨折，手根関節部を含め，翼端に近い骨折では初列風切り羽根が床に接触して，翼端を全く挙上できない。
　翼の起始部ほど羽ばたきによるモーメントがかかり，単純骨折以外は飛行再開はかなり困難である。外観上の症状の激しい翼端部の骨折はモーメントから推察すると治癒しやすい骨折といえる。

i．橈骨・尺骨の骨折

　前腕部は2本の骨で構成されている。片方だけの骨折なら，もう片方が副木の役割を果たす

（図2-22）。骨折端を徒手的に外部からできるだけ整復し，翼を畳んで固定する。両者の骨折では太い尺骨側をピンニングで固定する。手根関節を強く屈曲し，23G注射針で尺骨骨髄に達するまで，回転しながら挿入する。キュルシュナーピンを挿入し，遠位の骨折端よりわずかに突出させる。外部から近位の骨折端を近づけて，ピンを骨髄内に進める。

近位の先端に達したならば，ピンを数mm引き抜いて，切断する。ポンチで骨髄内までピンを押し込む。尺骨は弯曲しているので，予めピンは曲げる必要がある。また，羽毛はできるだけ抜去しないで手術する必要がある。術後はモーメントがかからないように翼を畳んでテープで固定して置く。固定用のテープとして著者はWAPP（surgical tape，ワップジェル，田辺製薬）の12mm幅のものと，24mm幅のものを好んで用いている。

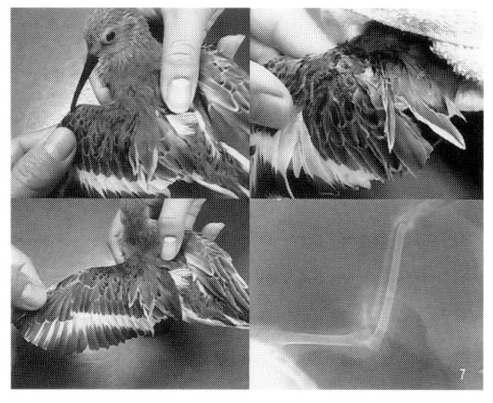

図2-22 橈骨の開放骨折のイソシギ
この症例は保護した人によって，初列風切り羽根が切断されていた。このため，野生復帰は羽軸を抜去することで，最短でも3か月程度は必要と推察される。次回の換羽を待てばさらに長期の保護が必要である。

手術で関節から操作した場合，関節硬直を予防するために，当該関節を毎日1回は十分に可動範囲いっぱいに動かすことが重要である。両脚を持って，急に手を下に下げると羽ばたく。これを続けて，強制的に羽ばたかせるとよい。

j．足根中足骨・趾骨の骨折

あらかじめ確保していた他の鳥の羽毛を用いる。これを骨折部に置き，綿棒で湿度を与えてから接着剤で2/3周を固定する。嘴が届きやすいのでやや大きめのエリザベスカラーを装着し患部を10日間保護する。趾骨の場合は止まり木との接触面には接着剤が付かないように外側を固定する。

k．上腕骨の骨折

翼を下垂する特徴ある症状を示す。翼を畳んで肩先と翼の先端をテープで固定する。積極的には0.6mm以下のキュルシュナー鋼線で骨髄内固定する。この場合には3日目には骨折部の前後の関節を十分に動かす必要がある。特に関節面からキュルシュナー鋼線を刺入したときはこの関節は関節硬直を起こす可能性が十分あるので特に早期に徒手的に強制関節運動を負荷する。また，脚を持って羽ばたかせるのもよい方法である。

l．頭蓋骨の亀裂骨折および陥没骨折

無症状のものから，虚脱に陥るものまで，受傷程度によりその症状はさまざまである。

これらの内，重積する癲癇の発作が明らかに頭蓋骨の骨折特に陥没骨折に起因する脳圧亢進と関連すると推察される症例では，開頭による脳の減圧療法は有効である。出血を最少に抑え

るために，側頭部を開頭する。掘削時の振動による脳の振盪を与えないように，歯科用高速バー（10000rpm）で冷リンゲル液を滴下しながら開ける。φ5～6mm程度まで穴を拡大する。脳硬膜が内圧で，創口より盛り上がるならば，眼科用メスで，血管を避けて硬膜に小孔を設ける。亀裂部がたまたま側頭部にあるときは亀裂の一部にスケーラーの先を入れて骨片を持ち上げる。小型のロンジュールで開頭部を拡げる。頭頂部は静脈洞があって止血し難いので減圧開頭には不向きである。

　陥没骨折では，骨の厚み以上に陥没している場合は手術適応である。注射針の先を曲げたものまたは歯科用スケーラーで引っかけて骨片を持ち上げながら，高速バーで創孔を拡大する。開頭部は頭皮で覆う様に縫合する。骨髄からの出血は骨蝋を詰めて止血する。

　癲癇の内科的治療として，術後に，フェノバルビタール3～5mg/kgの筋肉注射あるいは経口投与を連日実施する。この濃度ならば，ふらつきのために止まり木から落ちたりしない。5mgを越えると沈うつ状態に入る。しかし癲癇が重責しているときは10mg/kgを使って，しばらく寝かせるのもよい方法である。ビタミンB群やプレドニソロンも有効で併用する。自立的な採餌ができるまでは，容体の安定化策として持続的な強制栄養補給，30℃の保温に努める。100g程度の体重の鳥では，フェノバルビタール（30mg/錠）の1/8錠を10mlのシロップに溶解し，その10滴を10mlの飲水に混和して自由飲水とする。

（6）釣り糸・針，銃弾による事故

a．釣り糸による纏絡事故

　釣り場に放置された釣り糸で多くの野鳥が傷つく。特に雑食性のユリカモメでは人の生活圏の近くで採食活動するために，釣り糸の纏絡事故症例が多い。細いハリスほど趾にまとわりつきやすく，駆血状態となる。当初は，激しく腫脹する。局所からは漿液が出て，これが胸部の羽毛を濡らす。こうした体液の損失も看過できない位に大きい。やがて局所は壊死・ミイラ化する。しばらく患部は局所に付着しているが，やがて脱落する。釣り糸が長い場合には趾だけでなく，羽ばたきと共に全身にまとわりついて，飛行できなくなって保護された個体もあった。同じような事態が，荷造り用の化学繊維のヒモによっても発生する。纏絡初期で，未だ血流が保持され，腫脹している症例では釣り糸を除去し，圧迫を解除して，血流の確保を図る。

　治　療：手術用顕微鏡下で縫合鑷子，Bishop-Harmon鈚歯鑷子，カウター等の眼科用器具を使って，纏絡した糸を少しずつ除去していく。組織内深くくい込んでいるので，慎重な操作が望まれる。術後はデキサメタゾン，抗生物質，輸液を実施する。また食欲のない個体には強制給餌を行う。

b．釣り針の誤嚥

　この事故も圧倒的にユリカモメに多く，他のシギ・チドリ等の甲殻類や魚類を餌にしている野鳥に発生する。餌をつけたままの釣り針を遺棄したり，釣り上げた魚を釣り針を外さずに釣り場に放置することによって発生する人為的事故である。飲み込んだ釣り針は嘴，咽頭，食道，

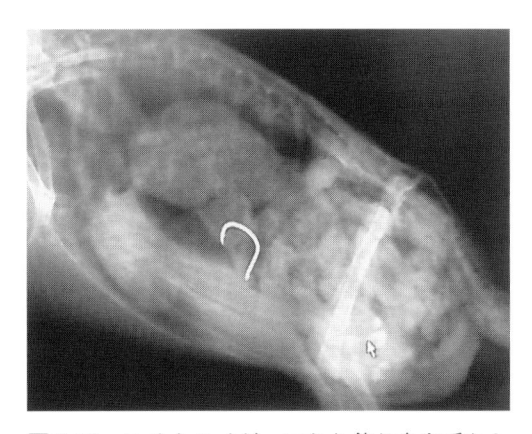

図 2-23 ユリカモメが，口から釣り糸を垂らして，衰弱しているところを保護された。長い釣り糸が餌と絡み合って嘴に引っ掛かっていた。釣り糸の先は食道内へと続いていた。直後のX線写真では胸部食道は糸と飲み込んだ餌で満たされている。矢印は筋胃を示す。

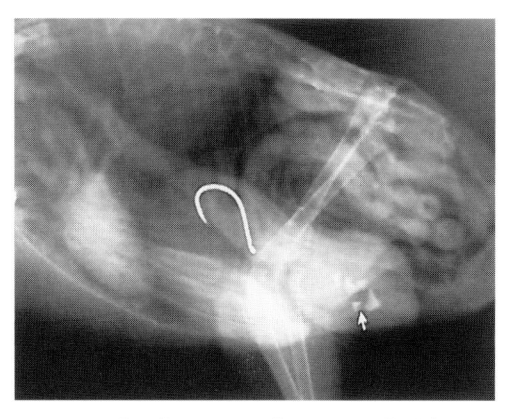

図 2-24 嘴に絡んでいた糸を切り，食道内に入り込んでいる糸をゆっくり引っ張ったところ，糸に絡まった餌が出て来た。その後のX線写真では，釣り針は腺胃部に残っている。食道が伸縮に富む臓器であることがこの2枚のX線写真（図 2-23，図 2-24）でよく分かる。

腺胃，筋胃に多く発見される。鳥は活動が不活発になり，採食困難，脱水，削痩，死へと進んで行く。早期の釣り針の除去と，容体の保持に努める必要がある。

　治　療：釣り針が視診で確認できるときは，オキシブプロカインの塗布による表面麻酔あるいは必要が有れば塩酸ケタミンによる全身麻酔によって，鎮痛・不動化する。スレ針のように返しの付いていない釣り針では，その曲率に合わせて，回転しながら抜去できる。組織の損傷も比較的軽度である。しかし通常の返しのある釣り針では，返しのある部分を皮膚あるいは粘膜面に先ず露出させる。返しの部分からニッパーで切断する。後はスレ針と同様に抜去する。術後は数日間，エンロフロキサシン 5mg/kg の投与を指示する。

　①頸部食道内に釣り針が存在する場合

　治　療：X線写真あるいは触診で釣り針が確認されたならば，全身麻酔下で局所の羽毛を最少範囲抜去する。ヒビテン液で消毒する。モスキート止血鉗子で皮膚を鉗圧挫滅してから，局所を切皮すると出血が最少に押さえられる。皮下織を鈍性分離する。釣り針を触診で確認し，その先端を食道を穿孔して，手術創に引き出し鉗子で確保する。食道に小切開を設けて釣り針を除去する。食道の縫合は 5-0，6-0 程度のできるだけ細い縫合糸で粘膜面を縫い込むように縫合する。皮膚もできるだけ細い縫合糸で縫合する方が，術後つつきも少ない。

　②胸部食道，腺胃，筋胃内に釣り針がある場合

　治　療：胸部食道と腺胃は胸腔内で唯一可動性の有る器官である。これは嚥下したさまざまな形態の餌を一時保持するのに好都合である。しかし腺胃部を初め，他の諸臓器は飛行中に揺れないように強固に体壁に膜性靱帯で固定されている。胸部食道内に釣り針が存在する場合には，触診で釣り針を確認し，頸部食道と同様に処置，縫合する。筋胃内に釣り針がある場合に

は可動性のある腺胃部に，切開を設けると筋胃にアプローチしやすい。

　1．卵管切除手術と全く同様の皮膚の切開線を左側腹壁に設ける。すなわち，総排泄孔近くの骨盤前縁から最後肋骨2本まで皮膚を切る。すべての切開の操作は炭酸ガスレーザーのスーパーパルス照射で行うと，出血が少なく，組織損傷も最少に抑えられる。

　2．左側腹壁の筋層を切開する。最後肋骨から2本を鋏断またはレーザーで切断する。

　3．視界を広く確保するために外側に鈍性に反転する。

　4．腺胃部を創口に引き出す。

　5．異物摘出のための器械操作時に創口が拡張しないように，その切開創両端に相当する部位に1糸ずつ固定糸を，腺胃部の動脈を避けて設置する。

　6．腺胃部の切開は固定糸間で，できるだけ大きく設ける。

　7．ここからモスキート鉗子を入れて異物を検索する。「もどり」のあるものは，釣り針を確実に把針器でつかみ，押し進めて，その先端を筋胃から出す。

　8．ニッパーでこの針の「もどし」を切り落とす。

　9．残りの釣り針を腺胃の創口から引き抜く（図2-25）。

　10．腺胃部の閉創は，5-0ないし6-0 Maxonのできるだけ細い糸を用いて，2重に縫合する。

　11．筋胃部の釣り針の穿孔部位は，3-0メディフィットで単純結紮する。

　12．皮膚の縫合は小型の鳥では5-0ないし6-0の細い糸で縫うと違和感がなく術後につつくことも少ない。

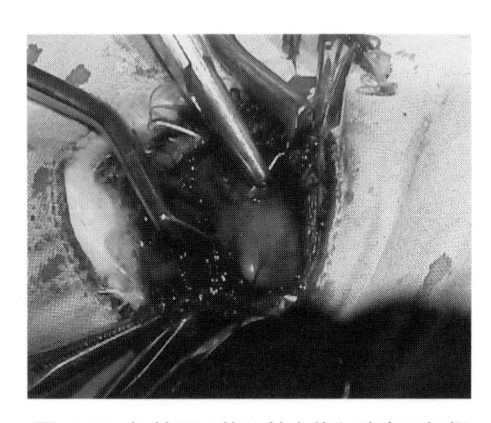

図2-25　把針器で釣り針本体を確実に把握し，静かに抜去する。

　13．飼い鳥用エリザベスカラーを7日間装着。

　14．7日目に抜糸。

術後管理

　1．骨髄内輸液を3日間実施。ブドウ糖加等張性リンゲル液（ソリタ1号等）。

　2．抗生物質はエンロフロキサシン5mg/kgが推奨される。

　3．4日目から経口摂取開始。

　小型鳥類や衰弱しているものにあっては当日から給餌開始しないと餓死する恐れがある。その時はエレンタール，フォーミュラー3を，あるいは魚食性の鳥ではすり身を少量頻回与える。

　c．鉛散弾の取り出し方

　ハクチョウなど植物食性のカモは池や沼の水底の鉛製の散弾銃弾や釣りの錘を誤って嚥下する。これが筋胃内に停留して，鉛中毒を引き起こす。X線写真で確定診断する。鳥の鉛中毒

の症状は急性経過のものは溶血と黄疸が主徴で，数日以内に死亡する。慢性経過をたどるものは緑色下痢便，顔面浮腫，甲高い声で鳴き，停立していることが多い。また水にはいるのを拒否する個体もある。中には嗜眠等の神経症状を呈する個体もある。

　1．イソフルラン吸入麻酔下で，鳥を45度程度の傾斜した台に，頭を下に腹臥位で固定する。

　2．気道は気管チューブを挿管して確保する（図2-26）。

　3．食道内に入る，できるだけ太い，ホースを胸郭（リブケージ）の中程より深くまで挿入する。この位置が腺胃の終端，筋胃の入口である。

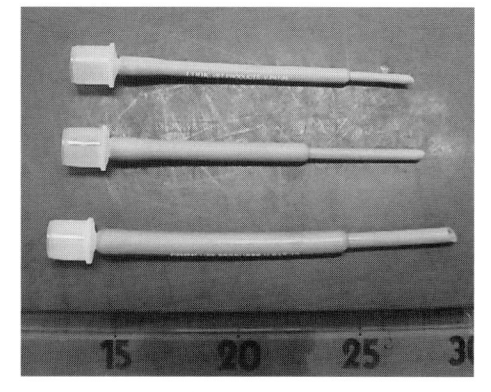

図2-26 鳥用ノンカフタイプの気管内チューブ
COOK社から種々のサイズのものが市販されている。（総販売元　東機貿，住所：東京都港区東麻布2-3-4）

　4．水道の蛇口にホース端を接続し，水圧を掛けて腺胃と筋胃内を洗浄する。腺胃内のホース端は前後に動かして洗浄する。こうすることで水流と共に，銃弾が排泄される。

　5．十分排水した後，ホースを抜去する。口内は綿棒で拭って清拭する。

　6．麻酔を止めて，酸素の吸入は続けて，覚醒を待つ。

　7．それまでは，しばらく頭位は低くしたまま保定し続け，十分排水する。

　8．喉頭反射が現れたなら，口内は綿棒で拭って清拭し，気管チューブを抜去する。

　9．その後は，咽喉頭反射が確実になるまで頭部を高く保定して，水の誤嚥を防ぐ。

　10．処置後は，輸液を十分に行い，肝臓の保護の目的で，連日，グルタチオンを200mg/kg静脈内投与する。また鉛のキレート剤，Ca-EDTA（ブライアン）40mg/kg・BIDを，静脈内に投与する。採食するようになれば餌の中に，本剤を日量10～15mg/kg混入して，数日間投与する。

（7）羽毛の異物による汚染

a．ワセリンによる汚染

　野鳥を保護した人が病院に持ち込む前に，鳥に外傷があると，自分の判断で傷口に軟膏を塗ってしまうことが多い。軟膏の基材のワセリンは鳥の体温で，軟らかくなり，きわめて薄い皮膜となって羽毛を覆う。これが羽根繕いで全身に拡がることになる。拡散したワセリンによって，羽弁の立体構造の中に存在する空気が追い出され，動かない空気が持つ物理的特性である断熱効果あるいは保温効果がなくなる。こうして深刻な体温低下と皮膚呼吸の障害を起こす。体温低下は消化酵素の働きを阻害して，消化不全を引き起こす。やがてすべての備蓄エネルギーを使い果たして死亡する。塗布した軟膏類が少量で，まだ全身に拡散していない症例では，ワセ

リンで汚染された羽毛を羽軸ごと抜去する。こうして除去することが一番確実である。

来院までの間に繰り返し軟膏類を塗ってしまった様な症例では、ワセリンは羽繕いによって全身に拡散し、すでに、体温低下による膨羽、食欲廃絶など重篤な全身症状を発現していることがある。

b．その他の薬物による汚染

野鳥が受ける羽毛の汚染にはタンカー事故による重油あるいはその他の石油類による汚染、洗剤などの表面活性剤による汚染（図2-27）、野ネズミを捕獲するための接着シートに使われる各種接着剤による汚染等がある（図2-28）。

c．対　策

一般的な羽毛の汚染除去はつぎのような過程で行う。
①汚染物質の特定
②汚染物質の溶媒の選定
③溶媒で汚染物質を除去
④溶媒を洗剤で除去
⑤洗剤を温水で除去
⑥風　乾

付着した接着剤あるいは汚染物質の溶剤を探し出す。そして羽毛に付いた汚染物質を溶剤に置き換え、さらに洗剤に置き換え、そして水に置き換える。最後に、水を空気に置き換えて洗

図2-27　河川敷にたたずむユリカモメ
表面の羽毛の撥水性が低下したために、水に濡れて、その下の綿毛が見えるので黒い色となっている。特に頭部と前胸部に汚染がひどい。おそらく洗剤用の表面活性剤がゴミ集積場で餌を採餌するときに付着したのであろう。寒さのために片方の脚を体の中に入れ、少しでも体温が低下することを防いでいる。後方の汚染のない個体と比較すると羽毛の痛み方が分かる。

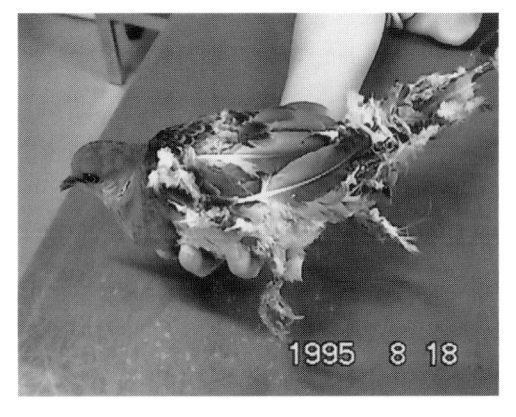

図2-28　屋外に放置されたネズミを捕獲するための接着シートに捕らえられたキジバトで翼と尾翼が接着剤で固着している。この接着剤は灯油で溶解することができた。

浄過程が終了する。すなわち，接着剤→溶媒→洗剤→水→空気の過程である。

多くの塗料はトルエンやベンジンに溶ける。またアセトン，キシレン，灯油等に溶けるものも多いので，局所的に試してから，全身浴とする。いずれもこれら溶媒は鳥・人ともに吸入で毒性があるので，換気のよい部屋で行う。そして短時間に済ませるように努力する。

例えば羽毛に付いたワセリンは界面活性剤（洗剤）でよく落とせる。洗剤は台所用洗剤のジョイが鳥に対する毒性が低く，洗浄効果も高い。40℃の10％洗剤液を羽毛にぶつけるように当てる。決してこの液で羽毛を直接擦らない。水流で洗い流すようにする。これは羽毛の持つ立体構造を壊すことなく，撥水性を維持できる洗浄法である。何度も洗剤液を取り替えて繰り返し洗浄する。40℃の温湯で十分水洗して洗剤を洗い落とす。大量の温風を送って乾燥する。乾燥時に寒いので，かなりの負担となる。手早く乾かすために小さな鳥では，ティッシュペーパーで体を受けて，ドライヤーで温風を送る。再三ティッシュペーパーを取り替えて乾燥に努める。大形の鳥では，底から10cmの所にネットを張ったダンボール箱に収容し，底からドライヤーで温風を吹き込んで，ダンボール箱の上にはバスタオルを掛けて箱の中の温度を40℃を越えないように調節する。

洗浄後の容体の安定化策として，流動食の強制給餌と30℃の保温に努める。ワセリンが残存していると創傷の癒合が悪くなる恐れがある。洗浄過程は鳥に多大の消耗を招くので，1回の洗浄ですべてのワセリンが完全に除去できるように努力する。もう5分位かけてすっかり洗い終えられるのなら，さらに5分延長してでも1回で洗浄を終える。

11）感　染　症

最近は，ポリメラーゼ連鎖反応（PCR）法による鳥の疾患の確定診断技術が商業ベースで提供されるようになってきた。現在，PBFD（psittacine beak and feather desease，サーコウイルス感染症），ポリオーマウイルス感染症，パチェコ病，サルモネラ感染症，クラミジア感染症，雌雄の鑑別が微量の血液あるいは数本の引き抜いた羽軸を検査材料として実施されている。

（1）クラミジア感染症

ドバトの多くが感染しているといわれている。マイコプラズマとの混合感染も考慮すべきで，急性では，突然の食欲不振，下痢，停立等の臨床症状を示す。肺炎のために呼吸困難をを示す個体もある。慢性経過では，上部気道炎と肺炎で，漿液性の鼻汁の分泌で，鼻孔と蝋膜が濡れる。ハトの蝋膜は表面に白い粉状のもので覆われるが，鼻汁のために，この白さがなくなる。この上部気道の炎症は眼窩周囲の眼窩下洞内に波及して，眼の周囲が腫脹する。流涙のために眼の周囲の羽毛が濡れる（図2-29，図2-30）。多くは片側の眼に現れる（片目カゼ）が，両眼性に来ることもある。ドキシサイクリン，オキシテトラサイクリンが治療のために用いられる。PCR法による確定診断は，血液の他に糞便でも実施される。

図 2-29 上部気道炎に続発する眼窩下洞炎
このツバメは流涙のために眼の周囲の羽毛が濡れ，瞬膜が腫脹して突出している。

図 2-30 スズメの眼窩下洞炎で，貯留した膿が皮下に膿瘍となって存在している。痒みのために止まり木等に擦りつけるため，眼の周囲の羽毛はほとんど消失している。

（2）パピローマウイルス感染症

　比較的感染力の弱いウイルスで，免疫が低下した個体の消化器官に乳頭腫を形成する。本症による背中の羽毛の脱落を主症状とする集団発生が，公園で餌付けされているドバトに見られた（図2-31）。投げ与えられる餌を争奪する際に，お互いに背中に乗り上げる。この際に，爪で相手の背中に傷を付け，ウイルスを埋め込んでしまうものと推察された（図2-32）。集団的な免疫低下が示唆されたので，2か月に渡って市販の免疫ミルクを与えたところ，次第に発症個体が少なくなって終焉した。

図 2-31 パピローマウイルス感染症のドバト
背中の羽毛の脱落と再生像が見られる。皮膚はやや黒く色素沈着している。全身状態の悪化は認められなかった。組織検査によってボーリンゲル小体が確認された。

図 2-32 投げ与えられる餌を争奪する際に，お互いに背中に乗り上げる。この際に，爪で相手の背中に傷を付け，ウイルスを埋め込んでしまうものと推察された。

第 2 章　小型・中型鳥類

（3）痘　　瘡

すべての鳥類が感受性を有するが，ハト類によく見られる。主な感染経路は直接接触感染で，器具機材を介して院内感染も容易に起こる。診断は発痘部の病理組織標本で，好酸性に染まる細胞質内封入体であるボーリンゲル小体を確認する。

（4）鳩　　痘

嘴の内外，口腔内，眼瞼周囲に発痘する（図2-33）。きわめて感染力が強く，容易に院内感染する。口内に発痘すると採食を妨げる。強制給餌で容体の安定化を図りながら，テトラサイクリン系の薬物を投与する。発痘して，赤く腫脹したり，潰瘍を示していた局所病変が枯れたように萎縮し始め，やがて消失して治癒する。ワクチンが市販されているので，同時に入院している個体に先制的に接種して，院内感染を防御する。

図 2-33　鳩痘では嘴の内外，口腔内，眼瞼周囲に発痘するが，このドバトは耳孔周囲に病変が見られた。

（5）ス ズ メ 痘

スズメの趾端に大きな瘤状の発痘を見る（図 2-34）。救命は困難なことが多い。

（6）パラミクソウイルス感染症

神経症状を特徴とする急性感染症である。斜頸，あるいは後頭部を後方に強く引き続ける脅

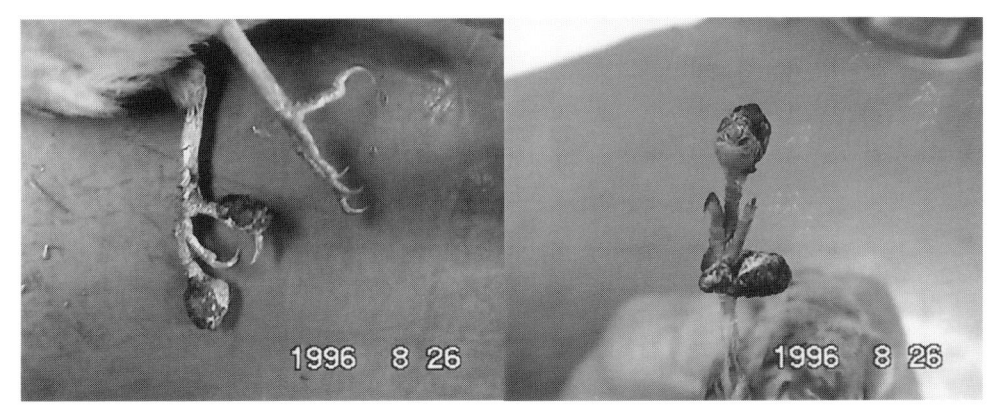

図 2-34　スズメに見られた痘瘡で，肉芽腫様の外観を呈している。

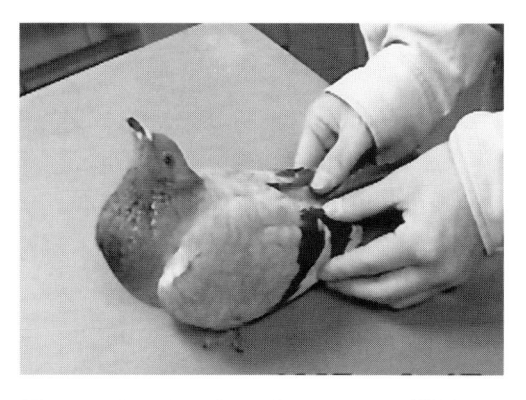

図 2-35 ドバトのパラミクソウイルス感染症で，後頭部を後方に強く引き続ける脅迫運動を示す。しかし採食時には頸を下に下げることができる。

図 2-36 激しい斜頸を示すドバトのパラミクソウイルス感染症

迫運動を示す（図 2-35，図 2-36）。頸部の振戦も時に見られる。斜頸が重度になると床に激しく転げ回る。点眼ワクチンが市販されている。発症後のワクチン接種でも症状を緩和できるといわれている。デキサメタゾン，ビタミン B 群の投与を継続する。

（7）サルモネラ感染症

野ネズミの糞が感染源と推定され，肺炎と肝・脾臓に粟粒性の結節を作る全身感染症である。下痢の他に，手根部関節炎のために腫脹することがある。トリメトプリムおよびエンロフロキサシンを早期に投与する。

（8）トリコモナス感染症

口内の擦過標本で，容易に観察される。食道に乾酪化した壊死病変を作るために嚥下障害を招く。このために衰弱死亡する。メトロニダゾールが著効を示す。食欲のない個体には流動食のカテーテルによる強制経口投与を，乾酪壊死した組織が脱落治癒するまで継続する。

（9）カンジダ感染症

雛や若鳥等の免疫状態不安定な時期に好発する。糞便検査で出芽した酵母様真菌が多数見つかる。健康体でもごく少数保有している。元気の消失，下痢，食欲不振，体重の増加率の減少等が観察される。ケトコナゾール 10mg/kg・BID の経口投与を数日続ける。

（10）消化管内寄生虫

糞便検査で見つかる虫卵を，線虫，条虫，吸虫のいずれであるかを推定する。線虫にはパーベンダゾールの 3 日関連続投およびイベルメクチンを注射する。条虫，吸虫にはプラジクアンテルで駆虫する。

12）収容中に発生する損傷・疾患

（1）羽毛の損傷

a．羽根の損傷

　たった1枚の羽根の損傷・脱落が自由な飛行を不可能とし，捕食動物に食われる危険性が増すなど，生存を左右する。羽根の再生には最短で1か月はかかる。ワシ・タカ類の仲間では，最長では数年かかることもある。また保護した人が，逃亡防止のために風切り羽根を短く切断する例もある。保護された原因よりも風切り羽根の回復に，さらに時間が必要になった症例もある。

　羽軸が残っている限り再生は始まらない。この場合の羽毛の再生は次回の換羽期まで待たねばならない。羽軸ごと抜去すると，たちまち再生機構がスタートする。だから，もし治療の一環として羽毛を除去するときは，羽軸を残さずに，羽軸ごと除去することが大切である。外科手術の際に，術野は羽毛を刈るのではなく，羽軸ごと抜毛しなければならない。

b．風切り羽根，尾羽の保護

　両脚の骨折，麻痺等の止まり木に止まれない外傷・疾患では，鳥は床に降りている。そのため排泄した糞・尿によって，下腹部の羽毛が汚染されるばかりでなく，風切り羽根，尾羽も汚染される。羽毛の糞便による汚染は著しく撥水性を低下させる。水鳥では放鳥に障害がでる。撥水性を回復させるには，洗剤による洗浄しか方法がなく，この洗浄過程も大きく体力を削ぐことになる。

　また後躯麻痺，頭部打撲あるいは三半規管の機能不全によって定位ができない場合も同様で，羽毛の保護にも留意しなければならない。

　止まり木が低すぎる場合には尾羽の先端が糞で汚されたり，すれたりする。タカ等の大型鳥では換羽が2年に1回の頻度でしか起こらないから，羽根の保護には特に留意する必要がある。

c．手根部の保護と擦過傷の予防

　手根部・翼角の擦過傷はケージ内で翼を広げて，羽ばたく時に打ちつけることにより起こる。羽ばたく原因は，以下のことによる。

　①人の視線：鳥を観察したり，治療する際の人の凝視等の固定視線は捕食動物の視線として鳥が認識するため，本能的に，これから逃れるために羽ばたく。これを防ぐには，周辺視野（peripheral vision）で鳥を観察し，治療する。

　②治療のために捕獲するときは，タオル等ですばやく目隠すると同時に翼を畳んで，一気に保定して，無用な羽ばたきをさせない。

　③両脚骨折では翼を使って前進しようとして手根部を受傷する。小さなサイズの鳥では，バンドエイド，中型以上の鳥では，ニチバンから販売されている創面保護材のカテドレを，手根部に張り付けると簡単には剥がれずによい。鳥は羽毛に色々のものが付着するのを極端に嫌う

が，この部位の保護テープは意外と気にしないようで，長時間装着できる。

d．羽毛保護対策

①ケージ内には十分な高さの止まり木を設置する。

②収容施設では，ケージの大きさは，羽根が壁や近くの物体にふれることなく，鳥が両翼を広げる（開翼長）に十分な大きさが必要である。しかし運搬・輸送中は羽根を拡げられない肩幅程度の大きさがよい。

③金網やコンクリート壁のケージ等，周囲が硬い素材で作られた保護ケージでは，予防としてスポンジなどのクッション材をケージ内面に貼るか，あるいは内側に重いネットを張る。

④風切り羽根・尾羽の保護は

1．総排泄孔を覆わないように注意して，保護材で尾羽を覆う。

2．保護材としてX線フィルム，事務用の透明クリアーファイルおよび封筒が使われる。

3．先端から半分を覆ってこれを上尾筒と下尾筒にセロテープで留める。

4．第8初列風切りの前後を数枚自然に重ねて，同じ幅の芯をクリアーファイルで作り，上から透明クリアーファイルを当てて，テープで止める。

（2）趾瘤症

a．原　　因

洋上生活をする海鳥を除いて，多くの鳥は，ほとんど生活の大半を止まり木の上で過す。その止まり木が，表面が粗剛であったり，滑りやすいと，常に力を入れて止まっているために，脚の裏が傷つく原因となる。あるいは，骨折，捻挫等で片脚を痛めた際には健康側に負重をかけ過ぎる。また収容中の摂取エネルギーの増加と，運動不足によって体重が増加すると脚のうっ血が強くなる。さらに狭いケージの中に長時間収容されると，飛行時間が全くないか，きわめて短いために脚裏を休める時間がない。以上のような場合できるだけ早くフライングケージあるいは水鳥ではプールに入れるように配慮することで，この趾瘤症を予防あるいは治療できる。

カモ類，ウミスズメ，ウトウ，ハム，アビ等の多くの海鳥は，24時間洋上生活するので体重を脚裏に感じるのは，上陸する繁殖期に限られる。そのため，収容保護中に体重を脚裏に受け止め続けるために，脚裏を痛める。対策としては，ケージの下に，絨毯の滑り止めネットを中空に吊して床材とする（図3-15，図3-16参照）。糞便が網目から落下して羽毛を汚さないで済む。また脚裏への当たりも柔らかである。

タカ類で最も発生頻度が高く，フクロウ，水鳥にも頻発する。

タカ類では収容時間が長くなると爪が伸び過ぎて，趾端が持ち上がり，脚の中ほど（掌）に体重負荷が集中してくる。さらに爪が長くなると，巻き込んで，その先端が脚裏に食い込んでくる。1週間に一度は爪の点検も欠かせない。

止まり木と脚の大きさとの関係は重要で，太すぎると趾端に体重負荷が集中してこの部に傷

をつくる。逆に細すぎるときは掌の中央（metatarsal pad）に最初の症状が見られる。

b．趾瘤症の症状

症状から5つのステージに分けられている。

①脚裏皮膚の種固有の色が消失し，表皮が菲薄化して，指骨の各関節部の皮膚および足根中足骨遠位部の皮膚が充血のために，ピンクないし赤色を呈し，皮膚表面の網目模様が腫脹してはっきり見えるようになる。またいわゆる胼胝となって，平坦化する。

②脚への循環の不全が急速に進行する。やがて出血を生じ，細菌感染を起こす。

③やがて膿瘍を生じ，負重を嫌うようになる。片側に負重し続けるために健康側にも同様の皮膚病変が進行してくる。多量の壊死組織が存在し，膿の貯留も見られる。

④さらに状況が改善されないと，炎症は次第に深部に進行し，腱，腱鞘まで炎症が及ぶ。

⑤骨膜炎を起こす。まもなく骨髄炎へと進行して，骨の増殖あるいは部位によっては，骨の吸収像が観察される。

c．治　　　療

①原因の除去と改善

趾瘤症の多くは保護収容中の体重の増加と，運動量の減少があげられる。また，止まり木の直径や材質を検討することは予防・治療の両面から重要である。長期間使用した止まり木は糞便などが擦り込まれて，表面がツルツルになって，摩擦係数が低下する。鳥は必要以上の握力で，止まり木に留まるようになり，局所の血行障害を引き起こす。これもよく見られる原因の1つである。止まり木は常に更新するとよい。その表面にVetwrap（3M）を巻くと当たりが緩和される。中にはこの包帯の色に恐怖を示す個体があるので，数種類の色の包帯で試してみる。

②局所には大量の壊死組織が表層に存在するために，薬物の浸透が妨げられる。オキシブプロカインを滴下して表面麻酔を施し，鋭匙あるいは歯ブラシ等でできるだけ壊死組織は除去する。その後，薬物の浸透性をあげるためにDMSO（dimethyl sulfoxide）に種々の薬物を混合して局所へ塗布する。DMSO 1ml当たりエンロフロキサシン5mg，ピペラシリンナトリウム（PIPC）50mgを溶解して局所へ1日数回塗布する。1日2回ヒビテンアルコール液を滴下してもよい。またα-キモトリプシンの局所への注射も試みられる。なおDMSOの濃度は10〜20％を推奨する報告がある。DMSOは溶媒として各種薬物の組織浸達性に優れるばかりでなく，それ自体が不純物除去剤として，局所組織の浄化に役立っていると推察されている。

③膿瘍まで症状が進行している時は，小切開ではたちまち閉創して，排液路が絶たれてしまう。全身麻酔下で局所を大きく切開して，チーズ様の膿を絞り出し，局所の壊死組織等を鋭匙等で徹底的に除去するとともに，膿を容れていた線維性の皮膜も取り除くことが肝要である。そして開放創とするか，せいぜい1糸の縫合に留めて腐敗産物を局所に閉じこめないようにする。

④包帯法
1．球包帯法

　ガーゼにPIPCを含ませて小球を作り，これを局所に包帯で包みこんでおく。当初は1日数回交換する。治癒に合わせて交換頻度は少なくしてよい。5mg/kgエンロフロキサシン等の鳥に安全な抗生物質の全身投与も合わせて行う。これらを数日くりかえし，滲出液がもはや見られなくなったら，局所は縫合して閉創する。この時からカンジキ包帯または趾間包帯をする。

2．カンジキ包帯法

　自然な立位に保定する。手術創には上記薬剤を湿した綿球をあてる。カテドレを用いて，接地した脚裏から掌にガーゼ部分が当たるように接着する。この創面保護材の接着を補強するために，趾の表面に荷造り用のテープを回して，互いに接着する。この時爪は露出して，止まり木を握れるようにしておく。

3．趾間包帯法

　趾間に入るように種々の幅に切ったVetrapを用いて，遠位の足根中足部より環行帯で巻き始める。第2趾・第3趾間には入り，中足部に一度巻きつける。ついで第3・第4趾間に入り中足部に帰る。掌では緩めに巻き，趾の動きを阻害しないようにする。これらの包帯法はワシ・タカ類では鋭い爪と，強大な握力のために，術者が危険である。全身麻酔下でないと巧くできないときがある。

　炭酸ガスレーザーを使った蒸散処置で，組織侵襲が少なく，極く少量の出血に留まる外科的処置ができるようになった。しかも，局所の壊死組織等をほぼ完全に蒸散除去でき，レーザー特有の神経断端の被覆効果で，蒸散処置後の疼痛も少ない。骨髄炎まで進行していない症例では早期に治癒する例が多くなってきている。

（3）嘴の損傷

　他の動物と違って，鳥では上顎骨は関節で頭蓋骨に接する。ケラチン質の嘴はこの顎骨で支えられている。顎骨とケラチン質の間には血液の豊富な真皮があって，これが顎骨を覆っている。

a．損傷の種類

①ケラチン層の剥離

　顎骨起始部から成長を開始したケラチン層は，次第に上顎骨上を滑るように先端に向かって移動する。顎骨上にあるうちは真皮層からの栄養補給を受ける。先端部近くに達すると，ケラチン層は採餌，上下嘴のすりあわせなど，種々の生活を通じて生理的に削れる。そうして先に行くほど，薄くなって鋭利さを増す。こうして嘴は，一定の形状を生活を通じて，磨耗することによって保っている。

　咬合不全によって，病的に伸びすぎる部位はほぼ一定である（図2-37,図2-38）。保護下では，与えられた餌が目の前にあり，捕食活動そのものが不要となって，嘴の使用頻度が不足する。

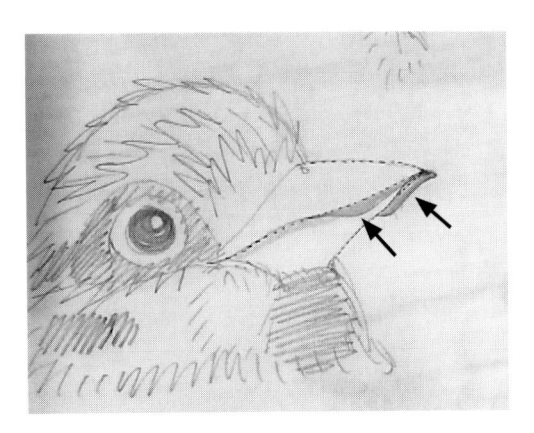

図 2-37 スズメにおける上顎嘴の過長になりやすい部位

保護下では，与えられた餌が目の前にあり，捕食活動そのものが不要となって，嘴の使用頻度が不足する。こうして嘴の過長を招きやすい。矢印の部位が伸びやすい。（絵：山口 優子氏）

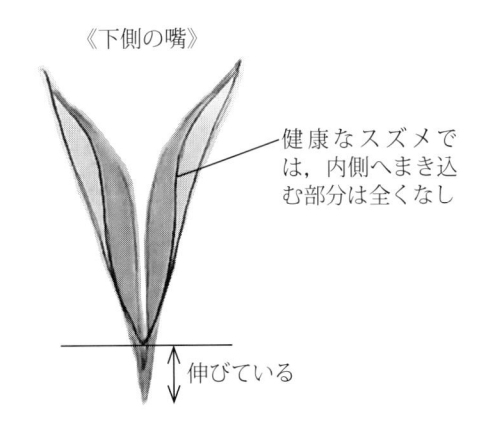

図 2-38 スズメにおける下顎嘴の過長になりやすい部位

下顎側は内側に巻き込むように筒状に伸びるために，舌をこの中に捕らえてしまう。そのため舌の運動が阻害され，採餌困難となり，また口内は不潔になる。（絵：山口 優子氏）

こうして嘴の過長を招きやすい。特に下顎は内側に巻き込むように伸びるために舌を筒状の中に捕らえてしまう。次第に採餌が困難になり，削痩する。歯科用高速ドリルで研磨し，舌の動きを自由にする。ケラチン質の表層が部分的に剥離した場合にはアロンアルファで接着するか，歯科用スケーラーで削り取って，表面を平滑にしておく。

②真皮層からの剥離

出血を伴った剥離で，仲間同士の闘争や，金網に衝突して大きく剥離し，嘴全体が脱落する場合がある。こうなると野外ではもはや正常な生活はできない。

部分的なものは強く押しつけてケラチン質を顎骨に密着させる。この状態でエポキシ樹脂系接着剤で健側部と共に固定する。嘴の成長を待ちながら，一定間隔で切端の整形を繰り返す。

③顎骨の骨折を伴う場合

嘴が上顎骨と共に折損した場合には，種々の固定方法が過去に発表されているが，採餌に際して強力なモーメントが掛かるために，骨折接合部から数日以内に脱落する。

下顎の頤で左右顎骨の結合が分離した症例では，ケラチン質と下顎骨を貫いて十字にキュルシュナーで固定したり，ドリルの孔に重合レジンを注入して固定する等のアイデアが示されている。

(4) 爪 の 脱 落

羽毛が生えていない状態で産まれた雛は，飛行できるようになるまで巣内に留まり親からの給餌を受ける。巣から転落することは死を意味している。このような巣内雛は巣材を必死に握って体を巣内に留めている。そのため，この雛を粗暴に扱って，巣内から一気に取り出すと，爪

の脱落を招くことがある。爪は基本構造は末節骨端の爪母が爪のケラチン質を作る。爪母が残っているると爪の再生が期待できる。このときはケラチン質のいわゆる爪の部分が抜け落ちた状態で，指骨が残っている場合には止血してバンデージで保存的にケアすれば爪は再生する。案外止血に時間を要することがある。出血している趾を横から軽く圧迫止血しながら，露出した指骨に薄く，ティッシュペーパーを巻きつける。水で濡らして，さらにその上からアロンアルファで固着すると簡単に止血できる。

指骨が折損して爪母を失った時は爪は再生しない。，爪母が損傷を受けたときは変形した爪が現れることがある。

（5）脚の擦過傷

脚の擦過傷は心臓位置より下位にあるため，小さな傷でもかなりの出血を招く。5分間連続して，指頭で圧迫止血する。その後湿らせたティッシュペーパーを局所に軽く巻き，その上からアロンアルファを塗って保護層とする。局所をつつく鳥ではエリザベスカラーをする。

（6）体温低下による消化不全

膵酵素が消化に大きな役割を果たすが，消化酵素が十分に分泌されていても，体温が低下すると，至適温度を逸脱するために消化不全が起こる。澱粉の消化不良では，糞便量が多く，黄色〜やや白っぽい糞便となる（図2-10）。ヨード剤を滴下すると，青紫色に変化する。

（7）含気骨の骨折に伴う皮下気腫

巣内雛が巣から落ちて，あるいは，保護中に誤って落下させると皮下気腫になることがある（図2-39）。これは含気骨が骨折して，気道からの空気が骨折部位から溢出するためである。骨折部位を特定できないことが多い。何回か注射針で皮膚に孔を開けて，脱気すると数回の治療で治ることが多い。ただし，巣内雛は落下の衝撃にはきわめて弱く，1m以上の高さからでは死亡することも少なくない。

図 2-39 ツバメの巣内雛の皮下気腫
落下によって含気骨が骨折すると，骨折部位から空気が皮下に溢出するため起こる。何回か注射針で皮膚に小さい孔を開けて，脱気すると数回の治療で治ることが多い。

13）放鳥時の検査

（1）野生での生存の必須条件

正常な身体機能を有すること。そのための徹底的な身体検査・行動能力検査が重要である。

①鳥が生活するのに必須の運動が100％発揮できるかを判定する。走れる，飛べる，跳び上がれる，穴を掘れる，完全な撥水がある，泳げる，潜れる，止まり木に止まれる。

②体力が十分確保されて，しかも耐久力もあること。体重が体格から推定される重さ以上になっていること。

1．各感覚器官が鋭敏に機能していること。完璧な視力と聴力。
2．繁殖能力を有すること。
3．遺伝的欠陥がないこと。
4．捕食動物からの回避ができること。
5．正常な社会的行動ができ，さえずりもできること。
6．餌が確保できること。狩りができたり，ついばんだりできること。
7．野生復帰のための広いケージでの飛行訓練，採餌訓練が終わっていること（図2-40，図2-41）。

（2）生化学検査による裏付け

海鳥における放鳥基準のうち血液検査項目は次のように設定されている。

血液検査を実施し，つぎの基準を満たすこと。

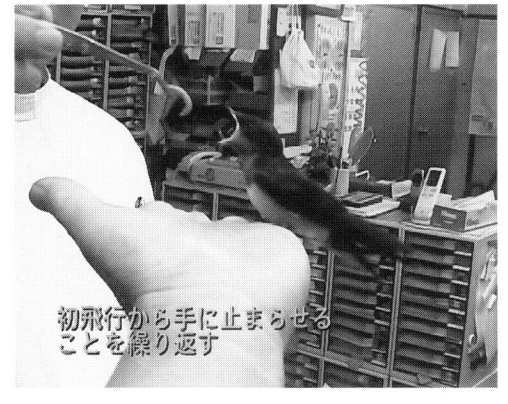

図2-40 ツバメの飛行訓練
初飛行から手にとまらせることを繰り返し，手に戻ると，すぐにミルワームを与える。室内では，尾翼を開張して，減速しながらの，低速飛行をする。

図2-41 初飛行から1週間後には，屋外で自由に飛行させて，手に戻らせる。飛行する度に飛行能力が飛躍的に向上する。3日目位の飛行になると，もはや，手に戻らずに飛び立って行く。

①ヘマトクリット値が30％以上あること。
②総蛋白量が3〜6g/dlを示すこと。
③血糖値が180mg/dl以上であること。
④体温が39.5℃以上あること。

（3）放鳥現場への輸送

①放鳥場所は同種の鳥が沢山見られるところが最適である。
②渡りの季節で鳥が移動を開始しているならば，その群に追いつくためにも，飛行機による輸送が必要なときもある。
③放鳥直前には十分餌を与えておくこと。
④昼行性の鳥なら，早朝に，夜行性の鳥なら，夕刻に放鳥することが望ましい。

（4）総括として

①野生動物は野生に帰す。これが大原則である。
②個体の維持，それと集団の維持，これがそれぞれの種保存に必須の条件である。集団でないと繁殖行動のとれない種類も多いので，集団としての保護を忘れてはならない。
③食物連鎖の中の野生動物。野生では終日餌の確保に追われている。いつかは自分が捕食される，いわゆる食物連鎖の真っ直中にいるわけで，完璧な健康状態が要求されている。
④野生動物には政治的な国境も立入禁止地域も存在しない。時には政策的に生存地が脅かされることがある。地球上の野生生物は現在，1日に50〜100種が絶滅しているといわれ，その速度は人類誕生前に比べて千倍の速さだともいわれている。われわれ地球に生存しているすべての動物は，この地球を1つの世界として互いに分かち合って生きていく必要がある。

参 考 資 料

鳥における安全採血量（1週間間隔）

体重（g）	採血量（ml）
50	0.3
100	0.6
150	0.9
200	1.2
250	1.5
300	1.8
350	2.1
400	2.4
450	2.7
500	3.0
550	3.3
600	3.6
700	4.2
800	4.8
900	5.4
1000	6.0
1200	7.2
1400	8.4
1600	9.6
1800	10.8
2000	12.0
2200	13.2
2500	15.0

通常はヘマトクリット値，総蛋白量，血糖値と薄層標本2枚を行うのに0.10〜0.15mlを必要とする。
皮膚尺側静脈あるいは正中中足静脈から27Gマイクロシリンジで採血してミクロヘマトクリット管3本に入れる。
採血量は体重100gあたり1mlが最大量で，通常は0.6ml以下が推奨されている。

鳥における周手術期の管理

　外科手術は体表の小切開から体深部の臓器摘出まで大小さまざまであるが，これら手術に共通する管理について詳述してみたい。麻酔および覚醒を安定して，しかも安全に終了するには術前の脱水症状の改善は当然なされているべきである。脱水については後述の「ワシ・タカ類程度の大きさの鳥における脱水の臨床症状」を参照。

　術　前
　（1）安　　静
病院という特殊環境に曝されるので，視界をタオル等でさえぎり，薄暗くし，鳥を落ち着かせる。また，他の鳥や動物の鳴き声，騒音等もできるだけ聴かせない空間にケージを置いておく。
　（2）冬季には保温
厳冬期には25〜30℃に保温すべく，保育器に収容する。他の季節でも膨羽，羽根の振戦等

の悪寒を示す鳥では術前の保温は必須である。このときの保温は30℃に保つ。
　(3) 絶食，絶水
　飲水器，給餌器は60分前からケージから取り除く。手術直前の触診でそ嚢内に液体が認められたなら，そ嚢カテーテルで十分に吸引除去する。
　(4) 酸素吸入（酸素化）
　60％以上の高濃度の酸素を，30分間吸わせる。透明ビニール袋にケージを入れて，酸素を注入すると，効率がよい。

術中の管理
　(1) 保　　温
　術野を中心に大きく羽毛が除去されるので，体温の喪失が大きい。乾燥した厚手のタオルを敷き，保定する。もし用手的に保定するときは軍手をはめた手で行う。冬季には温水循環式の保温マットを使用するのもよい方法である。総排泄孔に熱電対式の体温計を挿入して術中の体温を監視をする。
　(2) 呼吸の管理
　①滅菌有窓布をかけた時に鳥の呼吸状態が分かるように，術者と意志疎通を図る。
　②胸部あるいは腹部の動きを注視して，呼吸数を5分ごとに計り，記録する。
　③呼吸数は安静時の数値を参考にし，その半数以下に落ちないように麻酔深度を調整する。
　(3) 心拍数の管理
　麻酔導入に続いて心電計を装着して心拍数を5分ごとに測定し，記録する。術中は常に心電計の音に注目して，規則正しく拍動しているかを監視する。大型の鳥類を除いて1分間に100以上を示すように麻酔深度を調節する。
　(4) 麻酔深度の調節
　呼吸，脈拍数，体動等を総合して麻酔深度を推定する。イソフルラン吸入麻酔では1～2％の濃度で維持する。またできるだけ気管内挿管を実施して，気道の確保を図る。塩酸ケタミンは呼吸機能に与える影響が少なく安定した麻酔状態が得られる。
　①マスクによる酸素吸入時には漏れ出た酸素が炭酸ガスレーザーの照射部位に流れ込まないように，吸煙装置の設置位置を考慮する。

術後の管理
　抜管のタイミング
　人工呼吸装置による呼吸に，自発性の呼吸が混在しはじめ，やがて咳嗽がでる。このときが抜管の好機である。
　(1) 覚醒時の保定
　①体重が50g前後の大きさの小鳥では，トイレットペーパーの芯の紙筒を利用する。片方をセロテープでふさぎ，頭から静かに筒内に入れる。覚醒すると後退して，筒より出て来る。
　②大型の鳥類ではタオルで全身を包んで，頭部と翼角の騒擾による打撲や擦過創を防ぐ。塩

酸ケタミンによる麻酔ではおおよそ1時間で止まり木に止まれるようになる。それまで軍手をはめた手で保定していてもよい。

（2）保温の継続

麻酔時の代謝の低下により，術後もさらに体温が低下する可能性があるので，30℃の保育器に収容する。

（3）給餌・給水の開始

止まり木にふらつくことなく止まれ，また咽喉頭反射（物を舌で押し返したり，咳で気管内に入る異物を排泄する反射）の発現を確認したならば，給餌器・給水器をケージに入れて自立的に採餌させるか，カテーテルで給餌する。この際は少量から始め，プリンペラン等を数滴混和して投与する。こうして消化管蠕動を確保する。

給餌時間になっているにもかかわらず前回の流動食がそ嚢内に停滞して，しかも体温の低下も観察されるときは予後はきわめて悪い。

ワシ・タカ類程度の大きさの鳥における脱水の臨床症状

足根中足部，顔面あるいは肩甲骨間の皮膚で判定する。

一般的には10％の脱水に陥った時に臨床的に脱水であると把握できる。

脱水％	臨床症状
5％以下	明らかな症状ないか，あるいは飛節部，顔面，肩の間の皮膚にわずかなテント様こわばり。
5～6％	皮膚の弾力性の低下，皮膚の短時間のテント様こわばり
7～10％	持続的な皮膚のテント様こわばり。眼の輝きの消失。軽度の体温低下，上眼瞼の瞬目の遅延。口内は乾燥し，ねっとりした口内粘液。
10～12％	皮膚がテント様に突っ立つ。脚の鱗片が暗色に変化。粘膜の乾燥。脚の寒冷感。急速な心拍。沈うつ。
12～15％	上記変化の他に，極度の沈うつ，頻脈，ショック状態，虚脱，瀕死期。

ワシ・タカ類より小さな鳥の鳥では，眼の見かけ上の大きさで脱水を判定する。

脱水が5％以下では，大きな印象の眼球。

脱水が10％以上では，明らかに小さな印象の眼球。

これは眼球の大きさに変化があるのではなく，眼球を取り巻く眼窩内の細胞の水分保持状況を反映している。

脱水症の治療（輸液療法）

何らかの病態を示している鳥の多くは一般に10％程度の脱水を示していることが多い。

①容体安定化策の実施：酸素吸入，保温，エネルギー補給。

②等張ブドウ糖加リンゲル液（輸液開始液）をボーラスとして肩甲部皮下，脇の皮下への皮下投与，あるいは骨髄内に持続点滴注射。

③食欲廃絶を示す場合は，食性に合った病院食餌（フォーミュラー，エレンタール，ニュートリカル等）の強制給餌の実施。原則として，少量を頻回，投与前にそ嚢を触診して，前回の餌がなくなっていることを確認してから与える。

④必要な薬物の非経腸投与（SC，IV）。

鳥の正常心拍数と呼吸数

体　重	心拍数（安静時）	心拍数（保定時）	呼吸数（安静時）	呼吸数（保定時）
25g	274	400～600	60～70	80～120
100g	206	500～600	40～52	60～80
200g	178	300～500	35～50	55～65
300g	163	250～400	30～45	50～60
400g	154	200～350	25～30	50～60
500g	147	160～300	20～30	30～50
1000g	127	150～350	15～20	25～40
1500g	117	120～200	20～32	25～30
2000g	110	110～175	19～28	20～30
5000g	91	105～160	18～25	20～30
10kg	79	100～150	17～25	20～30
100kg	49	90～120	15～20	15～30
150kg	45	60～80	6～10	15～35

安静時の数値は送信機を装着した鳥から得られたデーターである。

2．雛鳥の処置

　春から夏にかけて雛鳥が保護されてくるが，一番多い保護は誘拐である。巣立ちの時期にまだあまりうまく飛べない雛鳥を発見した人が拾い上げてしまう。この場合外傷も何もなく，親鳥と思われる鳥が騒いでいたなら元の場所か，巣の位置が分からなければ木の枝などの安全な場所にそっと置いておく。ほとんどの場合親鳥が遠くで見ていることが多い。巣ごと落ちていた場合は巣ごと，木の枝や軒先に工夫して取り付けてやるとよい。

　強風で落ちていたり，猫がくわえてきてあきらかに弱っていて親の巣も見つからない場合は，やむを得ないので人の手で育てる。孵化後20日以上経っていれば育てやすいが，親の顔を見ているため餌付けにくくなっている。

　雛はいずれの場合でもまず十分な保温に努める。ダンボール箱等に入れて湯たんぽやヒーター等を使用して，羽の生え方具合にもよるが，28℃～35℃位に暖める。できれば温度計と湿度計を入れて温度と湿度の確認をする。湿度は50～70％位が適当である。薄暗くして落ち着かせる。もし市販の巣があればその中に入れてもよい。床剤には保温，保湿性のよい物を使用する。タオルは爪がひっかかるので避ける。

　鳥の種類によって餌が異なるため，できるだけ早く種類を確認する。人家の近くで保護した雛では，多くの場合すり餌を基本に与えることができる。

　餌で一番問題なのが昆虫食の鳥である。まさか虫をいちいち取ってくるわけにはいかないので，代用食としてすり餌を与える。すり餌とは植物性の上餌と動物性の下餌を混合したもので，上餌は米糠，玄米，大豆，麦粉等が配合されている。鳥の種類により上餌の配合を変えるとよいが，普通に保護した場合は市販のすり餌を利用できる。下餌は普通フナ粉である。この上餌の重量10に対して下餌を5の割合で混合したものを5分餌と呼ぶ。多くの成鳥は5分餌が基本となるが，雛の時は7分餌が基本となる。

　基本的な与え方は，最初にコマツナ等の青菜を少量すり鉢でする。それにすり餌を混ぜ，適宜水を加えて味噌程度の硬さにする。これを竹ベラの先に載せて雛の口に入れて食べさせる（図2-42）。一度に食べるだけ与え，1～2時間間隔で与える。どうしても口の周りが汚れるので，お湯をつけた筆や綿棒で顔をきれいにする。また餌を食べた後は尻を持ち上げて排便をするので，必ず取り除いておかないと，指に糞が固まってこびりつき，爪や指の脱落を招く。放鳥が目的であるから，

図2-42 ヒバリの雛のさし餌

なるべく人に馴らさずに，餌をあげるとき以外は人が近づかないようにする。さし餌をしている時期は特に飲み水を与える必要はなく，逆に水の容器に入り込み身体を濡らして冷やしてしまうことがある。

すり餌はあくまで代用食なので，鳥の種類により適宜昆虫や果実も与えるとよい。

穀物食の小鳥はセキセイインコや文鳥の手乗りの雛を育てる要領で，アワ玉を小鍋で軽くひと煮立ちさせる。冷めたらお湯を切りコマツナや，手乗り雛用のパウダーフードを混ぜて与える。

よくパンを与える話を聞くが，塩分が含まれており，イースト菌が体内で酵母発酵して体調を崩すことがあるので，特に穀物食の鳥に与えてはならない。牛乳も哺乳類ではないので，与えてはいけない。

1）主食の食性ごとに分類した鳥種ごとの特徴

（1）ほとんど草食性の鳥　キジバト，ドバト等

ハトの雛の場合はアワ玉をひと煮立ちさせて人肌程度にさめてからコマツナをすり込んだり，雛用のパウダーフードを混入して与える。自分からは口を開けないので，文鳥の雛を育てる「育ての親」や先端をカッターで切り落とし，角を滑らかにした細いディスポの注射器を使って喉の奥まで入れる。そ嚢が軽く膨らむ程度の量を与える。あまり粗暴に行うとそ嚢破裂を起こすので注意する。また餌を入れすぎるとそ嚢停滞を起こす。ドバトはトリコモナス感染が多いため，そ嚢液の検査をして感染があれば駆虫する。全身の産毛が消えてハトらしくなった頃には床にこぼれたハトの餌を上手く拾って食べるようになる。

（2）種子と昆虫を食べる鳥

a．スズメ

自分で口を開ける雛は文鳥と同じように，アワ玉を使用してもよいが，7分のすり餌の方が，食滞もなく育てやすい。すり餌には必ずコマツナを少量すり鉢ですって，1～2時間おきくらいに与えるが，餌を与えた時に排糞をするのでその都度取り除く。適宜昆虫を与える。しばらくすると置いてあるすり餌を自分で突付いて食べるようになるので，様子を見ながらさし餌の回数を減らしていく。

巣立ち後数日をたっている場合はなかなか口を開けないので，状況により口をこじ開けて強制的にさし餌をしなければならない。多少大きくなって，粒餌を食べられる場合はセキセイインコや文鳥の殻付きの餌に青菜と水を与えるだけでよい。すり餌に餌付けをする場合は少しゆるく泥状にして，その上に動いている青虫，ハエ，クモ等を乗せておく。蜂蜜等で少し甘味をつけてもよい。また，少し薄暗く静かにしていないと鳥も落ち着かない。徐々にすり餌を食べるようになったら，餌はやや固めにした方がスズメの嘴では食べやすい。大きくなってきた

ら，7分餌から5分餌に切り替えていくか，文鳥やセキセイインコ等の粒餌でもよい。

b．ホ オ ジ ロ

ホオジロの雛もスズメと同じ様に育てることができる。巣立ち雛は，若干臆病なため薄暗くして，殻付き餌を与えて静かにしておく。放鳥できない鳥は1か月くらいしてから，すり餌に変えた方がよい。すり餌にする場合は殻付き餌とゆるくしたすり餌を水の代わりに与え，10日ほどしてすり餌の上に嘴の痕が着くようになったら，すり餌の水分を減らし，殻付き餌の量も減らす。完全にすり餌を食べるようになったら，4分餌を与える。

ホオジロ科のミヤマホオジロ，ホオアカ，アオジ，シマアオジ，ノジコ，クロジ等は同じ方法でよい。またオオジュリンは弱い鳥なので5〜6分餌で，夏の暑い時期はなるべく涼しくして昆虫を与えるとよい。

c．ヒ　　ワ

普通見かけるヒワはカワラヒワである。元来ホオジロ類より穀物食の鳥なので，文鳥のさし餌の要領で十分に育つ。すり餌は雛の時期に7分餌で大きくなったら，5〜3分とする。同じ管理でウソ，イカル，シメ等も育つ。注意する点としてイカル，シメは脂肪要求量がヒワよりも高いため，ヒマワリや麻の実を若干与えるが，ただ与え過ぎると脂肪過多になり，目の周りに脂肪沈着を起こしやすくなる。

d．ヒ バ リ

造成地や畑の草刈りで巣を壊してしまって雛が保護される。雛は普通4羽いるので一緒に保温して餌を与える。餌は青菜を混入した7分餌を与えていると自然に置いてあるすり餌を食べるようになる。注意するのは，普通の鳥のように止まり木に止まる鳥ではないので，床には乾いた砂を敷いておく。新聞紙等では糞を踏みつけてすぐに指先が糞で固まり，脱落してしまう。砂はなるべく毎日交換する。やがて砂浴びを始めるが，水浴びはしない。指先も時々お湯で洗ってきれいにする。非常に驚きやすく上へ飛び上がる性質を持っているので，頭をぶつけて怪我をしないように網やガーゼ等を天井に張る。ただし，網に鳥の足が絡まらないように十分注意が必要である。小鳥屋に行くとヒバリ籠があるので，それを使ってもよい。

e．キ ジ 類

キジ類は鶏と同じで孵化したら，すぐに自分で食べだす。キジ，ヤマドリ，コジュケイは普通の鶏の配合飼料でよい。トウモロコシを40%，小麦40%，魚粉10%，カキ殻3%，麻の実，ヒエ，アワを7%程度に配合し，青菜を混ぜ，その他昆虫やゆで卵等も与える。最近では鶏やキジ用のペレット状の配合飼料もできているので，手に入ればその方が面倒はない。

ウズラは5分のすり餌を粉のまま与えてもよく，アワ，ヒエ，キビや，ハトの餌を細かく挽いて与えてもよい。

注意することはヒバリと同じく床に砂を敷いておくことと，夜は水を入れておかないようにする。身体を濡らして冷やしてしまう。少し大きくなれば，口の小さな給水器を使える。

図 2-43 カルガモの雛
脚のわん曲。

f．淡水カモ類

カルガモが雛の時期に保護されることが多い。ヒヨコ用の配合飼料に青菜を混ぜて使う。水に餌を浮かべて与えるが，最近ヒヨコ用ペレットが市販されているので利用できる。十分な保温と夜身体を濡らさないように注意する。雛は床材に砂や藁，オガクズ，籾殻等を敷いて，脚の保護に努める。1か月育てば，餌も成鳥の餌に切り替えることができる。その場合も鶏の餌でもよいが，最近発売されたアヒル等水鳥用のペレットは使いやすい。またタライ等を使って泳ぐ訓練をする。

（3）昆虫と果実を主食

a．メジロ

メジロの雛の場合すり餌は5分餌を与える。さし餌が終わり自分で餌をついばむようになったら，3～4分餌がよい。土佐餌という魚粉の入っていない餌もある。メジロのすり餌は他の鳥より少し水分を多くしてゆるく泥状にする。ただし，すり餌の上に水が溜まっているようでは水分が多すぎる。また，なるべく粒が細かい微粉末のすり餌を用いる。巣立ち雛の場合は4分餌に蜂蜜等甘味をつけておくと餌付きやすい。

b．ツグミ類

アカハラ，クロツグミ，マミジロ，トラツグミの雛は7分餌で育てる。大きくなったら4分餌を与える。餌はやや硬めに練り，ピラカンサ等の実や，昆虫，ミミズ等を混ぜて与える。イソヒヨドリは弱いため，6分餌を与え続ける方がよい。巣立ち雛は餌付けができるまでに籠の中で大暴れをして，羽を痛めやすいので籠を暗くする。場合によっては籠の内側にダンボール等で内張りする。餌付いたら5分餌を基本に果実，昆虫，ミミズを時々与える。

c．ヒヨドリ

基本的にかなり草食性が強い鳥なので，雛は5分餌で育てる。さらに十分の青菜，ミニトマト，果実等を与えビタミンたっぷりに育てないと栄養障害になりやすく，脚弱症や神経障害が多い鳥である。成鳥になれば3分餌か九官鳥の餌を与えるが，必ず青菜を混入する。また，人が育てると人馴れしすぎる傾向があり，放鳥が難しくなる。

（4）昆虫類を主食とする鳥

a．ウグイス類

巣立ち雛で保護することが多い。さし餌をするが，口を開けない場合は微粉末のすり餌を少

しゆるくして，ピーナッツの粉や卵黄粉を混ぜて餌入れに入れておく。またはピーナッツ粉と卵黄粉をゆるくした物だけでもよい。食べるようになってから，徐々にすり餌に変えて行けばよい。餌付きにくい場合，少し太い止まり木の上側に溝を掘り，その中にすり餌を入れると，鳥が足に付いたすり餌を取ろうとして食べ出すこともある。

　餌は雛の時期は7分餌を与え，5分餌に切り替える。湿気と温度に十分注意して乾燥させるようにする。

b．ツバメ，ヒタキ類

　美しいが弱い鳥が多いので，保護した場合は直ちに保温をする。雛の場合は7分のさし餌でよい。さし餌を拒む巣立ち雛の場合口をこじ開けてでも，強制給餌をして体力を維持させる。スポーツドリンクと昆虫を食べさせて，7分餌で餌付けをする。2か月程して完全にすり餌を食べるようになったら，4分餌にする。サンコウチョウを除く他のヒタキ類は同じ管理方法でよいと思う。サンコウチョウの雛は，時にさし餌で育てることは可能であるが，巣立ち雛は餌付けにくい。大きな金属製のケージの中でハエ等を飛ばして食べさせて，次に羽を取った虫を少し濡らしてすり餌の粉をまぶす。すり餌の味を覚えさえてから，上に虫を載せて最後に埋めるようにして徐々にすり餌を食べさせるようにする。

　ツバメの雛は7分のすり餌で育てる。ミルワームを与えると他のものを食べなくなってしまうので，1日数匹程度にする。ミルワームしか食べなくなってしまい，栄養障害に陥ったツバメを何羽も診察した。その他の管理はヒタキ類と同じように管理できる。

c．ム ク ド リ

　7分のすり餌に青菜を混ぜてさし餌をする。比較的育てやすい鳥であるが，保温には十分注意する。昆虫類も与える。ヒヨドリと同じくさし餌で育てると手乗りになってしまう鳥なので，なるべく餌のとき以外は人の顔を見せないようにする。

d．キ ツ ツ キ 類

　コゲラは5分餌，他のアカゲラ等中型キツツキの雛は7分餌を与える。巣立ちの頃にはもう籠を突付きだすので，金属製のケージに入れないとすぐに壊してしまう。コゲラ以外の鳥は，丈夫なオウム籠にいれる。コゲラは小鳥用の金属製のケージでよい。また，籠の中に丸太を立てかけ，内側に樹皮の着いた板で内張りをして尾羽の擦り切れを防ぐ。昆虫の他にも多少の植物の実も食べるので，柔らかい果実を与えてもよい。

図 2-44　ムクドリの雛
右脚をテーピング。

e．カラ類，エナガ

　シジュウカラの雛を保護することが一番多いが，小さい鳥なので保温に努め7分餌にピー

ナッツの粉を少量混ぜて育てる。ミルワーム，青虫，ゆで卵の黄身，松の実の粉等混ぜるとよい。籠の中に竹筒の輪切り等を使った巣を入れてやると中に入って寝る。何羽も雛を育てた場合，特にシジュウカラの雄は闘争心が強く喧嘩をするので，大きくなったら別々の籠に入れて管理する。

f．セキレイ

ハクセキレイが近年非常に増えて，雛がよく保護される。7分のすり餌でさし餌をする。育てば5分餌にする。その他昆虫類も与えればよいが，比較的弱い鳥である。大き目の籠に水盤を置いておくと水浴びを始める。

g．カッコウ，ホトトギス類

雛は7分餌で育てる。体が大きいのですり餌以外にも昆虫類，蛾や蝶の幼虫や大型の昆虫を十分与える。昆虫なら自分で食べるが，なかなかすり餌を自分から食べようとせず，ねだるため苦労する鳥である。すり餌では少量しか口に含めないため，九官鳥の餌の方がよいかもしれない。なるべく芋虫等を多く与えて育てる。

（5）雑食性の鳥

a．カラス類

口が大きいので，すり餌をあげてもよいが九官鳥の餌や，乾燥のドッグフードをふやかすと与えやすい。すり餌は5～7分餌でよい。その他，果物や小魚等も食べるので，栄養バランスに注意して，偏った餌だけにしない。栄養過多にして，太らせすぎて脚が曲がってしまうことが多い。また最近巣から落ちたカラスではすでに脚が曲がってしまっていることが多く，程度にもよるが回復は困難である。カラスも人に馴れ過ぎるので，餌を与える時以外はかまわないようにする。カラス以外のオナガ，カケスも九官鳥の餌や，すり餌で栄養バランスに気を付け，人馴れしないように気をつける。育てば3～5分餌を与える。

（6）魚を主食にする鳥

a．サギ類，カワセミ等

サギ類は雛でも首をちぢめた状態から，急に首を伸ばして突いてくるので，注意する。強制的に魚を飲み込ませても吐くことが多いので，犬・猫用の流動食をチューブで胃まで流し込んでもよい。なるべく落ち着かせて自力で食べるように工夫する。比較的早く自力で食べるようになる。淡水の魚を食べる鳥はできれば川魚や，ザリガニ等の方がよい。サギにアジばかり与えて脂肪壊死症になった例を聞いた。アジ等海の魚にはビタミン剤を混ぜて与える。

カワセミはメダカサイズの小魚を強制給餌するか，流動食を用いる。体が小さいため，保温と体力には注意する。温度は30～35℃，湿度は70～80％くらいの湿気が必要である。

b．カモメ類

サギと同じように小魚か，流動食をチューブで与える。足が柔らかいため，床材にシュレッ

ダーで切った新聞紙や，藁等を敷く。南方系の鳥は保温をしっかりする。餌はアジやイカ，エビ等を食べさせる。

（7）肉を主食にする鳥

衰弱している場合は犬・猫用の流動食をカテーテルで投与する。自力で採餌できる場合は，まず缶詰の角切りタイプのドッグフードでさし餌を行うと，管理も楽である。少し大きくなったらマウス，ヒヨコを与えて，自分で食べるように仕向ける。初生雛は栄養価が低いので，少し育てて太らせてから与える。雛とはいえ猛禽類は爪が危険なので，十分に注意して扱う。全身が白い毛で覆われているような雛はさし餌をやりやすいが，多少大きくなるとなかなか口を開けない。床材に人工芝を敷き，止まり木も清潔に保つ。

a．フクロウ類（図2-45）

小型のコノハズクは昆虫を主食に，やや大きいオオコノハズク，アオバズクは昆虫と小鳥を主食にするが，中型のフクロウ類はネズミ等の小型哺乳類や小鳥を主食にする。雛にさし餌をするには九官鳥の餌や角切りタイプのドッグフードが与えやすい（図2-46）。また孵卵場で雄の初生雛を購入すると安価に購入できる。冷凍マウスを与える場合，解凍して必ず内臓を取ってから与える。生きた昆虫を与え続けることは現実には難しいので，鶏肉，レバー等にカルシウム，ビタミン剤を混入して小さく刻んでピンセットで食べさせる。時々ドックフードに羽毛を少し混ぜて食べさせる。ペリットを吐かせるためである。自力で採食するまでに時間がかかる。

b．タ カ 類

タカ類は鳥を主食としているので，ヒヨコの雄雛が手に入りやすい。トビは魚でもドッグフードの残りでも何でも食べることが多いので楽である。大型のタカ類では，大きくしたヒヨコや

図2-45　フクロウの雛

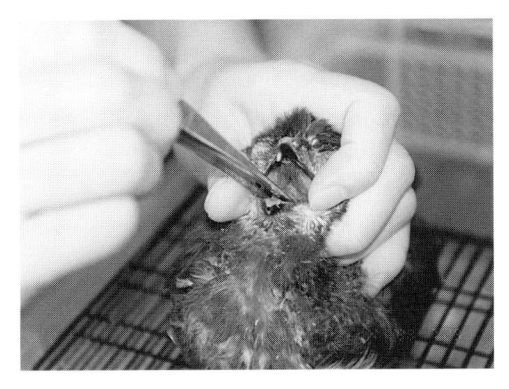

図2-46　アオバズクの雛のさし餌

ウズラもよい。生きたマウスを与える時は必ず，頭部を叩いて失神させるか，頸椎脱臼をさせておく。角切りタイプのドッグフードを使うとさし餌が楽である。

（8）貝やゴカイ，水生小昆虫等を主食にする鳥

バンの雛はすり餌の7分餌を使いさし餌で育てる。孵化数日後には立って走り回るので，相応の籠で育てる。数日たてば自分で餌を食べるようになるが，水も餌も跳ね飛ばし，自分の身体まで汚れてしまうので，掃除に努める。2～3週間もたてば水遊びを始めるので，洗面器等に水を用意しておく。兄弟でもそのまま大きくなると喧嘩が激しくなるので，秋までには放鳥したい。

3．リハビリと野生復帰までの管理

保護された雛が順調に育った，また成鳥が外傷から回復すれば，野生復帰をさせなければならない。保護された期間が長いほど野生復帰のための体力作りとリハビリが必要になる。

リハビリの第一歩としてはまず，保護している動物に人がなるべく近づかないようにする，あるいはケージに目隠しをして人の姿を見せないようにすることから始まる。長期に保護飼育すればするほど放野が困難になるのでリハビリが終わったらなるべく早く放す。

小型の鳥は成鳥を保護し，その保護期間が短ければ飛べるようになった時点で放鳥は可能である。スズメ，ヒヨドリ，ムクドリ等里山の鳥は，犬・猫がいない郊外の緑の多いところで放鳥は可能である。

放鳥の前には，外傷が完治していること，飛翔能力が十分あること，自力で採食能力があること，人間に懐いていないことが重要である。

保護期間が長くなった場合，まず翼と羽毛の状態をよく観察する。風切り羽や尾羽が擦り切れていると昆虫食や肉食の鳥は餌を獲るときの微妙な飛行に影響が出る。小型の鳥であまり擦り切れて飛行に影響の出る場合は思い切って抜いてしまう。数週間で新しい羽が生えてくる。ただし大型の猛禽類は，生えてくるのに時間がかかるので行わない。また，保護している間に金属製のケージ等で羽を痛めることがある。野鳥は人に懐いていないため，いきなり籠に入れると大暴れをする。最初はダンボール箱に入れるか，ダンボールで籠に内張りをして暗くして落ち着かせる。セキセイインコのように歩く鳥は少なく，止まり木を行ったり来たりしているので，普通の金属製のケージでは，羽も痛めやすく運動不足も起こしやすい。鳥が落ち着いたら小鳥なら竹籠も使用できる。金属製のケージでは水分を多く含むすり餌を与えることが多いためすぐに錆びてしましまう。止まり木は忘れずに付けないと，足の握りが弱くなる。また，金属製のケージは中で鳥が暴れて羽を痛めやすい。竹籠の方が痛みは少ない。

放鳥前に飛翔力の確認をする。小鳥なら籠から屋内で放してみて，自由に向きを変えて飛ぶことを確認し，できれば禽舎の中で飛ばして筋力をつける。一般的に小鳥は森の中で木々を飛

び交うために，一度に長い距離を飛ぶことは少ない。また，放鳥する前には止まり木の一部に揺れる枝を必ず入れて，慣らしておく。自然では木の枝はかなり揺れているため，普通の鳥籠のしっかりした止まり木に慣れてしまった鳥は，揺れる枝に止れなくて地上に降りてしまう場合がある。特にメジロに多いようだ。また，中型以上の大きさの鳥は部屋の中で放すにも狭いので，体育館のような大きな部屋で放鳥訓練ができるとよい。そして，要所要所にその鳥が自然界で食べていると思われる餌を，置いてみることができれば最もよい。

昆虫食の鳥はすり餌以外になるべく虫を与える。蝶や蛾の幼虫，蓑虫，クモ，ボウフラ，ミルワーム，ハエ，ハエの幼虫，コオロギ，バッタ等が手に入りやすい。最近は缶詰のコオロギ等も市販されている。また生きたまま市販されているミルワームやコオロギも便利であるが，栄養価が低くカルシウムとリンの比率も悪く，脂肪が多いため，あまり与えすぎると栄養障害を起こしやすい。ミルワームはプラケースに，フスマ，米の粉，パン粉，野菜屑，ドッグフード等を入れて，乾燥しないように10日に一度軽く霧吹きで水をかけ飼育する。栄養をつけて育ててから与えた方がよい。コオロギはカルシウムが足りないため，カルシウムを添加する。手軽に与えることのできる昆虫としては青虫，クモ，バッタ，コオロギがある。夜間屋外に電球をつけて，白い布を垂らしておくと虫がたくさん集まるので，それを回収すると手軽で効率がよい。

1）小型鳥類（管理・餌・放鳥）

体力を蓄え自力で採食ができるように訓練するが，種類により食性が異なるため，野生の餌に近い物を用意する。

（1）ハ　ト　類

ハト類はハトの餌に青菜と鉱物飼料を必ず与える。ドバトやキジバトは普通のハトの餌をよく食べるが，アオバトはやや餌付きにくく，果物を与えるとよく食べた。アオバトは海水を飲むことが知られている。短期間の保護なら特に与えなくてもよいだろうが，長期間にわたる場合は与えた方がよいかもしれない。またハト類はあまり止

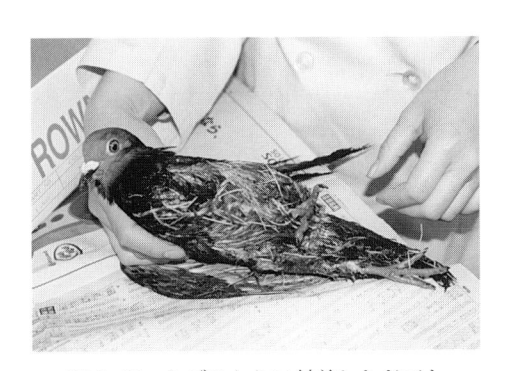

図 2-47　ネズミとりに付着したドバト

まり木に止まらずに床に降りることが多い。そのため床掃除を怠っていると指先に糞が着いて，壊死脱落してしまうことがあるので，十分に気をつける。床材に砂を敷く。ハトは翼で人の手を叩いたり，嘴で突付くことがあるが，大事にはいたらない。

（2）カワラヒワ，マヒワ，ウソ，イカル，シメ等

カワラヒワ，マヒワ，ウソ，イカル，シメ等の穀物食の鳥は小鳥籠で管理できる。あまり水浴びはしないが，時々は水浴びをさせるようにしたい。ヒワ，ウソはセキセイインコの餌を主体にエゴマ，カナリーシードを体調に合わせて若干与える。すり餌の場合は4分餌が適当である。イカル，シメは脂肪要求量が多いため，ヒマワリや麻の実を脂肪過多にならないよう注意して少し与えてもよい。青菜は必ず与えるようにする。どちらかというと暑さに弱い鳥なので，夏の間は涼しい風通しの良いところで管理する。

（3）スズメ

スズメは5分餌か殻付き餌を与える。殻付き餌の場合は青菜と昆虫も与えるようにする。水浴びの他に砂浴びもする鳥である。小判型の水入れ等に乾いた砂や細かい土を入れておくと砂浴びをする。比較的丈夫な鳥で温度等もあまり問題なく管理ができる。

（4）ホオジロ類

ホオジロ類はスズメよりも昆虫食の割合が高いが，粒餌でも5分のすり餌でも管理できる。最初かなり暴れて，頭部や嘴の付根を痛めるため，ダンボール等で内張りをしておくと羽の痛みが少ない。また籠ごと薄い布をかぶせて薄暗くしておくと鳥も落ち着く。アオジ，ノジコ，シマアオジ，カシラダカ，クロジ，ミヤマホオジロ等がホオジロと同じ方法で管理できる。また，オオジュリン，コジュリンは多少弱いため6分位のすり餌で管理した方がよいが，長期の管理は難しい。

（5）ヒバリ

ヒバリの成鳥は驚いて飛び上がる鳥なので，床に砂を敷き，籠の天井に網を張り頭部を保護する。すり餌でも食べるが，粒餌を与えた方が餌付きやすい。よく食べるようになってからすり餌に切り替えると管理も楽である。特に夏季はすり餌が腐敗しやすいので，粉のままのすり餌を水と共に与えてもよい。また時々昆虫を与える。放鳥するときは当然，草地に放す。

（6）ムクドリ，ヒヨドリ

ムクドリとヒヨドリは比較的餌付きやすく，すり餌の上にブドウ，リンゴ，ミカンまたはご飯を乗せておくだけで食べだす。ヒヨドリはすり餌の3～4分餌くらいが適当で，九官鳥の餌でもよい。ムクドリの方が昆虫食が強いので，5分餌を与える。羽が無事なら運動量の多い鳥なので，なるべく早く大型の禽舎に入れて飛行訓練をする。また雛は人馴れしてしまうので，自力で採食できるようになってもしばらく屋外の禽舎で飼育して，人や猫を恐れるようにした方がよい。

（7）カ ラ ス

　カラスは雑食性が強いので，ドッグフード，九官鳥の餌を主体に与える。その他，肉，魚も食べるが，人の食品は塩分が多いので与えすぎないようにする。オナガ，カケスはすり餌の4分餌か九官鳥フードを主体に与える。適宜大型の昆虫や，果物も与える。糞の量も多いので，清掃を心がける。屋外の禽舎でないと飛行訓練は難しい。雛から育てたカラスを放鳥するときは十分に注意しないと，すぐに付近のカラスからよそ者扱いの攻撃をうける。カラスのいない場所で放鳥できればよいが，現実には少ない。自宅から放鳥すると，近所で悪さをしてしまうことがあるので注意する。また，ケージ内ではもちろん，他の小鳥の籠には決して近寄らせない。嘴で小鳥を捕まえて引きずり込み食べてしまうことがある。

（8）ウ グ イ ス

　ウグイス類はガラスに当たって脳震盪を起こしたり，猫が捕まえてきたりする。ウグイス以外は弱い鳥が多い。ウグイスであれば薄暗い籠にやや緩くした5分のすり餌を入れて砂糖で甘味をつけ，虫を乗せておく。明るくうるさい所では餌付かない。春先は7分餌，他の時期は5分餌を与える。特に換羽期が8月頃から始まるので，その時期は水浴びを減らし，湿気に注意し，乾燥するように注意する。暑さですり餌も腐敗しやすいので，1日2回作って与える。他のウグイス類のヤブサメ，セッカ，キクイタダキ，ヨシキリ，ムシクイ等は7分餌以上の強い餌で8分餌か胴返し（10分餌）を与える。餌付けと管理が非常に難しい鳥なので，外傷がなくて飛べそうなら早く放鳥すべきである。キクイタダキはすり餌に卵黄を載せて餌付いたことがある。餌付いた場合でも冬季の寒さには十分注意して保温に努めるようにしたい。

（9）ヒ タ キ 類

　ヒタキ類ではキビタキ，オオルリ，サンコウチョウが渡りの途中で動けなくなっていることがある。キビタキは幼鳥が秋に，オオルリは春先に保護される。どちらも弱い夏鳥なので，保温をしっかり行い，強制給餌して体力を温存する。餌は5分のすり餌を最初に用いる。少量の柔らかい果実も食べる。嘴がウグイスよりもやや平たいため，ウグイスやメジロのようにすり餌を吸うように食べることは上手ではない。どちらかというと固まりを少量くわえて一気に喉の奥に飲み込むようにして食べるため，すり餌をやや固めにして嘴でくわえやすいようにする。サンコウチョウの成鳥の餌付けは難しい。生きたハエを使って餌付けができた例がある。ヒタキの類はあまり動かないため，狭い籠に入れておくと肥満傾向が出る。なるべく大きな禽舎で飛ばせる訓練が必要である。また，夏鳥が多いので放鳥の時期と冬を越す場合の保温には注意が必要である。

(10) ツバメ

ツバメはヒタキ類と同じ管理方法でよい。生きた昆虫を多く使うと餌付きやすい。雛鳥の処置の項でも書いたが，ミルワームは栄養バランスが非常に悪いため，なるべく最小限にする。

(11) ツグミ類

ツグミ類は小型ツグミ類と普通のツグミ類に分かれる。小型ツグミ類ではジョウビタキ，ルリビタキが冬に住宅街にもやってくる。餌付きにくい鳥であるが，餌付け方はヒタキ類と同じでよい。昆虫以外に小さなミミズを与えるとよい。ヒタキ類と異なり運動量の多い鳥なので，普通の小鳥籠でも運動不足にはならない。放鳥の前にはもちろん大きな禽舎で飛行訓練する。ジョウビタキ，ルリビタキは関東周辺ならそれほど冬の寒さは問題ないが，ノゴマ，コルリ，コマドリ等他の小型ツグミ類は夏鳥が多いので，冬を越す場合の保温には十分注意する。ツグミは冬鳥なので，渡ってきた直後，窓にぶつかったり，ネズミ捕りの粘着剤に絡まったりしてくる。丈夫な鳥ではあるが，体が大きいため暴れて羽を痛めてしまう。回りを暗くして，籠の内側にダンボール等で内張りをして羽の痛みを防ぐ。5分のすり餌に昆虫，ミミズ，ツタの実等を載せて餌付けをする。1日食べなくても心配はない。十分に餌付いたら，4分餌にする。九官鳥の餌でも代用はできる。すり餌の他に柔らかい木の実や，ミミズを時々与える。トラツグミ，マミジロ，アカハラ，クロツグミ，シロハラは同じ管理方法でよい。海岸に多いイソヒヨドリは体質が弱いので6分餌を与え続ける。

(12) カラ類

カラ類は案外餌付きにくいが，5分のすり餌にピーナッツの粉，ゆで卵の黄身を乗せておく。シジュウカラとヤマガラは5分餌，エナガは7分のすり餌にピーナッツの粉や，クルミの粉を混ぜる。体が小さくよく動き回る鳥なので，餌を与えるときに逃げられることもある。部屋の中で逃げられると小さくすばしこいため注意が必要である。またエナガ以外は決して2羽以上一緒のケージに入れてはいけない。大変闘争心が強いため，殺されてしまうことがある。

図 2-48 コゲラ

(13) キツツキ類

キツツキ類は最初から金属製のケージに入れないと簡単に壊されて脱走されてしまう。コゲラなら普通の小鳥籠に入れられる。アカゲラ，アオゲラ以上の大きさのキツツキ類は丈夫なオウム籠で管理する。籠の中

に丸太を立てかけるが，移動しながら糞を周りに飛ばすので，籠の周辺を覆っておく。金属製のケージで飼育していると，尾羽がかなり擦り切れてしまう。放鳥した時に上手く自分の体を支えられないので，金属製のケージの内側に樹皮の着いた板で内張りをしておくと防ぐことができる。餌入れもプラスチック製では壊されてしまうので，金属製や陶製のものがよい。餌は基本的に5～7分餌を与え，昆虫を適宜与える。多少の植物の実も食べるので，柔らかい果実を与えてもよい。

(14) セ キ レ イ

セキレイの成鳥の餌付けはミルワームを使うとよく食べるが，脂肪過多を起こしやすい。7分餌に熱帯魚の餌のアカボーフラ（アカ虫）を使いなるべくすり餌に慣らす。また水盤を置きケージの上部に皿巣を置いてやると利用する。水浴を大変好みケージの中に湿気がこもるので，乾燥に注意する。ハエや蚊等なるべく生餌を多く与える。換羽の時期は弱りやすいので水浴は減らした方がよい。できるだけ屋外の禽舎で飛行訓練する。

(15) カ ッ コ ウ 類

カッコウ類ではツツドリがチューブを使い，犬・猫用の流動食を強制給餌して放鳥できたが，餌としてはすり餌の5分餌に芋虫サイズの昆虫を大量に与えないと無理なようだ。

(16) メ ジ ロ

メジロは比較的餌付きやすく，やや緩めに溶いた3～4分のすり餌に砂糖等で甘味をつけ，果実を載せておくと餌付きやすい。羽が痛むほど暴れる鳥ではないので，比較的管理は楽である。夏は餌が腐りやすいので，水と粉末のままのすり餌でもよい。冬の時期は暖かくして，15度以上を保つ。複数を同時にいれても大丈夫な鳥であり，禽舎でのリハビリには都合がよい。ただ籠の中で長く管理していきなり放鳥すると怖がって飛べない鳥が多い。なるべく禽舎でリハビリすべきである。また，揺れる止まり木を入れて慣らしておかないと，放鳥しても木に止まれなくなる。

(17) ヨ タ カ

ヨタカは飛びながら餌をとる習性を持つ鳥であり，空中で餌を与えることができないので強制給餌を行っていた。犬・猫用の流動食をチューブで与える。口が大きい鳥なのに，食道が案外細く太いカテーテルは入りにくい。点滴用のチューブサイズがちょうど入る

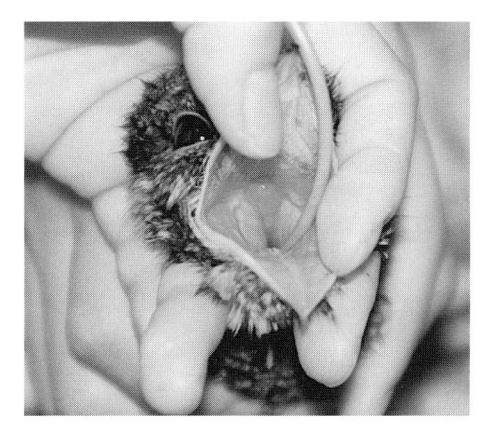

図2-49 ヨタカの強制給餌

サイズであった。犬・猫用流動食を与えていると脂肪沈着を起こしてきた。またすり餌では逆に痩せてきたので，なるべく早い時期に放鳥すべきである。

(18) カワセミ

カワセミはガラス窓に激突して保護されることが多い。最初はダンボール箱で保温に努める。食べなければ口を開けて強制給餌をする。自力で食べる場合はワカサギ，メダカ，金魚が手に入りやすいので，水盤に生きたまま泳がせて自分で採食するように努める。小さい鳥なので体力が落ちないようにして，禽舎で飛行訓練をする。禽舎で水盤を使う場合あまり浅すぎると飛び込んで餌をとることができないのである程度の深さは必要になる。

2）中型鳥類（管理・餌・放鳥）

中型以上の大きさの鳥は保護して2週間以内であれば，飛行のための筋力もあまり落ちていないので，2週間が放鳥の目安となる。それ以上長期に管理した場合は筋力の低下を招いているためできれば放鳥のための飛行訓練を行うことが望ましい。広い場所で足に引き綱をつけて試験飛行をさせるか，大型の禽舎で飛行訓練を行っておきたい。

(1) コジュケイ，キジ類

キジは罠にかかったり，交通事故にあって保護されることが多い。餌はキジや鶏の餌として手に入るので，それを使うのが簡単である。青菜やカキ殻を混入して与える。また，適宜昆虫も与えた方がよい。とりあえずの保護には大きなダンボール箱にいれるが，長い尾を痛めやすいのでなるべく早く広い小屋に入れる。キジは驚くと飛び上がるので，小屋の天井は小さな目の網を少し弛ませて張っておくとよい。床は足のためには土の方がよいが，コンクリートの方が掃除はしやすい。また，小屋のフェンスの部分だけでもコンクリートで囲うようにしておくと，犬・猫やイタチに襲われにくく安全である。やや大きめの箱を用意して砂を入れておくと砂浴びができる。餌入れ，水入れは屋外の場合雨がかからないようにする。

コジュケイは小屋の中に植え込みをして，隠れるところを作ってやる。また，夜間は樹上で寝るため，止まり木をつけておく。

雄のキジは繁殖期に非常に攻撃的になってくるので十分に注意する。管理中にケージから襲い掛かってくることもある。また放鳥するとき覗き込むようにダンボール箱をいきなり開けると，人に襲い掛かってくるように飛び出すため，必ず箱を横にして顔を離してから蓋を開ける。

(2) ガン・カモ類

保護されたばかりのカモ類は案外気が強く，噛み付いてきたり突いてくるので注意する。床が固いとすぐに趾瘤症を起こすので，床にチップを敷き詰めたりオガクズ，籾殻等を入れて脚を保護する。新聞紙を縦切りのシュレッダーで切った物でもよいが，脚に絡みつくことがたま

にあるので注意が必要である。水を入れることが多いので，すぐに床がビショビショに濡れるため腹部が汚れやすい。放鳥する前には必ず羽が水をちゃんと弾くかどうか確認をする。屋外に禽舎で管理すると臭いや水浴び対策等で管理はしやすい。池があれば自由に水浴ができるが，なければたらいに水をはって水浴させる。禽舎の床は一部をコンクリートに，一部を土にしておき，草があるとさらによい。池を作る場合は2m四方で深さ40cmほどあると多くのカモ類に都合がよい。

　淡水カモ類のマガモ，カルガモ，コガモ，オシドリ等の餌は基本的に動物性と植物性の餌をとるので，ムギ，ヒエ，アワ，鶏の餌に青菜を混入して与え，時にドジョウ，ザリガニ等を与える。長期に管理するにはアヒル用のペレットは便が臭くなく便利である。餌は水に浮かせて与える。ガンやハクチョウは身体も大きくなるため，管理スペースも広い方がよい。また冬鳥が多いため普通の小鳥のつもりで暖めすぎると暑すぎることがある。15～20℃くらいの方がよさそうである。ガンやハクチョウも餌は同じでよい。

　海カモ類ではビロードキンクロやキンクロハジロが保護される。キンクロハジロはかなり動物性の餌を好み，タニシ，小魚，大型の水生昆虫等をよく食べる。植物性の物として，鶏の配合飼料に青菜を混入してさらにドッグフード，ドジョウ，小魚，貝のむき身等が与えやすい。また，自力採食しないものはチューブで強制給餌する。また，屋内ではタライを，屋外では池を使い泳がせることも必要である。

　ミズナギドリ類は春先に大風が吹いた後に，よく内陸部で動けなくなっている。翼が無事なら数日休養させて早く放鳥するようにする。餌は小魚を飲み込ませる。最初は強制給餌を行うが，数日のうちに自力で食べるようになる個体が多い。嘴の先が鉤状に曲がっているので，噛まれないようにする。海岸の風の強い日に高く放り投げるようにして風に乗せないとなかなか飛ぶことができないので崖の上から放鳥するとよい。コアホウドリになると体も大きく噛まれると簡単に手に穴があく。コアホウドリは冬に保護されるので，十分に保温をする。20～25度くらいで保温した方がよい。体が大きいので2週間以内の放鳥をめざす。餌は大量に食べるので，魚やイカ等を与え，適宜ビタミン剤を与える。管理期間が長くなって人馴れしたためか，放鳥しても帰ってきて餌をねだってしまい，放鳥に6か月かかった例がある。やはり体重があるため最後は少し脚の裏が痛んでしまった。

図 2-50　コアホウドリ

　カモメ，ウミネコ類は割合何でも食べてくれるので，餌付けとしては楽である。魚やドッグフード等を食べる。また工業地帯の海岸では少量ずつではあるが日常的に油が流出しているようで，身体に油が付着した個体が運び込まれる。油を洗浄した後は池やプール等で十分に泳がせて，撥水があることを確認してから放鳥する。

図 2-51　ウミネコ
釣り糸で口が切れた。

図 2-52　カワウ

釣り針や釣り糸の被害も受けやすい。
　カワウも最近増えてきている。かなり攻撃的な鳥なので，軍手等をはめて扱うようにする。柔らかい床剤を敷いて，小魚を与えて薄暗くしておくと比較的早く餌付く。魚食の鳥なので餌の確保は楽であるが，夏場は糞の臭いが強烈なので清掃をこまめにする。
　ウミスズメが一度内陸部で保護されたが，タライの中に水を張り金魚を入れたらよく食べた。ワカサギやマメアジも食べたので，海岸で無事放鳥できた。

（3）サ　ギ　類

　サギ類は雛鳥の項でも触れたが，人の顔をめがけて突付いてくるので，十二分に目をまもるようにする。また嘴の端に溝があるため，噛まれたまま滑らすと指が切れてしまうので，注意する。生きたドジョウや金魚をよく食べるが，費用がかかるので，なるべく手に入りやすい安価な魚を与えるが，ビタミン剤も添加する。冷凍のザリガニも最近は手に入るので，利用できる。

（4）シギ，チドリ類

　餌付けは難しいので，犬用の流動食をチューブで強制給餌してなるべく早く放鳥したい。餌付けはドジョウ，フナ，エビ，魚肉，キャットフードを与えながら慣らして，徐々にすり餌に付ける。釣り餌のイソメ，ゴカイ，サシ，オキアミ等も手に入りやすい。チュウシャクシギは水に浮かべたオキアミと，乾燥エビを水で戻した物を主食にして1月後に無事放鳥できた。脚の細い鳥が多いので，管理に注意

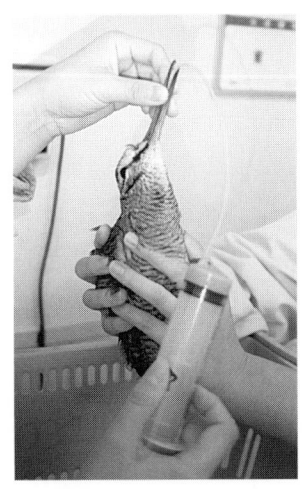

図 2-53　タシギのチューブによる強制給餌

が必要である。リハビリのために禽舎に放す場合，床はコンクリートだけでなく，土の部分も設け，できれば灌木のような隠れ場所を作る。一部に泥田の状態を作ってやると尚よい。

（5）バン，クイナ類

非常に臆病な鳥であるので，ダンボール箱から入院ケージの中に入れた場合は隠れ場所を作る。様子をみながら，洗面器等に水を張って水浴びをさせる。広い禽舎に放した場合でも，植木を置き，巣箱のような隠れ家を入れる。沼や水田に生息する鳥なので，床は柔らかい土を入れ，水場を作る。水浴びをするとまわりは泥だらけになるので，屋外の禽舎でないと管理は大変である。バンはまた闘争心の強い鳥で激しく格闘するため，1つのケージに複数を同居することは避ける。

餌は青菜，鶏の餌や穀類（ヒエ，アワ等）に小魚（フナ，ドジョウ等）を与えるがすり餌をそれらにまぶしすり餌に慣らした方が管理も楽である。

（6）猛　禽　類

連れて来た時，ダンボール箱から飛び出してくることがあり，また爪が鋭く危険なので手を保護するため，厚い皮手袋と厚い長袖の服を着て十分に注意して扱う。衰弱している場合は流動食をカテーテルで与えるか，口を開けて餌を長いピンセットで，喉の奥に押し込むように与える。角切りビーフタイプのドッグフードが与えやすい。自力で食べる場合はマウスや初生雛を与える。生きたマウスを与える場合は，気絶させて与えないとマウスに逆に攻撃され鳥が外傷を負うことがある。初生雛は栄養価が低いので，しばらく栄養のある餌で育ててから与える。冷凍マウスを解凍して与える場合は腸と膀胱を取り除いてから与えるようにする。また，体温

図 2-54　オオワシ

図 2-55　フクロウ
口の中の線虫。

図 2-56 オオタカの趾瘤症

程度に暖めて与えた方がよく食べる。トビ，海ワシ類は何でも食べるので，ドッグフードや魚のアラ等でよい。

　必ず止まり木を入れて尾羽が擦り切れないようにし，翼が痛まないように注意して管理する。大型の猛禽類は止まり木を不衛生にしておくと，趾瘤症を起こしてしまう（図2-56）。防ぐためには止まり木に麻紐を巻き付けて，床には人工芝を敷き詰めておく。一度趾瘤症になってしまうと完治は難しい。

　フクロウやハイタカ等小型の猛禽類を放鳥するとき，不思議とすぐにカラスやカモメが集団でやってきて襲う。街中や港町での放鳥はやめ，なるべく森の中に入り，すぐに木の中に飛び込めるようにしたい。

第3章　鳥類の油汚染・中毒

1．油に汚染された鳥類の処置

1）海鳥の体と特性

（1）羽の構造と機能

　鳥の体をおおう正羽は，1本の羽軸を中心に羽枝と小羽枝の2回の枝分かれの構造になっている（図3-2）。小羽枝の先には，数回の小鉤があり，隣り合ったいくつかの小羽枝とからみ重なり，羽弁となる。海鳥の羽は羽枝の腹面から薄い膜ができ，羽弁との間に気室が作られている。これが浮力となり，羽濡れ防止のための構造となっている。

　羽毛の小羽枝は，びっしりと重なり合って防水と保湿の機能を持っている。油は，この羽毛の撥水性と保湿性を失わせてしまう。その結果，体温の低下に陥り，浮力の減少となり，命を落とすことになる。

（2）油による体へ影響

　鳥は，嘴で羽づくろいをして羽の汚れをとったり，羽枝の鉤をかけなおしたりする。そして，尾の付け根にある尾脂腺からの分泌物を嘴で体中に塗りつけ，羽毛を整える習性を持っている。

　油に汚染された鳥が，羽づくろいをして油を落とそうとすると，油の多くが消化管内に摂取

図 3-1　油に汚染されたカモメ　　　　　　　　図 3-2　風切羽の構造

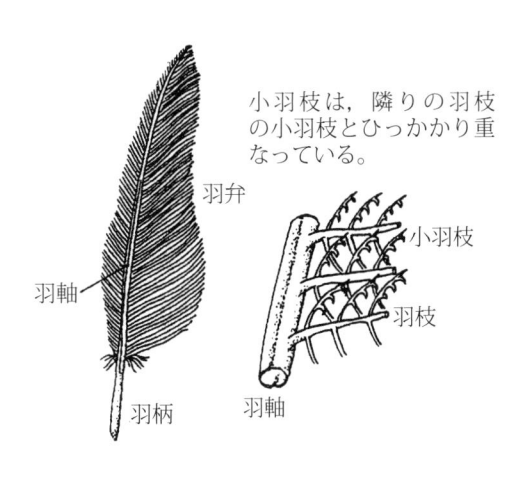

されてしまう。油の毒性が胃腸壁に潰瘍を起こし，さらに吸収されると腎臓や肝臓に障害を起こし，重度の脱水症状に陥ることになる。もちろん，鳥の皮膚からも吸収される。

油といっても食用油から車の燃料までいろいろな油がある。海鳥の油汚染の油はほとんどが重油によるものである。原油を精製した後の黒くて比重の大きいものを重油と呼ぶ。

2）記　　　録

海鳥が収容されて最初にやることは，カルテに記録をとりはじめることから始まる。ケアが長引く場合，相当なページ数になるので記号を用いるのもよい。なお，血液検査の結果とか，補液の薬剤名，量などのポイントは赤や青のペンを使うのも見やすくてよい。

捕獲時に海鳥の種名の確認を行っているものの，現場では油にまみれて識別が困難なことが多い。救護センターに搬入された後に，野鳥専門家の協力も得て，種名，性別，若鳥・成鳥などを再度正確に識別確認する必要がある。天然記念物，希少鳥類の場合，役所へ通報し指示を受けることになるので注意する。

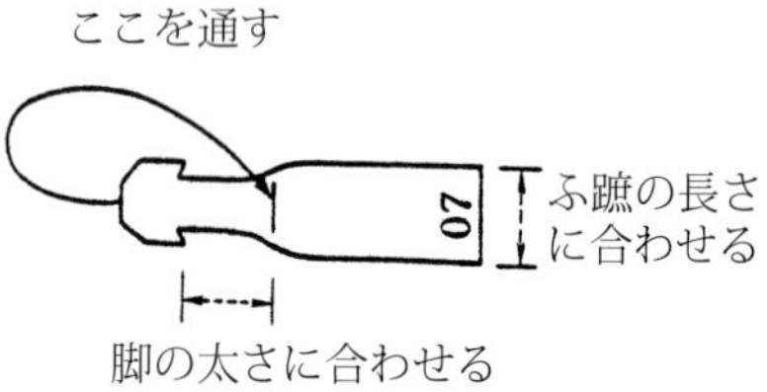

汚染鳥が多数収容されると個体識別のための標識装着が必要となってくるので，オリジナル簡易標識を参考にされたい（図3-3）。

標識の番号を見えるようにして，写真撮影をしておくのがよい。多数の海鳥が搬入されると，種の確認よりも救護作業の方を優先せざるを得なくなってしまう。写真を参考に，ゆっくり識別作業ができる。なお，油の付着はカメラの故障の原因にもなるので，銀塩カメラの場合は，インスタントカメラの使用をお勧めする。

図3-3　個体管理用の簡易標識
漁業用のやや堅いビニール製のものを利用。

3）救護の優先と選別（トリアージ）－緊急時の優先割当て決定原理－

油汚染事故の場合は，一度に多数の汚染鳥が発生し，いっせいに救護作業を行うことになる。日常の救護の場合，衰弱の著しい個体から手をつけるが，油汚染の場合は考え方を切り換えなければ失敗してしまう。

生き延びる可能性のほとんどない重症の個体は，現実に生き延びる可能性のある個体にかけるべき時間と人員を奪ってしまうことになる。重症の個体を治療している間に元気がある個体を処置しないでおけば，毒性が吸収され，脱水症状が著しくなり，死に至ることになってしまう。人の情として，最悪の状態にある鳥を先に助けたくなるが，優先順位を選別していくのも獣医師の重要な使命である。

4）初　期　手　当

衰弱し収容された鳥をいきなり洗浄するということは，衰弱に追い打ちをかけるようなもの

で，死に至らしめる。まずは保温の確保をしてから油の除去にとりかかる。きれいな布，またはペーパータオルで鳥の体からできるだけたくさんの油を拭き取る。ウミスズメのような小さな鳥でも，1人が保定をして2人以上で作業をすると楽である。

頭の部分は綿棒を用いると便利である。眼と眼のまわり，嘴と外鼻孔，口腔内の細かな部分には油がびっしりこびりついて時間を要する。しかも，いやがってじっとしていてくれないことが多い。ほとんどの鳥は眼を汚染されており，眼科用洗浄液で眼を洗う必要がある。

拭き取った後，羽づくろい防止と保温のために鳥の体をタオルで包むのがいい。洗浄を別の場所で行う場合は移送しなければならないので，できれば専用のポンチョを着せるのが望ましい。タオルでも，安全ピンなどで固定すれば代用できる。

5）健康チェック

海鳥が元気を取り戻したら，診察を本格的に始める。個体の状況を知ることは，治療プログラムを検討するうえでも大切なことである。

（1）体 重 測 定

ウミスズメなど小型の海鳥の場合，台所用のデジタル計量器が便利である。タオルに鳥を包んだ場合はかさばるので，ティッシュペーパーの空箱を利用するのもよい（図3-4）。

大型の鳥を測る時は新生児体重計（図3-6）が便利だが，すぐに入手できない場合は普通の体重計でもよい。

図3-4　簡易な体重測定法
台所用計量器を利用するのがよい。

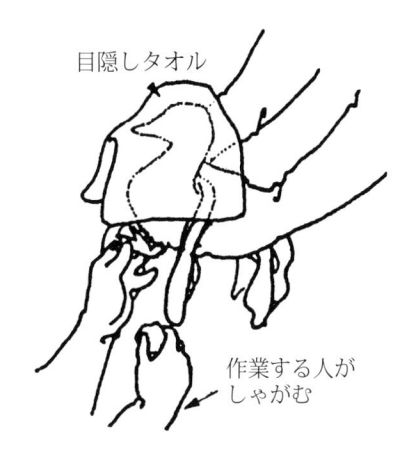

図3-5　健康チェック時の保定

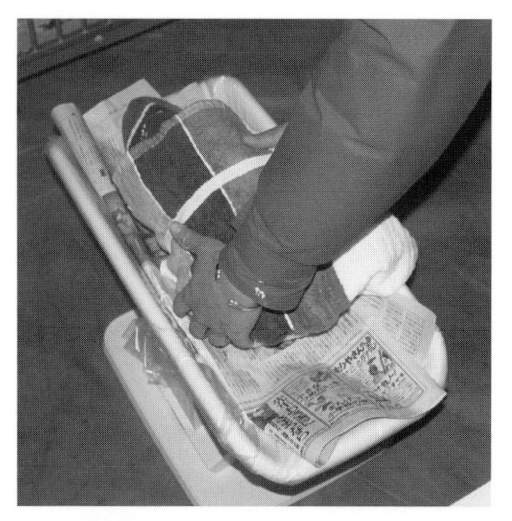

図3-6 大型の鳥類の体重測定法
新生児用体重計を利用するのがよい。

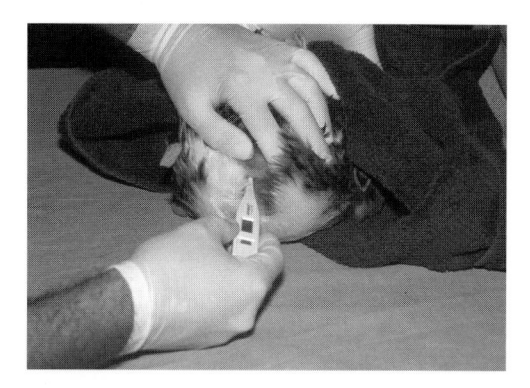

図3-7 体温測定
小児用デジタル体温計を利用するのがよい。

(2) 体温測定

小児用体温計が便利である。総排泄腔で測るのだが（図3-7），それを見つけるのがかなり難しい。息を吹きかけ，気長に探すのがコツである。海鳥の正常体温は39〜41℃である。低体温の場合は，急いで温めてやらなければ死に至らしめることが多い。

(3) 便

糞便の有無や形状は，貴重なデータを提供してくれる。下痢の場合，整腸剤や抗生剤の内服が必要となる。可能ならば，寄生虫検査も行う。ほとんどの個体が何らかの寄生虫を持っているが，駆虫は臨床症状を伴った個体だけで十分である。

(4) 身体一般検査

①眼の周囲に汚れがまだ残っていないか確認する。瞳孔や瞬膜の動きをチェックする。
②鼻腔の汚れ，鼻汁の有無をチェックする。
③口内の粘膜の色により貧血症状を，また粘膜の乾きによって脱水症状をチェックする。口腔内の汚れも確認する。
④竜骨突起の両側の胸筋により栄養状態を把握する。総排泄腔の周辺の汚れを確認する。呼吸状態をチェックする。
⑤脚では，外傷の有無，関節の腫れ，骨折の有無を確認する。起立状態をみる。
⑥翼は外傷，骨折および脱臼の有無を確認する。

6）採血と血液検査

　海鳥の油汚染救護にとって重要なデータを提供してくれるのが血液検査である。血液検査によって，受け入れ時の健康状態が把握でき，洗浄，移送，放鳥時においては，作業に入れるかどうかの判断材料となる。

（1）採　　　血

　海鳥は水上，水中を自由自在に泳ぐため，脚が発達して太く，血管も太いので正中中足静脈からの採血がよい（図3-8）。山野の鳥は上腕静脈からの採血や静脈注射が一般的であり，採血の頻度が増す場合は海鳥も上腕静脈から採血する。採血量は検査項目にもよるが，0.5mlで十分である。

　小鳥の場合，注射器や採血管を使わなくとも注射針のハブの部分にたまる血液をヘパリン処置されたヘマトクリット管で吸い取るのもよい。なお，鳥の場合は少ない出血でもダメージを受けるので，採血や静脈注射の後は数分間の圧迫止血を忘れないようにする。

（2）血　液　検　査

　油汚染は一度に多数の海鳥に被害を及ぼすため，血液検査の項目は必要最小限にすべきである。

　検査はPCV（ヘマトクリット値），TP（総蛋白量），GLU（血糖値）の測定を中心に行う。米国カリフォルニア州では，PCV30〜50％，TP3〜6g/dl，GLU180mg/dl以上が正常値とされている。GLUの検査はスティックの簡易試薬検査法（ノボアシストペーパー，ノボノルディスクファーマ㈱）や糖尿病患者用の血糖測定セット（メディセーフ，テルモ㈱）が用いられている（図3-9）。

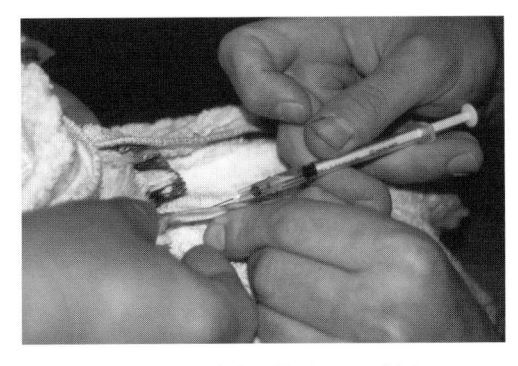

図3-8　正中中足静脈からの採血
　海鳥は脚の静脈が太く，採血に適している。

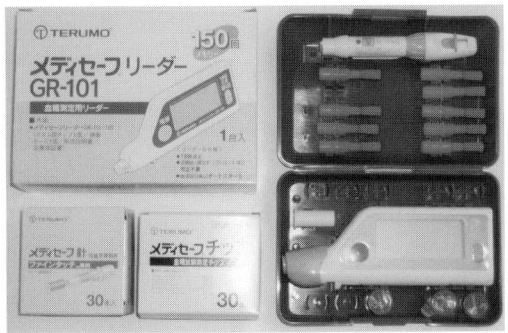

図3-9　血糖測定セット

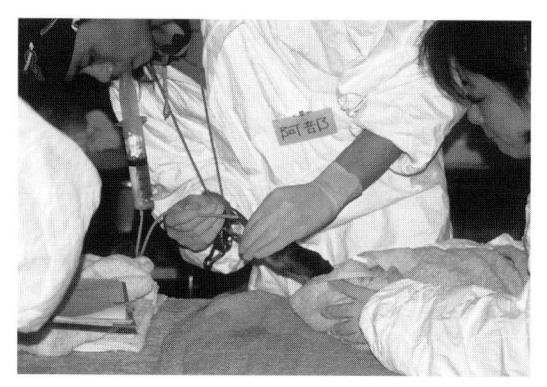

図 3-10　経口補液
鳥類は経口補液が簡易で安全である。

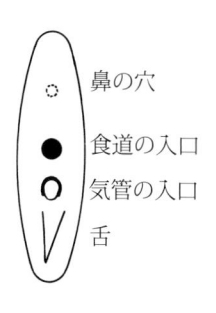

図 3-11　食道と気管

7）薬剤投与と補液

海鳥の一般的な健康チェックと血液検査を終え，重症の鳥を除き，治療に取りかかる。複数体制で処置をしないと危険であることはいうまでもない。

（1）活性炭投与

消化管に摂取，吸収された油を解毒するために，活性炭の内服を急がなければならない。活性炭（コバルジン，三共ライフテック㈱）を補液剤 52mg/ml で希釈し，カテーテルを用いて経口投与する（図 3-10）。投与量は希釈液 18ml/kg で，補液剤を用いるので補液効果も多少期待できる。ただし，活性炭末は粉末状で使いづらく，クレメジン（三共㈱，補液剤で 20～40 倍位に希釈）が活性炭の代用として使用できる。

（2）経口補液

カテーテルを口腔内に挿入し（図 3-10），補液剤をそ嚢内に投与する場合，気管を食道口と間違って薬剤を注入すると死に至らしめてしまう。口腔内は図 3-11 のようになっていて，カテーテル挿入後，頸部をさわり，気管とカテーテルの入った食道の 2 本を確認する。経験のない人は実際に死体などを利用して事前に研修すべきである。

GLU が 150mg/dl 以下の低血糖になった場合，5％ブドウ糖を補液しなければならないが，経口投与でもよい。しかし，100mg/dl 以下に陥った場合は静脈内注射でないと効果的な結果が得られない。TP が 3g/dl 以下の低蛋白症となった場合，肝機能が低下するので，アミノ酸製剤と補液剤を経口投与しなければならない。PCV が 30％以下の貧血状態および 50％以上の脱水状態では補液が必要である。

鳥類においても哺乳類と同様に，補液は重要な治療法である。経口的に投与できるだけに積極的に試みてほしい。なお，補液剤として，ソルテム T1 号（テルモ㈱）の希釈液もよい。

（3）注　　　射

　症状が悪化すれば，補液剤を静脈内投与しなければならないが，点滴も含めて多量に投与することは大変である。鼠径部の皮下注射もよいが，骨髄腔内の間欠的注射の方が効果的である。尺骨の骨端に注射針で穴を開け，留置針を挿入し，インジェクションプラグをセットして（図3-12），テープで固定する。そこへ注射器で薬剤を注入するとさまざまな治療が可能となる。留置針内で血液が凝固するので，インジェクションプラグ内にヘパリンNa注射液を少量入れておくと何回も注射ができる。

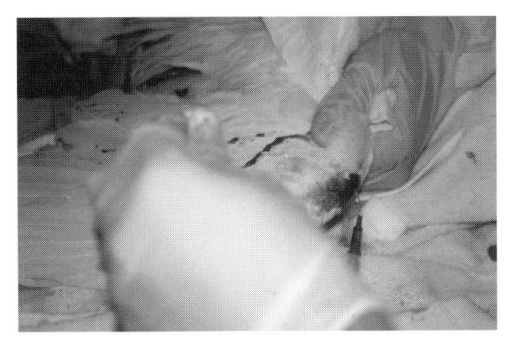

図3-12 骨髄腔注射
間欠的な注射は便利である。

　PCVが低下した時，補液法もあるが貧血が重度の場合は，増血鉄剤の胸筋への筋肉内注射がよい。TPが低くなり，肝臓機能減退が疑われた場合，強肝剤の筋肉内注射もよい。

8）ストレスと収容ケージ

　チェック，検査，そして処置を行った海鳥は，"病室のベッドで入院"ということになる。日常生活をする場所だけに，快適さが求められる。

（1）ストレス対策

　野生動物は，人に捕まるだけでも相当なストレスとなり，保定されて検査や処置を受ければパニックに陥る。できる限り短時間のうちに作業を進めなければならず，作業手順を事前に十分マスターしておくことが大切である。

　話し声や騒音が海鳥には大きなストレスになる。診察中の会話は小声で行い，診察室と収容室はできるだけ別の場所にする方が望ましい。

　収容された海鳥は捕獲される直前まで自然界にいたのだから，収容室の照明は屋外の日照時間に合わせるのが理想的である。夜間，作業をするうえで点灯が必要な時は，ケージにカバーを掛けて暗くするのがよい。収容ケージを頻繁にのぞき込むことは好ましくない。

（2）収容簡易ケージ

　油汚染事故は突然起き，多数の被害鳥が一度に運ばれてくる。事故を予想し収容ケージを用意して待っているわけではないので，身近なダンボール箱を利用することになる。まず，ダンボール箱の底に新聞紙を敷き，その上に細かく短冊状に切った新聞紙を敷き詰める（図3-13）。

　この箱の中に海鳥を収容し，衰弱していれば保温する。ペットボトルを利用した"湯たんぽ"

図 3-13 ダンボール製の収容ケージ
短期間であれば床材は細かく切った新聞紙でよい。

図 3-14 メッシュの床材
保護中のウミスズメ。

をタオルで巻いて底に置く。中に入れる湯の温度は"熱めの風呂の湯"が目途となる。ただし，時間が経てば冷めて"水まくら"となってしまうので交換することを忘れないようにする。

陸上でも生活するウ類，カモメ類，ミズナギドリ類は，引き続きダンボールの簡易ケージに入れておくことも可能であるが，元気・回復に伴い羽ばたいて翼を痛めることになるので，大

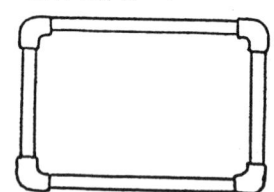

1. 枠を作る
接着剤やグリースは使わない

2. ネットを紐で張る
尖ったもの，硬いもので取り付けない

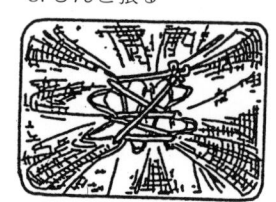

3. ぴんと張る
紐を長いままにしない
取り外しができるような張り方にする

図 3-15 収容ネットケージのネットの作り方

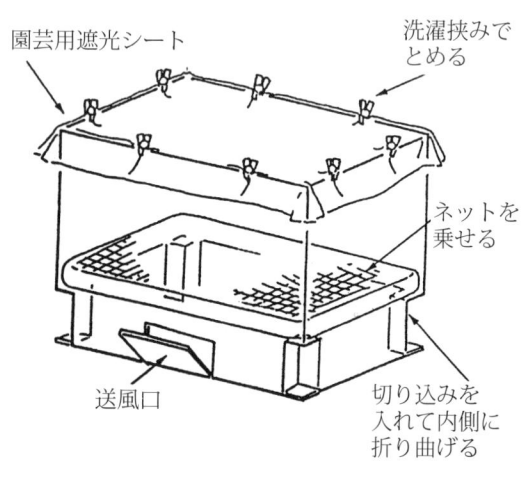

園芸用遮光シート
洗濯挟みでとめる
ネットを乗せる
送風口
切り込みを入れて内側に折り曲げる

図 3-16 完成した収容ネットケージ

きめのネットケージへ移すことが望ましい（図 3-15 〜図 3-19）。

（3）収容ネットケージ

ウミスズメ類，カイツブリ類，アビ類など水上で生活している鳥では，陸上の生活は脚に相当な負担をもたらす。軟らかいネットを使うことによって，かなりやわらげることができる。また，糞がネットの間から下に落ちるので，鳥の体の汚れを防ぐことができる。

ネットのメッシュは5mm（ウミスズメ）〜 10mm（アカエリカイツブリ，オオハムなど）で，ラッシェル編みの漁網が最良だが，当初は家具用滑り止めネットでもやむを得ない。塩化ビニール管で枠を作り（図 3-15），ネットを張る。ダンボール箱の四隅にカッターで2か所に切り込み，ネット枠を乗せる（図 3-16）。加工できない場合は，ジュースの空き缶に砂を詰めたものを四隅に立てるのもよい。ダンボール箱の床には換気をよくするための送風口を作る。箱を覆う物は園芸用のシートがよい。

このネットケージは，床下の送風口からドライヤーで熱風を送り込むと乾燥箱となり，海鳥の洗浄後の乾燥に大いに役立つ。詳しくは「9)洗浄」で述べる。

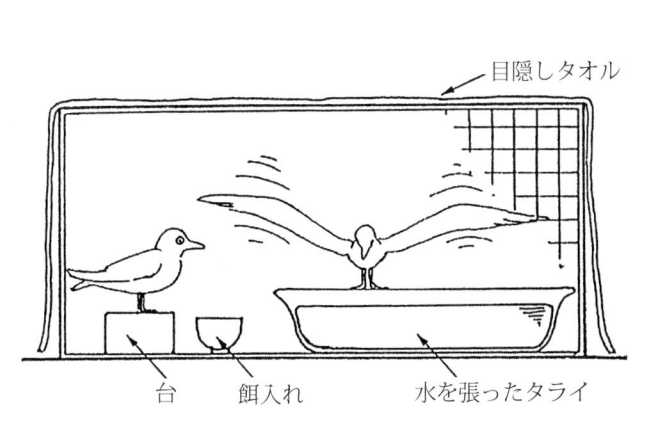

図 3-17 カモメ類，ミズナギドリ類などのケージ

図 3-18 ウ類のケージ

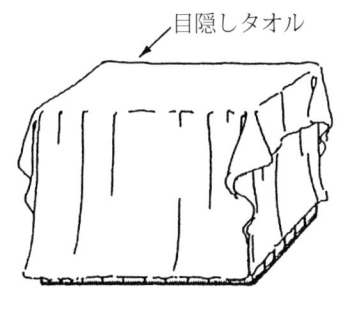

図 3-19 ケージには必ず目隠しをする。

9）洗　　　浄

　油で汚れて寝てしまっている羽であっても，その構造が壊れていない限り，油を除去することで元の状態に戻すことができる。ただし，洗いやすすぎは，鳥に対しては大きな負担となるので，何度も繰り返すのではなく，一度の洗浄で確実に汚れを落とすことが重要である。full wash（洗いとすすぎ）を行った場合には，次の洗浄までには中1日以上をあける。short wash（部分洗い，すすぎのみ）の場合は，翌日に洗ったりすすぎを行ってもよい。洗浄技術は海鳥の油汚染救護のテクニックの中で非獣医学的部分が多いが，最も重要な作業である。

（1）洗浄の前に

a．洗浄に必要な道具（図3-20, 表3-1）

b．洗　浄　基　準

　視診により，元気そうで体力があると判断された個体から洗浄を始める。定期的に血液検査を行っている場合はそのデータを参考にし，確信が持てない場合には当日採血し血液検査を行う。採血は少量とはいえ鳥にとってはストレスになり体力を消耗させることになる。回復する時間を考えて，洗浄の1時間以上前に採血すべきである。

　洗浄可能とされる血液検査値は，PCV＞27％，TP＞3.0g/dl，GLU＞120mg/dlである。血糖値は食餌の前後で変動が大きいので注意が必要である。さらに体温を測定し正常体温

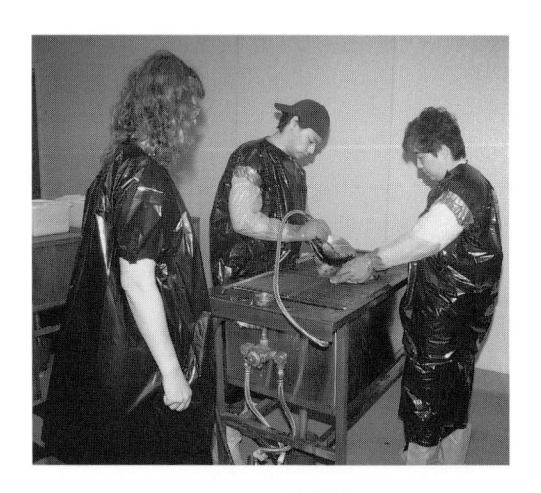

図3-20　洗浄着
野生動物救護獣医師協会（WRV）ではビニール製ゴミ袋2枚で細工する洗浄着を奨励している（米国 IBRRC にて）。

表3-1　洗浄に必要な道具

洗浄着，ゴム長靴	ウェーダー（腰まである長靴）あるいはかっぱ。水をはじく素材のエプロンなど。ビニール袋を利用した洗浄着もよい。
ゴム手袋	洗浄者の手荒れを防ぐ。洗浄液はかなり濃度が高い。鳥の嘴をつまむときに滑らない。
中性洗剤	家庭用台所用中性洗剤「ジョイ」。
コンテナボックス1	洗い時には洗浄液を満たすタライとして，すすぎ時には逆さにしてすすぎ台として用いる。
コンテナボックス2	次の洗浄液を満たしておく。
歯ブラシ	頭部の洗い用。やわらかめがよい。
小さなトレー	洗剤原液を少し入れておく。頭部の洗い時に用いる。
手　桶	保定者，洗浄者の手をすすぐ。鳥の顔についた洗浄液を湯で流すときに用いる。
水圧調節ノズル	すすぎに用いる。
湯温計	慣れれば手で測れる。
タオル	手拭きタオルと洗った個体を包んで運ぶためのタオル。

（39～41℃）を確認しなければならない。

c．強制給餌・補液

人でも，全身をていねいに洗い，長い時間風呂に入れば，かなりのどが渇く。ましてや，鳥たちにとって洗浄されることは大変なストレスであり，脱水症状に陥ることになる。洗浄作業に入る1時間前までには経口補液し，さらにその前に強制給餌を終えておく必要がある。また，洗浄作業終了後，鳥をひと休みさせた後に補液しなければならない。

通常の脱水症状は正常体重の約10％減少と考えられている。補液量は50ml/kgを基準にするが，体重の6％を超えない方がよいといわれている。補液剤は，リンゲル液，ソリタT1号の1/2希釈液がスタンダードで，血清中のGLUが低いとか衰弱が著しい場合は5％ブドウ糖を使用する。なお，経口，静脈，皮下などの補液の際，補液剤を鳥の体温（39～40℃）まで温めることが必要である。

（2）洗　　　　い

a．洗いの準備

何度も述べているように，短時間で作業を進めなければならないので，作業手順はあらかじめマスターしておかなければならない。特に初心者や自信のない者は，健康なアヒルや水鳥の死体を使って練習しておく必要がある。マニュアルビデオの活用を勧める。

コンテナボックス，またはタライに洗浄液を用意するが，湯の温度は40～42℃とする。温度計で測定し確認するのが望ましいが（図3-21），慣れれば手による感覚でわかるようになる。浴槽内で使う子供用の浮船型温度計は安価で持ち運びに便利である。洗浄液の入ったコン

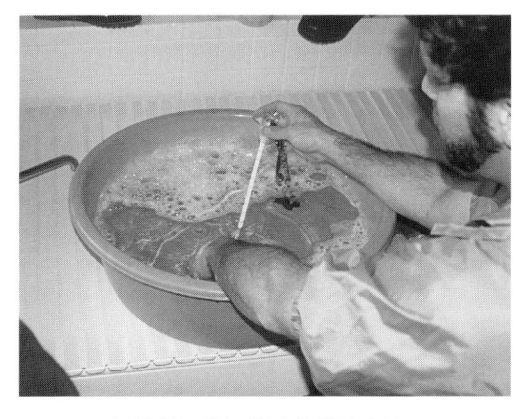

図3-21　湯の温度を測定する。

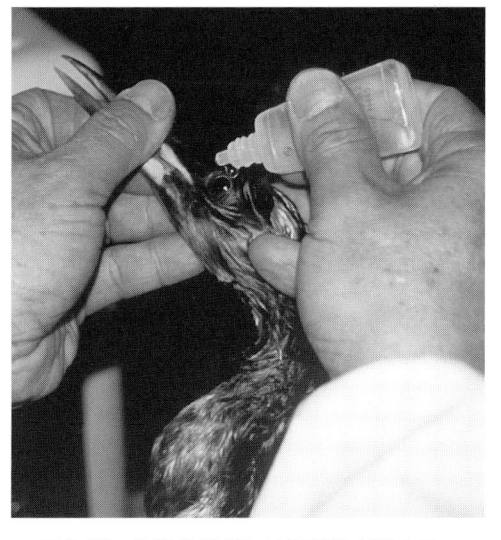

図3-22　洗浄作業前には目薬を点眼する。

テナボックスまたはタライは，最低3個は用意して，汚れがひどい鳥の場合にはスタッフが新しく洗浄液をつくり，使った液と次々に取り換える必要がある。

　洗浄担当者と保定担当者は事前に決めておくが，洗浄者は洗いの作業に専念することとなり，鳥の様子は保定者が観察チェックしなければならない。ウミスズメのように小型でおとなしい海鳥は心配ないが，カモメ類などの攻撃的な種は嘴をテープでとめる必要がある。なお，カツオドリ類やペリカン類などの種は外鼻孔がないので，呼吸のため両嘴に割り箸か棒をくわえさせて輪ゴムかテープで固定する。

　洗いの作業中には，洗剤の泡が鳥の目の中に入る危険性が高い。作業に入る前に目薬の点眼（図3-22）を行う。目薬はコンタクトレンズ使用者用のマイティアCL（武田薬品）を勧める。

b．水の硬度と洗剤

　硬水とはカルシウム塩やマグネシウム塩を多く含む水で，これら塩の含有量は硬度で表される（海水は硬水）。水が硬いとミネラル分の結晶が羽に付きやすく，泡立ちも悪いのでテトラテストKH（テトラジャパン）で測定する。硬度2〜5°dHでない場合は，硬度調整剤を用いて調整する（図3-23，図3-24）。いずれも熱帯魚店で販売されている。地下水は硬度が高いことがあるが，普通，水道水は範囲内である。

　洗剤は，ジョイ（P&G，図3-25）が最も良いとされ，洗浄液は1％液で，油汚染の程度がひどい場合は濃度を少し高くする。洗浄準備が整った時点で海鳥を収容ケージから連れてきて洗浄作業に入る。

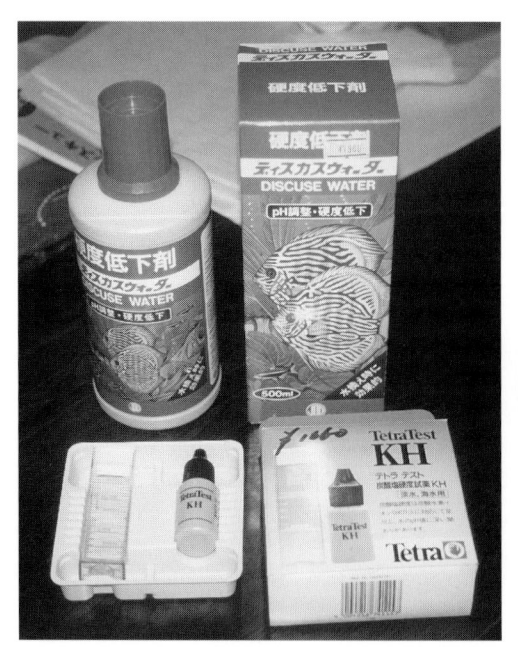

図3-23　水の硬度試薬と調整剤

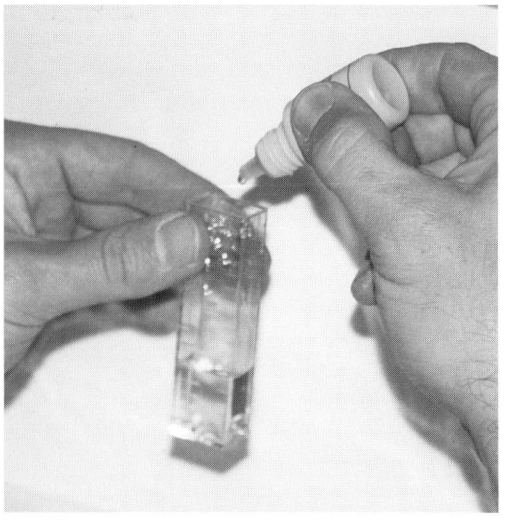

図3-24　水の硬度テスト

図 3-25　洗　　剤

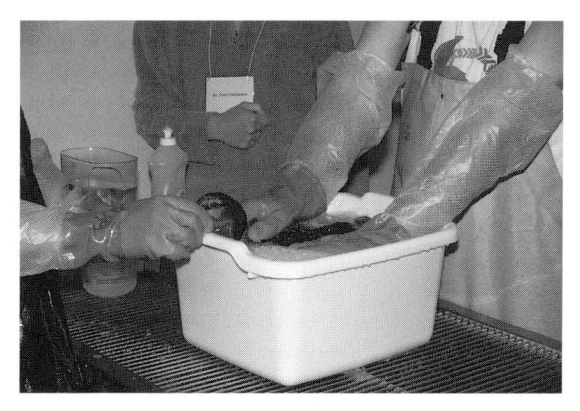

図 3-26　洗浄者と保定者

c．洗　　　　い

　洗浄者が鳥の体を支え，保定者は嘴をつまんで頭部を鳥の斜め上方に引き上げる（図 3-26）。鳥の喉の下まで洗浄液に沈め，頭部を除く鳥の体全体にじんわりと洗浄液をしみ込ませる。全体を通じて，羽は翼を除いてしごいたりこすったりする必要はない。洗浄液が行き渡れば油を落とすことができる。

　腹部は大きな鳥の場合，両手で鳥の体を包み指先で腹の羽を起こすように浮かせ洗浄液をしみ込ませる。小さな鳥の場合，片手で翼を保定し，もう片方の手を下腹部まで滑り込ませて掌全体で洗浄液をしみ込ませる。

　引き続き，背中→上・下尾筒→尾→腋下と作業を進め，翼の場合，保定者が鳥の体と嘴を押さえる。鳥の体を手前に引き寄せ，コンテナボックス（タライ）の壁と床を利用して保定すると楽である。洗浄者は，翼を引き出し翼下に隙間をつくり，風切羽と雨覆は翼を洗浄液に浸して液をしみ込ませる。きちんと羽を広げさせればおのずと隙間ができ洗浄液がしみ込む。また，風切羽は1羽1羽の面積が広いので，羽の向きに合わせて軽くしごくとよい（図 3-27）。

　頸→頭部の洗いでは，保定者が体を支え洗浄者が嘴を持ち担当を交代する。頭部は，湯を頭からかけ湿らせ，歯ブラシに洗剤の原液を付け，後頭部から前に向かってちょいちょいと逆立てていく（図 3-28）。羽毛を起こせば洗浄液がしみ込むのでくすぐったい程度で作業を進める。目の縁や嘴付近は特に気をつける必要が

図 3-27　翼を洗う。

図 3-28　頭部は歯ブラシを用いて洗う。

ある。
　頭部を洗うとき以外は顔を下に向けておく。洗浄液が口の中に入るのを防ぐため，他の部分を洗っているときに顔に洗剤がついたら急ぎ湯をかけること。そのために，きれいな湯を小さな洗面器にでも用意しておく。保定者は鳥の目，口，外鼻孔に洗浄液や泡が入りそうになったら息を強く吹きかけて防ぐ。顔全体の洗いが終わったら，頭から必ず湯をかける。最後に全身をもう一度洗う。

　洗浄者が未熟だったり，大型鳥類の場合，保定者の他に助手担当を決め，3人体制で作業するのがよい。船舶燃料油のように重い油の場合は，洗浄の前にオリン酸メチルかカローナ油（なければサラダ油かベビーオイル）を汚染鳥の体に塗り薄めるのがよい。ていねいに洗っても，嘴と皮膚の移行部，眼の周囲，内股に洗い残しがあることが多いので注意する。洗浄液が透明になることが洗い完了の目安である。

（3）す　す　ぎ

　洗浄液によって重油が除去されても，洗浄液が羽に残ると羽の撥水性は回復しない。強めのシャワーで洗浄液をきれいに落とすが，すすぎ作業の順序は基本的には頭から尻に向かう。
　すすぎ湯の温度は40〜42℃で，水圧を一定にできる庭用水圧調節ノズルを使用する。水圧がないと十分なすすぎができず，家庭用の瞬間湯沸しのシャワーではパワーが少し足りない。コンテナボックス（タライ）を逆さにしてすすぎ台に使うと便利である。
　顔は水圧をやや弱め，羽の向きのやや後方から逆立てる感じで行う。すすいでいる間に頭の羽毛が立ってくれば，洗浄液が落ちていることを示す。べったり羽毛が寝ていたらすすぎか洗いの不足で，すすいでも寝たままのときは，歯ブラシで洗い直す必要がある。
　羽毛が長い肩口，胸，腹などは，ノズルの先を羽毛の中に突っ込んで羽毛の中をはうように移動させる（図 3-29）。胸と腹のすすぎは，コンテナボックスのすすぎ台で仰向けで作業するのがよい。翼と腋下の場合，外側と内側とも翼の斜め前方から水流を当てる（図 3-30）。洗浄液が落ちると羽が起きあがってくる。さらに，コロコロと水の玉が転がるようになれば，すすぎの完了である。

（4）乾　　　燥

　鳥の体は羽毛で保温されている。この羽毛が濡れた状態では，寒くて体力を消耗してしまう。鳥を洗浄した場合，洗浄だけでも体力を消耗させてしまうのに，そのうえ体が濡れていると急

第3章　鳥類の油汚染・中毒

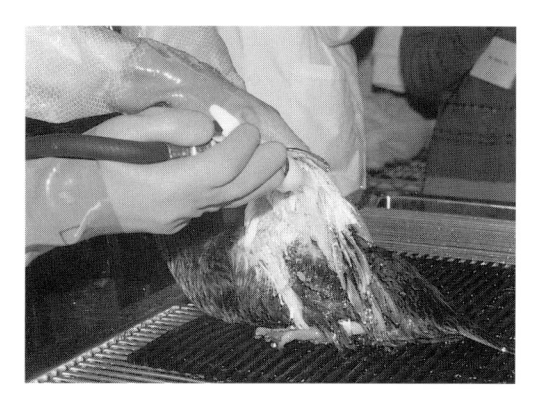

図 3-29　羽毛が長い部分はノズルを羽の中に入れてすすぐ。

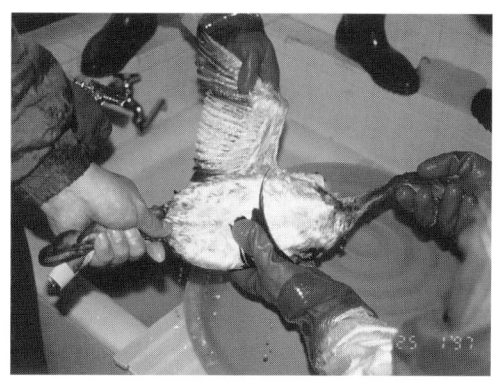

図 3-30　水がコロコロと転がれば，すすぎの完了。

　激に衰弱してしまう。羽が濡れている時間が短ければ短い方がよく，洗いの後は早急に羽を乾かす必要がある。

　ずぶ濡れの鳥の水をきり（図 3-31），乾いたタオル，またはペーパータオルで拭く（図 3-32）。そして，「1.8）(3) 収容ネットケージ」で述べた乾燥箱（図 3-33）に入れる。乾燥箱は，収容ネットケージの床にある通風口よりヘアードライヤで温風を送る仕掛け。通風口のすぐ近くからドライヤで温風を送ると箱内の温度が高くなり過ぎることがあるので，少し離してセッ

図 3-31　すすぎが終了後，水をよく切る。

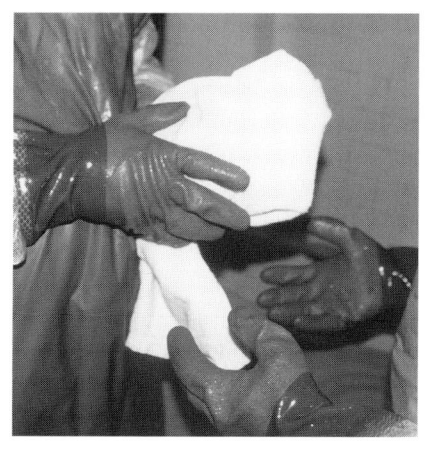

図 3-32　次いでタオルで拭く。

図 3-33　乾燥箱

トするのがよい。乾燥箱には温度計を設けるが，35～40℃の温度に保ち，熱射病や火傷にならないように温度管理をする必要がある。鳥の羽の表面が乾けば，内側は鳥の体温で自然に乾く。

乾燥後は22～24℃の収容ケージに移すが，その前に洗いに入る前と同様，目薬を点眼し，補液剤の経口補液をする。

10）給　　餌

（1）流動食の作り方とスケジュール

鳥たちは，日の出から日の入りの間に餌をとり生活しており，この時間内に必要なカロリーと水分を摂取させなければならない。しかし，頻繁な給餌はストレスを与えるため，基本的には3～4回の給餌とする。まず，「補液―流動食」を1セットと考え，1日3セットを原則とする。

材料は，市販のフラミンゴフードとマス用の餌をベースとする（表3-2）。ビタ

表3-2　流動食の材料と量

ケージ生活個体用流動食（2.06kcal/ml）

フラミンゴフード	3cup
エンシュア・リキッド	2cup
カルシウム	2000mg
ビタミンB₁	100mg
総合ビタミン剤	1錠（0.5g）

プール生活個体用流動食（1.84kcal/ml）

マス用の餌	1cup
エンシュア・リキッド	2cup
カルシウム	2000mg
ビタミンB₁	100mg
総合ビタミン剤	1錠（0.5g）

表3-3　流動食の材料のカロリー量および発売元

材　料	カロリー量	発売元	備考	成　分
ZOO FOOD フラミンゴフード（フラミンゴ用）	3kcal/g	ノーサン㈱	1cup 70g（ミキサーにかける前）。	魚粉，油かす，カルシウム，リン，ビタミン，ミネラル等
ノウサン配合飼料 マス2号（ニジマス稚魚育成用）	4kcal/g	ノーサン㈱	他にもいくつか種類がある（2kcal/ml～4kcal/ml）。1cup 130gで計算した。	魚粉，脱脂粉乳77%，穀類14%，カルシウム，リン，ビタミン等
タラ，ホッケなど	70kcal/100g	―		
エンシュア・リキッド	1kcal/ml	明治乳業㈱	医薬品	カゼイン，分解大豆蛋白，デキストリン，精製白糖，コーン油，大豆リン脂質，ビタミン，ミネラル等
サラダオイル	921kcal/100g	―	5ml 3g。5～15ml程度加える。	
ビタミンB₁	―	武田薬品工業㈱	製品名：塩酸チアミン酸メタボリン100倍酸	
総合ビタミン	―	武田薬品工業㈱	製品名：パンビタンハイ	
カルシウム	―	パンビー製薬㈱	製品名：パンビー錠	

ミン剤，カルシウム剤などの錠剤は乳鉢などで粉状にし，必要分量をはかっておくと便利である。固形飼料は水で 15 分ほどふやかしておき，薬剤とともにミキサーで撹拌しシリンジにつめておく。

（2）強　制　給　餌

　流動食の強制給餌には，カテーテルを使用する。カテーテルには，先端の穴が筒状のものと両側に穴のあいたサイドホールの 2 種類があるが，先端が筒状のものだとカテーテルを抜きとる際，流動食がポトッと落ちるおそれがあり誤嚥しやすいので，サイドホールのものを使用した方がよい。特に小型鳥の場合はサイドホールのものを使用すべきである。流動食の入ったシリンジは 35 〜 39℃の湯につけ（図 3-34），鳥の体温近くの温度まで温めなければならない。

　強制給餌の方法は図 3-35 を参考にしていただきたい。前述したが（経口補液の項），食道ではなく気管に間違ってカテーテルを挿入し，誤嚥させないように注意する。カテーテルを挿入した先端が，そ嚢に達しているかどうか確認した上で流動食を注入する。サイドホールカテーテルの場合での確認方法は，シリンジを少し引いてみて，引けないようなら食道壁に接触しており，引けるなら胃内に入っているということである。食道内で注入すると，口腔内に逆流して誤嚥するおそれがある。海鳥の種によって長さは異なるが，胃までの長さが分かるようにマジックインキでカテーテルに印をつけると安心して作業ができる。

　海鳥の種によって強制給餌しにくいものがあるので，初心者は比較的給餌しやすいカモメ類，ウミスズメ類，カモ類などから始めるのがよい。ウ類，アイサ類は，そ嚢が大きく挿入中にカテーテルが巻いてしまうので難しい。その場合，硬めのゴム製カテーテルがよい。流動食を注入後，カテーテルを抜く際には，必ずカテーテルを折り曲げて抜く。抜いている途中に中身が

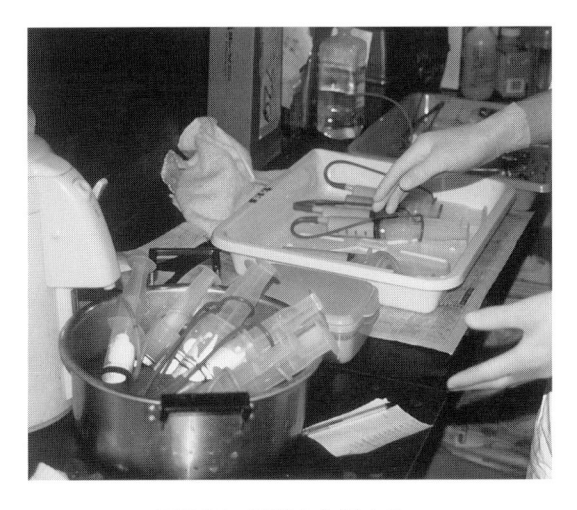

図 3-34　流動食を温める。　　　　　　　　　**図 3-35**　強制給餌方法

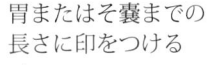

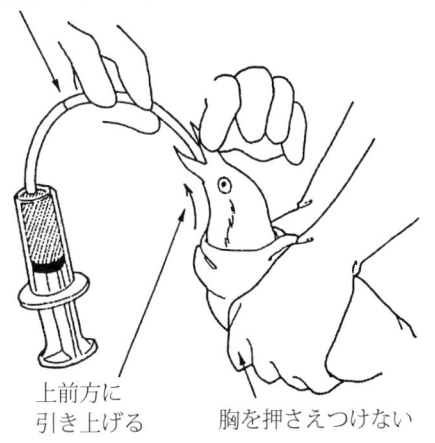

ポタポタと流出し，気管に入ってしまうことがある。吐き出した場合には少し安静にし，1時間後に再び給餌する。使用したシリンジやカテーテルは，洗浄し煮沸消毒しておく。

（3）魚 の 給 餌

　流動食の強制給餌の他におやつとして小魚を与える。小魚はワカサギ，チカが一般的で，解凍は必ず流水で行う。電子レンジや湯で解かすと身がボロボロになり食べにくくなる。また，半解凍状態の魚を与えると鳥の体を冷やしてしまうことになる。

　魚の給餌量の記録に当たっては，まず魚を入れた容器を電子計量器に乗せて表示をゼロにしておくと，給餌終了後，採餌量がそのままマイナスで表示され読み取りやすい。

　ケージ中の海鳥に対しては，口元に魚を持っていき食いつかせる（図3-36）。食いつく気配がない場合には容器に魚を入れて置いておく。プールでリハビリ中の海鳥に対しては，鳥の口元近くに軽く投げ込む。食べる様子がない場合には魚を容器に入れて鳥の近くに持っていく（図3-37）。それでも食べなければ強制給餌を行う（図3-38）。小魚は水で湿らせておき，必ず頭の方から口腔内に入れる。間違って尾から入れるとウロコが逆立ってスムーズに飲み込めないことになる。給餌後，嘴についた魚の油を拭き取っておかないと，嘴で羽づくろいして再び体に油が付着してしまう。

　リハビリ用のプール内に生きた魚を放して自力給餌させることが理想的であるが，

図 3-36　ケージ中の鳥への魚の給餌

図 3-37　プール中の鳥への魚の給餌

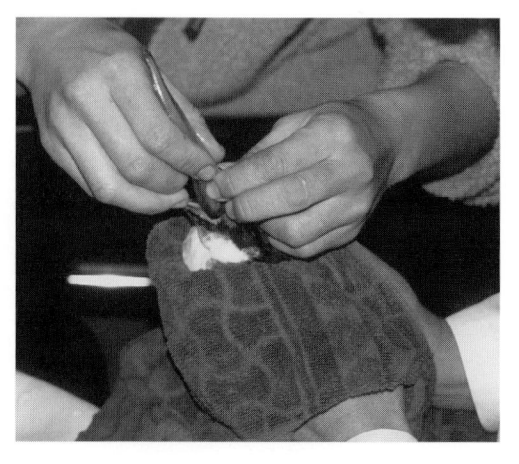

図 3-38　小魚の強制給餌

生きた小魚の入手は困難である。可能ならばキンギョやヤマメの稚魚を購入することが望ましい。水産関係者の協力を求めることも大切である。

11）リハビリ

（1）リハビリ用プール

ウミスズメ類など水上に浮いて生活している種にとっては，体のすべての重さを脚だけにかけたり，足に硬いものが当たっていることはほとんどない。オオハムなどは脚が大きいが，見かけに比べとても脚が弱い。できるだけプール（水浴，温浴）に入れておくことがリハビリの基本である。プールはとりあえず子供用プールでよいが，大型鳥には木枠に農業用青シートを敷いた即席プールまたは水産用プールがよい（図3-39）。条件が整えば，潜水性の鳥のために浴槽の利用を勧める。

大きなプールでは，休憩のための重りをつけた浮き台か島を作るとよい。風呂の場合は，幅に合わせて木板を切り，渡すだけで陸の部分を作れる（図3-40）。プールに沈んだ糞などの汚れは，ホースを用いてサイフォン方式で汲み出すか，家庭用またはドラム缶用の給油ポンプを使いホースを利用して汲み出す。

（2）羽毛の撥水性と濡れ具合のチェック

初めてプールに入れる場合は，健康状態を必ず確認する。撥水性が完全には回復していない場合，羽毛が濡れた状態（濡れ）となり，体温が低下し大きなストレスとなる。まず，鳥をプールに入れ5～10分間動きを観察し，濡れの激しいもの，喫水線が深く沈むものは急いで引き上げる。濡れのチェックは，鳥を手に持ち羽毛を軽くめくり上げ内側の羽が濡れているかどうかで確認できる。頸部，胸部，腹部を中心に全身をチェックし，傷や脱羽にも気をつける。

以下，3つのパターンに分ける。

図3-39 シートを利用した大型リハビリ用プール

図3-40 風呂を利用したリハビリ用プール

①撥水性がない個体：濡れの原因を確認し，場合によっては洗浄しなおす。濡れはじめても体力があり，寒がっていないならば，島のあるプールに引き続き留める。島にいる時間が長くなれば回収し，乾燥箱に入れ急ぎ乾かす。

②軽度の撥水性を持つ個体：表面（体羽＝フェザー）だけが濡れて内側（綿羽＝ダウン）が濡れていない個体に関しては，そのままプールに留める。内側が濡れはじめていれば，一時的に収容ケージに戻し，自然乾燥の後，再びプールへ入れる。

③撥水性がある個体：水から上げたとき，全身から水玉がコロコロ転がり落ちるものは油が完全に洗われている。そのままプールに留め，水上生活をさせ体力の回復をはかる。

（3）水浴と温浴

リハビリは基本的には水浴とする。羽がどうしても濡れる個体，病気の個体および衰弱の著しい個体は温浴とする。

①水上生活個体（羽の撥水性が完全な個体）→さらに引き続き水浴。

②半水上生活個体（羽の撥水性が完全でない個体）→朝からプールに連れていき，水浴と乾燥の繰り返し。

③ケージ生活個体（病気・衰弱のため洗浄不可能な個体）→温浴。

④洗浄前の個体→洗浄予定日まで間があいてしまうようならば温浴。

水浴は，脚への負担の軽減，全身運動，ストレス減少と食欲アップが目的で，多少の脚の障害があってもプールで泳がせることで症状は改善される。2，3時間おきにチェックを行い，羽が濡れはじめても鳥が楽しそうならそのままプールにおいておく（図 3-41）。全身にわたりダウンが濡れてくれば，鳥がプールにいたがっても一度上げて乾燥させる。水温は最初に保護された場所の水温に合わせるのがよい。なお，鳥を移動させる場合は顔までタオルで包む。

図 3-41 リハビリ中のウミスズメ

温浴プールは風呂桶やタライ程度の大きさで十分であり，湯の温度は 36 〜 38℃ とし日当たりの良い場所に設置する。温浴の目的は水浴と同じであるが，病気，衰弱，水浴に耐えられない個体などを対象とする。温浴の場合，水に含まれるミネラル分の結晶が羽につきやすいので，温浴と水浴の切り替え時にはすすぎを行う。湯から上げた後濡れチェックを行い，軽度であれば自然乾燥させ，ダウンが濡れている場合はドライヤーで乾燥させる。

海洋性，汽水性の鳥は短時間ならば水道水の使用でも問題はない。

（4）リハビリ中の病気

a．アスペルギルス症

真菌の感染症で主に呼吸器に発生する。症状は軽度から重度まであるが，治療が困難なので，換気に十分気をつけるなど，予防が大事である。ヨードカリ 0.2 〜 0.5％内服がそ嚢性嘔吐に有効とのことである。抗真菌剤を投与しても特効はないようである。

b．関　節　炎

水鳥が地上で生活すると脚に負担をかけ，脚の関節炎を発症しやすい（図 3-42）。鎮痛消炎剤を塗布（図 3-43）し，抗生剤（ケトコナゾール 10 〜 30mg/kg BID PO）を投与する。

c．寄　生　虫　症

健康時は何ら問題ないが，抵抗力が低下すると発症する。糞の顕微鏡検査で発見できる。

①条虫：プラジクアンテル　10mg/kg PO

②線虫：イベルメクチン　0.2mg/kg PO

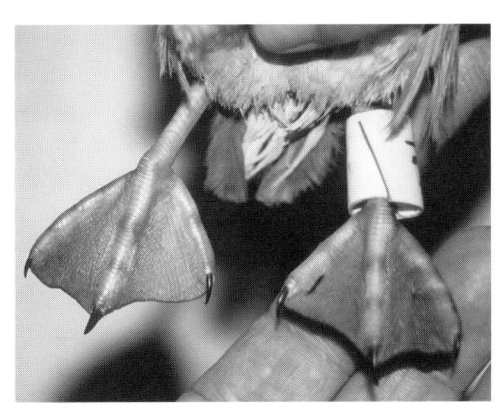

図 3-42　脚の関節炎

図 3-43　鎮痛消炎剤の塗布

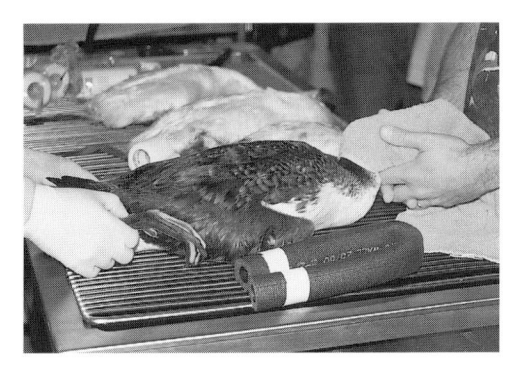

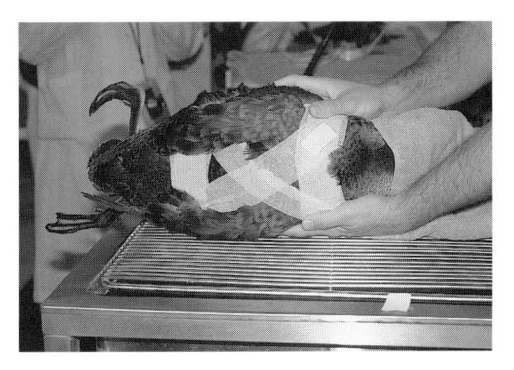

図 3-44　褥創防止処置（米国 IBRRC にて）
ゴム管を縦に切っておくと曲げやすくなる（左）。テーピングはたすき掛けがよい（右）。

d．褥　　　創

関節炎と同様，脚，竜骨突起および胸筋の床づれ，炎症が起きる。その際，ゴム管をU字に曲げ，テープで胸部に固定し，褥創をやわらげる方法がある（図3-44）。水浴をさせ抗生剤（アモキシシリン 100mg/kg BID PO，エンフロキサシン 15mg/kg BID PO）を投与する。

12）放　　　鳥

（1）放 鳥 基 準

放鳥するためには，次の基準をすべてクリアしなければならない。
①羽に完全な撥水性があり，長時間の水浴でもダウンが濡れない。
②体温が正常（39～41℃）。
③削痩していないこと。その種の平均体重の差が±10％，または胸筋の筋肉のつき具合。
④血液検査：PCV＞39％，TP＞3.3g/dl，GLU＞250～300mg/dl（カイツブリ種のGLUの正常値は180～220mg/dl）。

放鳥が可能となれば，放鳥2時間前に流動食を給餌する。

（2）標　　　識

環境省の委託により㈶山階鳥類研究所が鳥類標識調査を実施しているが，可能ならば装着するのがよい。標識調査員に相談して作業を進め，万一無理な場合でも保護時の個体識別用タグを外し，追跡調査の可能な方策をすることが望ましい。

（3）放鳥時の条件

放鳥は保護収容された場所，あるいはその場所の近くで行うことが原則である。依然，その海域が汚染されていれば，専門家と相談して近い条件の所を選んでもらうのがよい。種が昼行性か夜行性かによって放す時間が異なってくる。放鳥後の天気予報を調べておくことも大切である。

（4）放鳥後のパトロールと再収容

放鳥しても，翌日より連日放鳥した付近をパトロールする必要がある。野生に復帰できず，浜辺に打ち上げられていることがある。捕獲のためにタモ網を持参し，回収する。再び保護した個体は，まず体を乾燥させる。次いで健康チェック→経口補液→休息→血液検査→流動食→プールと再び繰り返す。

2．鉛・農薬中毒の鳥類の処置

　鉛中毒は水鳥（白鳥，マガンなど）や猛禽類（ワシ，タカ類）に認められている。原因は大きく分けて2つ考えられている。水鳥における鉛中毒の主な原因は，狩猟に使用される鉛散弾によるものである。また釣り用おもりの誤飲による鉛中毒例も認められる。著者も鉛散弾が原因である多数の症例と釣り用おもりが原因であった数例の水鳥の鉛中毒を経験している。また一方，猛禽類の鉛中毒の原因は鹿猟で使用される鉛ライフル弾によって引き起こされる。これはシカが鉛ライフル弾で撃たれ，死亡した後そのまま放置される。その撃たれたシカの筋肉・内臓を猛禽類が食べる際に，筋肉・内臓内に残存した変形鉛ライフル弾を誤って飲み込むことにより，鉛中毒が発生する。

　農薬中毒の原因は殺鼠剤，殺虫剤および除草剤を誤って摂取した場合に発生する。鳥類は哺乳類に比較して有機リン酸塩に対して感受性が高いのと同様に，殺虫剤に対しても感受性が高いので注意が必要である。殺鼠剤の中毒は殺鼠剤入りの餌を摂取することや殺鼠剤中毒に罹患したネズミを食べることによって二次的に引き起こされる。

　以下に鉛中毒と農薬中毒の症状，臨床病理，診断，および治療・処置について分けて記載する。

1）鉛　　中　　毒

（1）症　　　　状

　消化器系，神経系および造血系に障害がみられる。元気沈衰，食欲不振あるいは廃絶，体重減少，腺胃拡張，暗緑色水様下痢便，貧血，翼の下垂，嗜眠および昏睡が認められる。

（2）臨　床　病　理

　LDH，ASTおよびCPKの上昇が認められる。LDHおよびASTの上昇は肝臓機能の低下を表している。またCPKは鉛が引き起こす神経系の障害を反映している。

（3）診　　　　断

　通常，臨床症状により鉛中毒を強く疑ってよいが，確定診断にはX線検査，デルターアミノレブリン酸デヒドラターゼ（ALAD）活性，血中および組織中鉛濃度の測定が役立つ。X線検査で大きさがさまざまな円形のX線不透過性物が筋胃に存在し，腺胃の拡張がみられる（図3-45a,b）場合は鉛中毒と判断する。剖検で胃内に多数の鉛散弾，釣り用おもり，変形したライフル弾がみられることが多い（図3-46a,b）が，鉛中毒の白鳥の25％が消化管内に鉛を確認できないことも報告されており，認められない場合でも鉛中毒ではないと断定できない。正常な血液鉛濃度は種類によりさまざまで，ハクチョウの場合は6μg/dl，マガモは5〜39

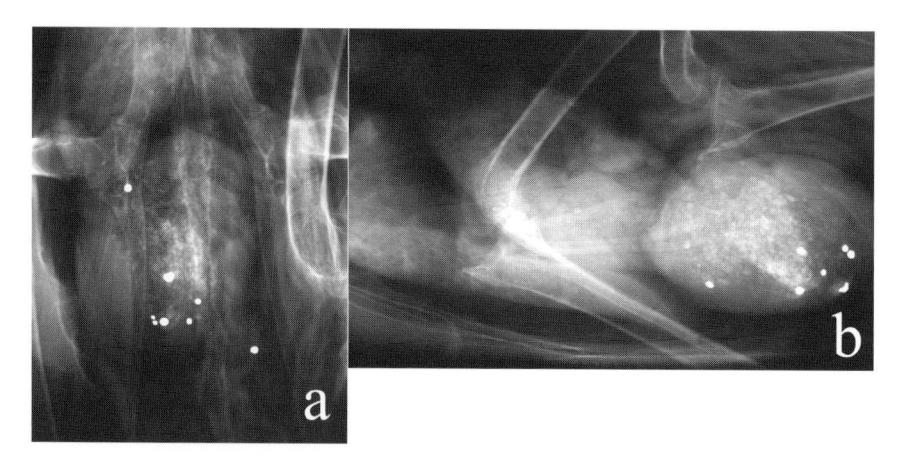

図 3-45 X線腹背像；筋胃内には大きさ，形が多様な摂取された鉛散弾が認められる(a)。右側方向像；腺胃の拡張と多数の鉛散弾がみられる (b)。

図 3-46 剖検後筋胃から摘出された多数の鉛散弾
大きさ，形がさまざまである(a)。釣り用おもりが筋胃に認められる例もある(b)。

μg/dl である。血液濃度が 20 μg/dl（0.2ppm）を超えた場合は中毒を疑い，40 ～ 60 μg/dl を超えて，かつ臨床症状を伴う例では鉛中毒と診断してよい。著者の経験したハクチョウにおける鉛中毒の症例の血液鉛濃度，腺胃の拡張の有無および組織中鉛濃度を表 3-4 および表 3-5 に示した。血液鉛濃度は 250 ～ 670 μg/dl と著しく高値を呈し，腺胃の拡張が高率に認めら

表 3-4 ハクチョウにおける鉛中毒の概要

症例 #	種類	性	体重（kg）	Ht（%）	腺胃および筋胃に認められた鉛散弾数	血液中鉛濃度（μg/dl）	腺胃拡張
1	オオハクチョウ	雄	6.2	NE	25	670	＋
2	オオハクチョウ	雄	4.4	40	10	380	＋
3	オオハクチョウ	雄	7.0	45	14	480	－
4	オオハクチョウ	不明	5.8	28	6	290	－
5	コハクチョウ	雌	3.5	27	8	550	＋
6	オオハクチョウ	雌	4.4	29	13	590	＋
7	コハクチョウ	雄	3.8	30	8	250	＋
8	オオハクチョウ	雌	5.3	40	38	460	＋

NE：検査実施せず．

表3-5 組織中の鉛濃度

症例 #	卵巣（μg/g）	肝臓（μg/g）	腎臓（μg/g）
1	M	30.4	110.0
2	M	17.2	30.2
3	2.1	14.0	33.7
5	1.8	16.3	37.5
6	M	16.8	122.0
7	2.7	22.7	34.6
8	M	16.8	31.2

M：雄.

れた。組織中鉛濃度は卵巣，肝臓および腎臓で高く，特に腎臓における濃度が著しく高かった。またALAD活性も血中鉛濃度と同様，鉛中毒の良い指標となる。赤血球ALADは赤血球内に存在し，ヘモグロビンのヘム合成過程において，アミノレブリン酸からポルホビリノーゲンを合成する反応に関与する酵素であり，鉛によって阻害される。血中鉛濃度はALAD活性に負の相関関係があるので，ALAD活性が低下すると血中鉛濃度は上昇する。しかしながらALAD活性はハクチョウにおいて回復の予後診断の指標にはならない。ALAD活性が，治療によって正常値に戻ったと同時に死亡する例が多いからである。

（4）治療・処置

鉛中毒に対してはキレート剤（経口,筋肉および静脈投与），ラクトリンゲル,5％ブドウ糖液,ビタミンB複合群および鉄剤などを投与する。キレート療法は血流中の鉛を取り除くために実施する。鉛をキレート結合し，無毒の複合体を形成させ，尿や胆汁中に排泄させる。エチレンジアミン四酢酸カルシウム(Ca-EDTA)を30〜40mg/kgで1日2回，静脈内注射する。消化管からの吸収が悪いので，できる限り静脈内注射が望ましい。しかしながら静脈内投与が難しい場合,筋肉内投与でもよい。本剤は消化管毒性や腎毒性があることから副作用（多渇,多尿,蛋白尿や血尿）が見られたら5〜7日間の間隔をあけて使用する。しかしながら多くの獣医師は7〜10日間連続使用している。実際に著者も活性炭と併用して64日間連続使用したが全く副作用は認められず，血液鉛濃度は順調に低下し，鉛は消失した（図3-47，図3-48a,b）。

D-ペニシラミン（PA）やジメルカプトコハク酸（DMSA）はCa-EDTAより毒性の少ない，速効性で優れたキレート結合剤である，経口投与薬として利用でき，PAの投与量は55mg/kg,1日2回で使用する。DMSAは25〜30mg/kg，1日2回，1週間に5日間，3〜5週間投与する。症状が消失するまではCa-EDTAとPAを数日間併用し，その後PAを3〜6週間続ける方法が推奨されている。またCa-EDTAとDMSAを併用する治療法も報告されている。

また活性炭を消化管の小さな鉛残査に結合させ，鉛を吸収させないようにする目的で投与する。活性炭の有効投与量は明らかでないが，著者の経験では約6kgの白鳥の場合600mg/羽で1日2回投与して効果が得られている。

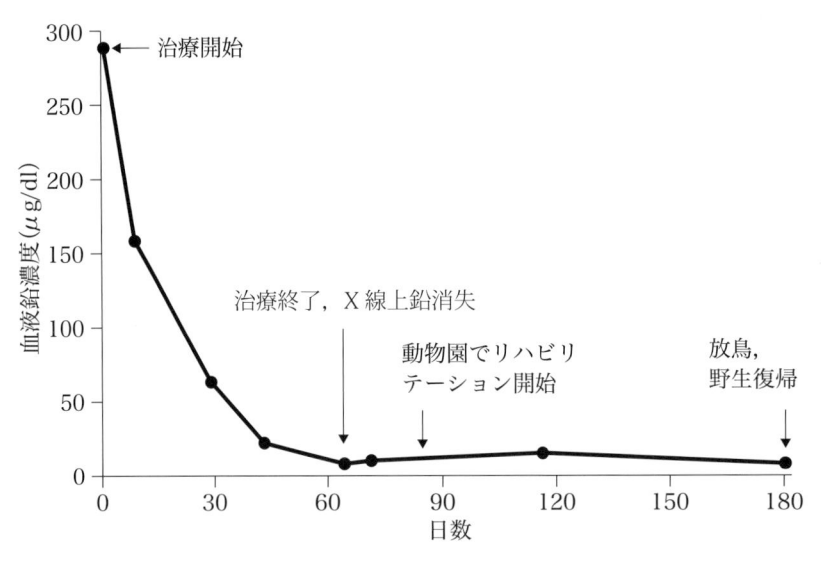

図 3-47　鉛中毒白鳥における血液鉛濃度の推移と経過

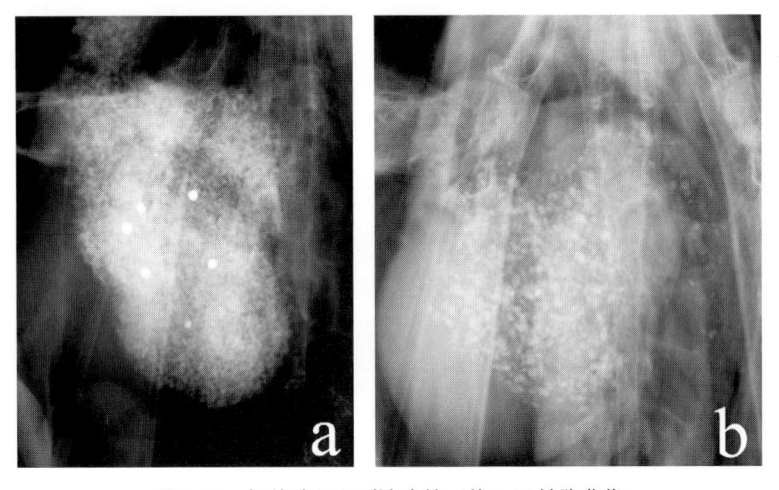

図 3-48　初診時および治療終了後の X 線腹背像
a：初診時の X 線像。筋胃内には 6 個の鉛散弾が認められる。b：64 日間 Ca-EDTA 連続投与後の X 線像。筋胃内から鉛散弾が消失している。

　治療は，第一に胃内に存在する鉛を取り除くことである。しかしながら症例の状態，状況によって治療法はそれぞれ異なる。外科手術や内視鏡や胃カテーテルを利用した鉛の除去も考慮される場合もあるし，外科的処置によらない治療が有効である場合もあるので，状況に応じた判断が必要である。

（5）病　　　理

　肉眼的には胸筋の萎縮を伴う削痩，総排泄孔付近の緑色便による汚染，肝臓，腎臓の萎縮，

濃緑色粘稠胆汁で満たされた胆嚢の腫大および食渣滞留を伴う腺胃の高度拡張が認められる。

猛禽類の鉛中毒症については，第4章（p.147〜149）も参考にされるとよい。

2）農 薬 中 毒

（1）症　　　　状

有機リン酸塩やカルバミン酸塩剤はアセチルコリンエステラーゼの阻害を引き起こす。症状は食欲不振，下痢，腺胃拡張などの一般的な消化器症状が認められる。元気沈衰，振せん，呼吸困難や時には徐脈もみられる。また運動失調，痙攣発作などの神経機能の異常あるいは突然死が認められる。殺鼠剤中毒の場合，沈うつ，食欲不振，皮下出血，鼻出血および口腔内の点状出血などの症状がみられる。これは殺鼠剤がワルファリン，ブロディファコウムおよびインダネジオン誘導体といった抗凝血薬を使用しているので，その作用機序としてビタミンKと拮抗し，凝固因子Ⅱ，Ⅶ，ⅨおよびⅩの合成を阻害するからである。

（2）診　　　　断

臨床症状と農薬を摂取したことが疑われる前歴，状況から診断できる。有機リン酸塩中毒の確定診断には血中アセチルコリンエステラーゼ活性を測定する。剖検での確定診断は肝臓，腎臓，脂肪および腸内容の農薬濃度の測定を行う。この場合材料は凍結しておく。

（3）治 療・処 置

保温，輸液を行い，痙攣発作に対してはジアゼパムを投与する。アトロピンを0.2〜0.5mg/kgで3〜4時間毎に，症状が消失するまで静注あるいは筋肉内注射する。プラリドキシム（2-PAM）を10mg〜100mg/kgで筋肉内に投与する。本剤は有機リン酸塩およびカルバミン酸塩中毒に対する解毒剤である。2-PAMは毒物摂取後24時間以内に投与すると有効で，アトロピン（10〜20mg/kg）との併用が可能である。2-PAMとアトロピンは症状が消失するまで使用する必要がある。

殺鼠剤中毒の場合はビタミンKを投与する。ワルファリンは，半減期も短いので5〜7日間投与する。ブロディファコウムは半減期が長いので2週間あるいはそれ以上の投与期間が必要である。ビタミンK1を0.2〜2.2mg/kgで症状が安定するまで4〜8時間毎に筋肉内に投与し，その後1日1回にする。

第4章 猛禽類

1．猛禽類の処置

1）基礎的背景

（1）生物学的特徴

　猛禽類とは，「昼の猛禽」タカ目と「夜の猛禽」フクロウ目に属する鳥を指す。一般的に視力が発達した眼，鋭くとがった頑丈な爪・嘴および筋肉質な脚という獲物を狩るために適応した身体的特徴を持つ。タカ目では全長30cm，体重100g程のツミから全長100cm，体重7kg以上に達するオオワシまで，同様にフクロウ目でも全長20cm，体重80g程のコノハズクから全長70cm，体重4kg以上に達するシマフクロウまで大小さまざまである。それぞれの狩りの方法に適応した形態や行動が発達しており，生息環境によって草原棲（イヌワシ，ハヤブサ，コミミズクなど）と森林棲（クマタカ，オオタカ，フクロウなど）に分類できる。

（2）生息の現状と保護管理

　国内において，タカ目は2科29種類（35亜種），フクロウ目は2科12種類が確認されている。近年の自然環境の急激な悪化により餌となる動物や生息地が減少し，多くの猛禽類が絶滅の危機に直面している。2005年11月現在，環境省のレッドデータブックにタカ目の16亜種とフクロウ目の1科4亜種がリストアップされている。ゆえに，それらの救護に当たっては，関連法規を十分に理解してから対処する必要がある．猛禽類は食物連鎖の頂点に位置しているため，人間の産業活動による影響を受けやすく，猛禽類はその生態系が健全であるかどうかの環境指標となる。近年残留性の高いPCBなどの有害物質の生物濃縮が繁殖など将来に及ぼす影響が指摘されている。希少猛禽類の保護管理のためには，科学的な調査研究に基づいた情報収集と分析による生態の解明が重要であり，生態系全体を保全して行かなければならない。

（3）主な救護原因

　巣立ち雛をはじめ幼鳥は自分で餌を狩ることができずに衰弱して保護されることが多い。まだ産毛の残る巣立ち間際の雛は飛翔能力が弱いため地上に落下して樹上に戻れなくなったり，強風に流されたり，あるいは誤認保護されることもある。また，獲物を追いかけているうちに窓ガラスへの衝突や交通事故に遭う場合も多い。特にトビは純然たるハンターではなく，屍肉

をあさる習性があるため，車に轢かれた昆虫や小動物の死骸を求めて道路上に降り立ったところで交通事故に遭いやすい。夜間のフクロウ類の交通事故も目立つ。その他，電線などの構造物への衝突，感電や獲物を追っての畜舎への迷入などがある。北海道では，オオワシ，オジロワシやクマタカにおいてエゾシカ狩猟用鉛弾の摂取に起因する鉛汚染が報告されている。北海道では2004年10月以降大型獣捕獲用の全ての鉛弾の使用が禁止されているが，ワシ類の鉛中毒死は起こっている。また最近では，風力発電のための風車建設が希少猛禽類の生息環境の破壊とバードストライク（風車への衝突死）などの問題を引き起こしている．

2）保護収容と飼育管理

(1) 保護収容時の保定と輸送時の取り扱い

本グループは希少な種類が多く，また取り扱いにも危険が伴うため，まず行政機関に報告して指示を仰ぐ。捕獲収容するときは，第一に爪，第二に嘴からの攻撃を受けないよう十分注意しつつ，かつ翼の損傷を招かないように確実に保定することが求められる。革手袋と眼保護用ゴーグルの着用が望ましい。具体的には，①鳥の身体を十分覆うことができる大きさのタオルで背後から頭部ごと被せる（図4-1）。その動作と同時に，両手で両翼を閉じた状態で包み込むようにつかんで鳥を地面に押さえつける。この保定状態を片手で維持しながら，利き手で鳥の両足の足根中足骨近位部を足根間関節を伸展させた状態で握る。人差し指を鳥の両足の間に入れて束ねるようにして握り，小型・中型鳥では両翼の上に手を添えたまま自然体位で，大型鳥では両翼を腕で抱きかかえるようにして仰臥位か縦にして腰の位置に持ち上げる。大型鳥では両手で片足ずつ持ってもよい。この際，鳥の足根中足骨近位部を握ったそれぞれの両腕で両翼を挟み込むようにして持ち上げ，鳥の背中を腹部に押しあてて安定させる。なお，鳥が止まり木に止まっている場合，両足を素早くつかんで捕獲すると，翼の損傷を起こしにくい。②鳥が仰向けになって足を上にして爪で攻撃してくる場合は，タオルを被せて自然体位に戻すことを試みるとよいが，棒きれなどをつかませておいて素早く両足をつかむこともできる。③鳥が逃げて捕まりにくい場合や捕獲に慣れていない場合には網を用いるとよい。鳥を頭の方から静かに網に入れ，上記の手順に従って保定する。羽の損傷を起こさないよう網の中で鳥を暴れさせないようにしたい。ハンドリング時には，患鳥に頭巾を被せて視界を遮ると，おとなしくなるため扱いやすい。

鳥の収容には身体の大きさに合った段ボール箱が適しており，ペットシーツか新聞紙を敷いて用いる。必ずタイミングを見て収容箱を含めた重量を計り，患鳥の体重を記録しておく。収容箱の下面の方に換気孔を開ける。ショック状態にある場合は約30℃の保温が必要である。ペットキャリーを用いる場合は視界遮断と事故防止のため窓や金属部分を段ボールなどで覆う。輸送までに長期間費やす場合，脚に問題がなければ段ボール箱に人工芝を巻いた止まり木を付けて管理すると身体の汚れや羽の損傷を防げる（図4-2）。嘔吐，ショックや過度の排糞

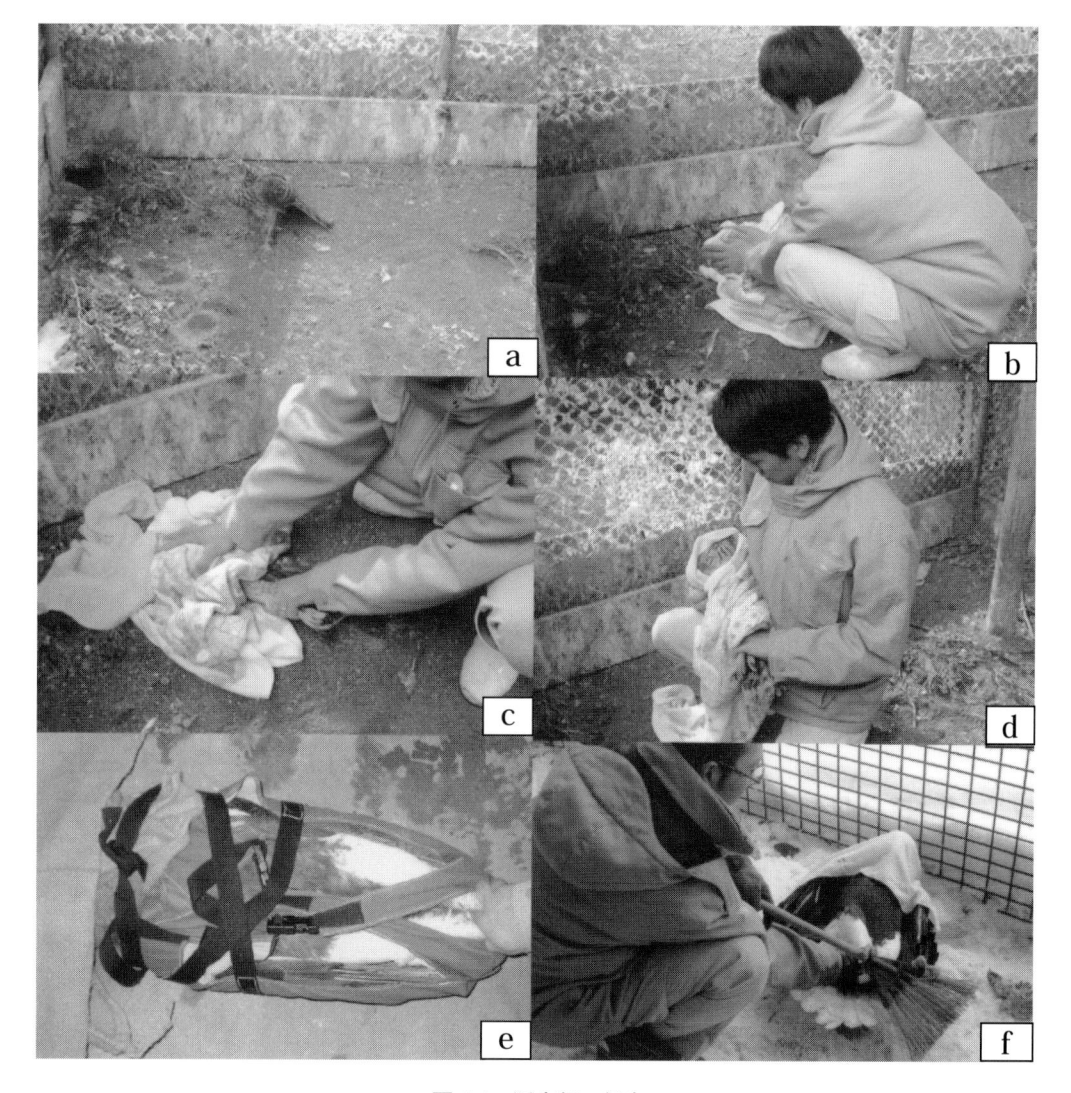

図 4-1 猛禽類の保定
　a～d：網を用いない保定（a, b：背後からタオルを被せて地面に軽く押さえつける。c：利き手で両足を取り, ふ蹠部分を束ねて握る。d：両翼を押さえたまま持ち上げる。）。e：ジャケットによる保定。f：ホウキを利用した保定。

を防ぐため, 輸送前は最低 8 時間以上は絶食とし, 輸送箱の中には餌を入れない。

(2) 飼 育 環 境

　骨折などの障害を機能回復させたとしても, 不適切な飼育管理のため風切・尾羽や翼角の損傷あるいは趾瘤症を起こさせて放鳥不能となる場合が少なくない。野生復帰（自然復帰）を目指すためには, 収容中に羽を絶対損傷させてはならない。飼育環境は, 鳥が落ち着けるように人や動物の行き来が少ない静かな場所を選び, 排泄物処理や換気など衛生に気を配る。治療や

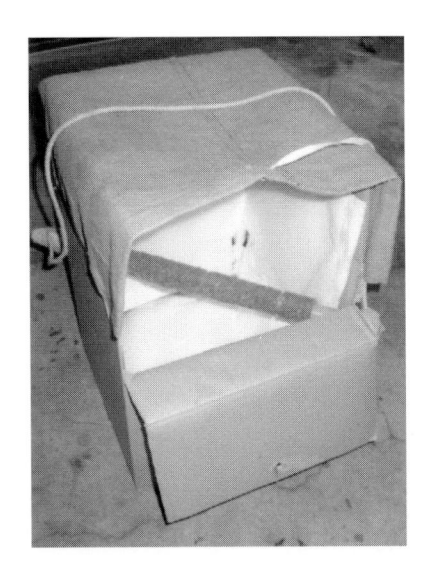

図 4-2 輸送箱
人工芝を巻き付けた止まり木を設置し，ペットシーツを敷いてある。

掃除の際，鳥が暴れるようであれば以下に示す方法で羽と翼角の損傷予防に努める（図4-9）。温度は，収容時および回復期の傷病鳥で約25℃（ショック時には30℃）を維持し，呼吸の様子をよく観察して調節する。ケージは，衝突による脳震盪などの症例で数日間の経過で放鳥できるのであれば，両翼を軽く広げられる大きさの犬・猫用入院ケージで構わない。その際，視界遮断と事故防止のため扉の金属部分と壁面を段ボールで覆って，滑らないように床にペットシーツを貼るなどするとよい。中には止まり木を入れるが，止まったとき尾羽が床に触れない高さ以上のものを用意する。止まり木は棒型と台型に分けられ，前者は多くの猛禽類に，後者はハヤブサやフクロウ類などに用いられる。用意した棒や箱の表面を人工芝で覆って作る。棒型では握ったときに爪が重なり合わない程度の太さのものを選ぶ。骨折に対して創外固定を行った症例など飛翔力を少しでも維持させたい場合，一定期間ケージレストにより管理した後，小型・中型鳥で3×1.5×2m以上のケージを用意し，止まり木を高低差をつけて設置する。側面の網は粗めの目のものを使用したり，板や丈夫なビニルシートでできるだけ覆うとよい。

　より詳しい内容については他の文献を参照されたい。

（3）餌と餌付け

　餌はそれぞれの種にあったものを用意することが重要である。最近では個人飼育猛禽用の餌が入手しやすくなっている。図4-3に使いやすい餌の例を示したので，傷病猛禽類の収容に先立って密封バック内に冷凍保存しておくとよい。野鳥の新鮮な死体を冷凍保存しておいてもよい。ただし，薬物の投与を受けていたり，明らかに感染症に罹患していた個体は避ける。ハトを与えるときはトリコモナス感染を媒介する可能性があるため，一度冷凍してから用いる。決して精肉（＝筋肉）だけ与えていればよいわけでなく，内臓，骨と獣・羽毛すべてが健康維持のために必要であることを認識しておかねばならない。もしこれらの餌がすぐに用意でき

ず，身近な食品で代用する場合は鶏の手羽先，ハツとレバーなどの組合せが奨められる。魚食性の鳥ではチカやホッケなどが便利であるが，チアミンを補給する必要性がある。ハチクマやアオバズクのような食性の猛禽類でもヒヨコに餌付かせることが可能であり，短期間であれば維持できる。1週間以上偏った給餌を続ける場合は，補助的にビタミンやカルシウム剤を添加してバランスをとる。しかし，シマフクロウにおいてビタミンB複合剤の大量投与による赤血球の形態異常に起因した死亡例が報告されているため，過剰投与は避ける。猛禽類用のサプリメントも入手可能で，犬・猫用高カロリーサプリメントも便利である。1日の平均的な給餌量は，目安として体重が約200gのチゴハヤブサで40g（体重の20％），約1000gのオオタカで100g（体重の10％）である。ただし，傷病鳥では栄養要求量が増大するため1.5割増の量を与える。給餌はなるべく刺激を少なくして餌付けを早めるため，基本的に1回，タカ目は朝，フクロウ目は夕方に行う。新鮮な水も常に用意すべきである。

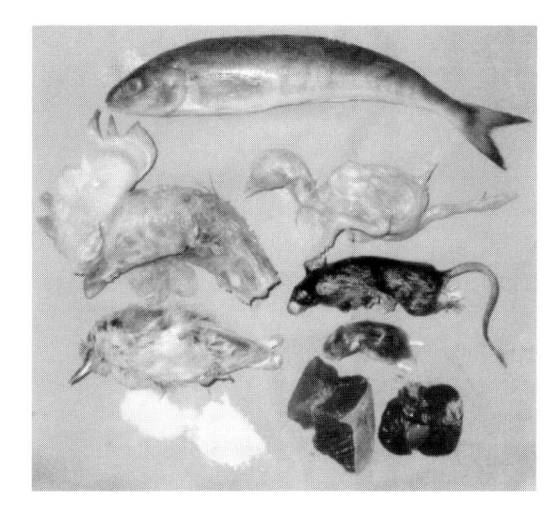

図4-3 猛禽類に与える餌の1例
上から順に，ホッケ，ヒヨコ，鶏頭，マウス，野鳥，総合ビタミン剤とカルシウム剤，精肉とレバー。

　餌付けは比較的苦労しないが，強制給餌や治療などによるストレスのため自発採食しない場合もあるのでその見極めが重要である。栄養状態の評価を行った後は安静とある程度の辛抱も必要で，体重管理を行いながら自発採食を引き出すよう努める。補液などの初期治療後，餌をおいて半日食べなければ餌をピンセットで口元に持って行ってみる。この際，鳥が暴れるようならばケージに被せた布きれなどの間から静かに行う。次に餌を動かしたり，口角に触れさせたりして採食を促す。それでも食べなければ保定して同様に試してみる。口を開けたら，餌を投げ入れて自分で飲み込ませる。いずれも失敗に終わり，その時点で強制給餌が必要と判断したならば，術者は片手で頭部を保定し，もう一方の手の指を口角に入れて嘴を開け，喉の奥に餌を入れて嘴を閉じる。餌を飲み込んだら，この手技を繰り返す。鳥によってはどうしても餌を飲み込まない個体がいるが，誤嚥を防ぐため餌を取り出し，必要であれば流動食に変更する。

3）救護臨床の実際

（1）血液および血液化学検査データ

　表4-1に各種猛禽類の血液および血液化学検査値を示す。ここでは，臨床上異常が認められ

表 4-1 各種猛禽類の血液および血液化学検査値

種類	トビ			オオワシ			クマタカ			ハチクマ			チゴハヤブサ			(エゾ)フクロウ			キンメフクロウ		
検体数	n=4			n=5			n=5			n=3			n=6			n=17			n=10		
検体情報	全検体とも2〜5月, 2検体溶血			10月,2月各2検体, 2月1検体乳ビ			全検体とも2〜3月, 4検体溶血, 1検体乳ビ			全検体とも2月, 1検体乳ビ			全検体とも2〜3月, 3検体溶血, 2検体乳ビ			全検体とも5〜11月, 3検体溶血			2検体溶血, 6検体乳ビ		
	平均	最小	最大	平均	最小	最大	平均	最小	最大	平均	最小	最大	平均	最小	最大	平均	最小	最大	平均	最小	最大
RBC (×10⁴/ml)	240 (n=3)	198	272	230 (n=4)	224	237	200 (n=3)	171	226	220 (n=1)	189	236	290	256	322	230 (n=15)	156	274	230 (n=4)	211	248
PCV (%)	46 (n=3)	41	53	41.2 (n=4)	34.5	48	38 (n=3)	32	44	46	41	49	43	37	48	43 (n=16)	33	51	42 (n=10)	38	53
Hb (g/dl)	14.2 (n=3)	13.2	16.1	14.4 (n=4)	10.4	16.7	15.8 (n=3)	13.8	18.1	14.6	14.1	14.9	17.4	15.8	18.5	13.8 (n=9)	9.7	17	10.8 (n=4)	10.5	11.1
MCV (fl)	190.3 (n=3)	172	206	178.3 (n=3)	159	195	188.7 (n=3)	186	193	212	209	217	149	145	156	200 (n=9)	181	212	170 (n=4)	158	186
MCH (pg)	59.5 (n=3)	52	67.2	63.6 (n=3)	45.8	83.8	80.7 (n=3)	61.1	90.6	67.8	62.7	74.6	60.2	56.2	65.2	65.4 (n=9)	52.6	81.4	46.8 (n=4)	44	50.7
MCHC (%)	31.2 (n=3)	30.3	32.7	35.5 (n=3)	28.8	46.4	43 (n=3)	31.7	48.8	31.9	30	34.4	40.3	38.3	45	32.6 (n=9)	28.9	38.4	27.6 (n=4)	27.2	27.9
WBC (/ml)	16,709 (n=2)	15,975	17,442	11,364 (n=4)	5,257	19,016	8,465 (n=3)	7,186	9,307	11,651 (n=1)			9,062	6,114	12,553	10,458 (n=4)	8,375	12,053	8,320 (n=10)	2,626	12,505
Het (St) (/ml)	247 (n=2)	174	319	266 (n=3)	0	570	216 (n=3)	93	287	466 (n=1)			176	64	377	474 (n=4)	0	1,202	184 (n=10)	0	719
Het (Seg) (/ml)	11,137 (n=2)	10,064	12,209	9,281 (n=4)	3,943	15,973	4,962 (n=3)	3,593	5,863	6,757 (n=1)			5,459	2,064	8,808	3,611 (n=4)	3,013	4,919	3,363 (n=10)	1,147	7,003
Lym (/ml)	2,754 (n=2)	2,716	2,791	690 (n=4)	370	1,331	1,624 (n=3)	1,150	2,047	2,913 (n=1)			2,837	1,738	4,324	4,169 (n=4)	2,848	6,147	4,339 (n=10)	735	5,936
Mono (/ml)	923 (n=2)	799	1,047	894 (n=4)	683	1,141	1,038 (n=3)	712	1,396	466 (n=1)			590	0	1,632	1,318 (n=4)	670	1,928	295 (n=10)	0	660
Eos (/ml)	1,649 (n=2)	1,221	2,077	234 (n=4)	0	709	354 (n=3)	186	445	1,049 (n=1)			0	0	0	755 (n=4)	109	1,591	8.9 (n=10)	0	89
Baso (/ml)	0 (n=2)	0	0	0 (n=4)	0	0	31 (n=3)	0	93	0 (n=1)			0	0	0	0 (n=4)	0	0			
Haematozoa	なし			なし			なし			なし			1検体Hp, Tp混合感染 *1			10検体Hp, Tpの単独もしくは混合感染			全検体Hp, Lc, Tpの組み合わせ混合感染 *2		
TP (g/dl)	4.6	4.1	5.2	4.5 (n=4)	3.5	5.7	3.9	3.4	4.4	3.8	3.6	4.1	2.9	2.2	3.7	4.2 (n=7)	3.7	4.7	3.7 (n=8)	3.3	4.2
ALB (g/dl)	2	1.5	2.3	1.5 (n=4)	1.4	1.6	1.6	1.4	1.7	1.8	1.7	1.9	1.2	0.8	1.5	1.9 (n=7)	1.6	2.2	1.9 (n=8)	1.7	2.2
A/G比		0.8 (n=3)	0.55	0.99			1.9 (n=2)	1.48	2.4		1.92			1.8	1.27	2.61						
BUN (mg/dl)	3	2	5	3.2 (n=4)	1	5	6 (n=3)	5	7	2.7	1	4	4	1	9	3.7 (n=7)	3	6	5.9 (n=8)	4	9

第4章　猛　禽　類

項目	1	2	3	4	5	6	7	8	9	10	11	12	13	14	15	16	17	18	19	20	21	22
CREA (mg/dl)	0.4	0.2	0.5	0.3	0.2	0.3	0.4	0.5	0.4	0.6	0.3	0.2	0.4	0.4	0.2	0.4	0.3	0.1	0.6	0.3	0.1	0.4
UA (mg/dl)	4.9 (n=2)	1.4	9.9	12.1 (n=3)	1.5	27.5	4.1	14.9	30.4	13.1	2	24.5	15.7	3.6	39.5	8.7 (n=7)	4.4	20.7	21.8 (n=8)	13.5	29.6	
Tcho (mg/dl)	366	244	455	247.3 (n=4)	177	382	173	239	289	482	373	644	271	166	402	264 (n=7)	205	309	352 (n=8)	307	406	
TG (mg/dl)	56	8	177	88 (n=4)	23	141	60	100	180	330	101	732	77	28	164	112 (n=7)	37	373	495 (n=8)	174	1,456	
TBA (μmol/l)	14.1	3.9	30.3	30.3 (n=4)	2.7	70.4	10.3	23.3 (n=3)	45	22.5 (n=1)			7.6 (n=5)	1	16.9	20.7 (n=2)	18.6	22.7	45 (n=6)	6.2	123	
TBIL (mg/dl)	1.7	0.4	3	1.8	0.2	4.3	1.1	1.7	2.6	2.4	2.3	2.4	4.4	2.5	6.3	2.1 (n=7)	1.6	3.1	1.8 (n=4)	1.5	2.1	
AST (IU/l)	806	358	1,657	593.6 (n=3)	292	1,056	288	386	540	277	177	357	59	32	92	248 (n=7)	170	456	162 (n=8)	113	225	
ALT (IU/l)	50	24	76	61.4 (n=3)	13	86	28	41	52	25	16	36	25	14	35	93 (n=7)	63	132	54 (n=8)	39	77	
ALP (IU/l)	149	39	434	158.2 (n=3)	66	280	121	183	250	119	78	160	334	140	680	183 (n=7)	116	228	152 (n=8)	123	222	
LDH (IU/l)	1,509	470	2,779	757.6 (n=4)	384	1,326	249	623	1,323	544	441	693	1,137	762	1,411	808 (n=5)	479	1,156	243 (n=8)	125	635	
GGT (IU/l)	1	0	2	1.2	0	3	1	1.6	3	1		2	1.3		2	1.6 (n=7)	1	2	2.6 (n=8)	1	6	
CK (IU/l)	562	307	906	634.8 (n=3)	170	1,553	149	326	597	1,248	640	2,262	933	368	2,437	786 (n=7)	519	1,037	571 (n=8)	313	961	
AMY (IU/l)	574 (n=2)	547	600	2189.7 (n=3)	895	4,550	480	606	695	2,836	2,184	3,580	613	386	783				264 (n=2)	202	326	
LIPA (IU/l)	10	9	11	13 (n=3)	7	17	13	14	18	9.7	7	12	7.7	6	9	6 (n=1)			11 (n=2)	10	12	
GLU (mg/dl)	289 (n=3)	268	299	254.3 (n=4)	215	295	264	296	336	247	210	270	284	241	315	244 (n=6)	115	316	295 (n=7)	175	323	
Na (mEq/l)	164 (n=2)	163	165	158 (n=3)	155	162	162	166 (n=3)	173	166 (n=1)			148	97	162	161 (n=1)			155 (n=2)	155	155	
K (mEq/l)	2.1 (n=2)	2	2.1	2.5 (n=3)	2	2.8	2.3	3.2 (n=3)	3.7	3.6 (n=1)			3.6	2.6	5.3	2.8 (n=1)			1 (n=2)	0.9	1.1	
Cl (mEq/l)	118 (n=2)	116	119	117.3 (n=3)	113	124	114	122 (n=3)	133	122 (n=1)			113	70	128	124 (n=1)			116 (n=2)	115	117	
Ca (mg/dl)	10.6 (n=3)	10.4	10.8	10.1 (n=3)	9.5	11	7.5	8.9 (n=4)	9.8	9.3			7.8	4.6	9.3	10.3 (n=5)	9.4	10.7	9.1 (n=8)	8.6	10.1	
P (mg/dl)	5.3 (n=3)	3.4	8.2	3.9 (n=4)	2.4	5.6	3.6	5.1 (n=4)	7.9	3.4			3	1.9	4.2	8.1 (n=3)	6.3	10.4	3.4 (n=8)	1.9	5.4	

*1, 2：Hp-ヘモプロテウス，Lc-ロイコチトゾーン，Tp-トリパノソーマ
ここに記載した各個体は臨床上異常が認められなかった。

ない，一般状態が良好な野生保護個体および飼育個体の検査結果のみを記載した。各項目は生理的（年齢，性別および季節など）および環境的（飼育，栄養および温度など）な条件によって影響を受ける。さらに，検査施設が異なると検査方法が異なるため検査値は影響を受け，一概に数値だけで比較できない。表に示した検査値は一施設で得られた結果であることを踏まえた上で，診断の目安として参考にしていただきたい。

（2）救急処置と基本的治療テクニック

a．救急処置

必要に応じて，止血，酸素吸入や加温を行う。呼吸異常を示している場合は，視界遮断と酸素吸入は重要である。代謝性アシドーシスが疑われる場合には，重炭酸塩1mEq/kg（最大4mEq/kg）を15～30分間隔でゆっくり時間をかけて静脈内投与することが奨められる。呼吸心拍停止時の救急処置は，哺乳動物に準じてABCDEの順に行うが，特に衰弱した患鳥の蘇生は困難な場合が多い。

b．輸液療法の計画

輸液計画に先立って身体検査時には必ず体重測定を行う。

保護された傷病鳥は，通常5％程度の脱水を起こしていると考えられ，輸液による脱水補正が必要となる。眼瞼，翼膜やふしょの皮膚つまみ反応の低下，尺骨静脈の血液再充満時間が1～2秒以上の延長，あるいは粘膜の乾燥が認められれば7％以上，顕著な出血，削痩やショックあるいは，眼球の陥没や口腔内や気管開口部における粘膜の粘稠性増加が認められれば10％以上の脱水があると判断する。猛禽類の維持水分量は50 ml/kg/day（体重の5％）と推定でき，脱水量＝脱水の程度（％）×体重（g）と進行喪失量を考慮して輸液計画を立てる。ここで計算に用いる体重は，正常時の推定体重であることに注意する。実際には，脱水量の半分を維持量とともに半日～1日かけて補正し，残り半分を維持量とともに次の2日間くらいかけて補正していく。輸液剤として基本的には乳酸リンゲル液（LRS）を38～39℃に温めて用いる。維持液にはLRSと5％ブドウ糖液の1：1混合液などを用いるとよい。患鳥の元気食欲の有無，身体検査および血液検査などの結果を診ながら，以降の方針を検討して行く。血中電解質濃度や血液ガスの測定が可能であれば，K補正などさらに綿密な輸液計画を実施できる。

c．輸液療法の実際

①経口輸液

経口輸液剤としては，ブドウ糖が小腸からの速やかな水分吸収を促進させるため，LRSよりも5％デキストロースが効果的で，経口補液用電解質液やスポーツ飲料が使える。液量として，トビで約20ml，オジロワシで約60mlは安全に投与できる。著者はトビには18Frサイズの胃管カテーテルを適当な長さに切って用いているが，あらかじめ鳥の頸を伸ばした状態でそ嚢から胸郭入り口に届く長さに印をつけておいて挿入する（図4-4a）。小型鳥では直径2mm,長さ110mm程度のプラスチックゾンデ針が便利である（図4-4b）。必要に応じて，投与後

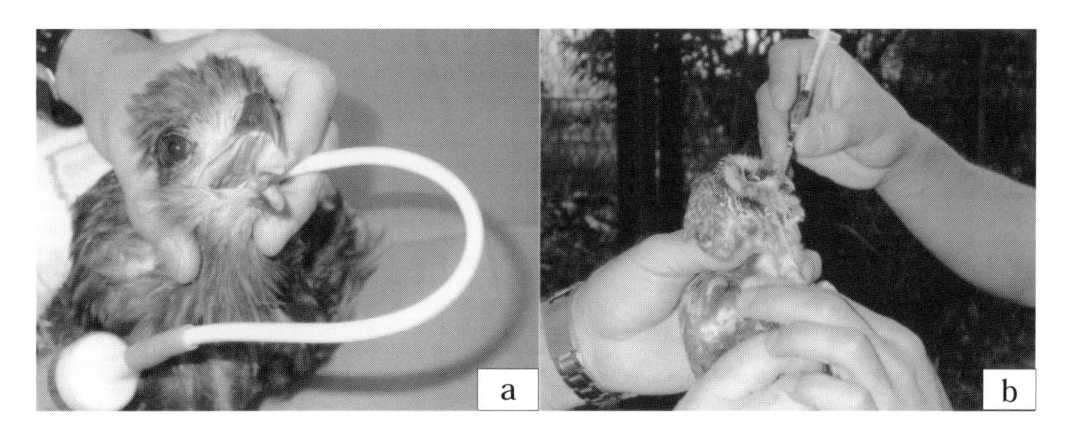

図 4-4 経口投与法
a：トビ，b：キンメフクロウ。頸を十分伸ばした状態で，胃管カテーテルまたはゾンデ針を口内に挿入し，そ嚢から胸郭入り口まで進める。この際，カテーテルは水で濡らし，抵抗なく自然に食道内に入るようにする。

60～90分後にも繰り返し投与を検討する。ショック療法の効果はなく，輸液剤の逆流による誤嚥には注意する。衰弱が激しい場合や嘔吐が認められる症例では，すすめられない。

②皮下輸液

左右の鼠径部に目安として1か所当たり5～10ml/kgのLRSを注入する。他にも翼膜や肩甲骨間の皮下も使えるが，多くの液量は入りにくい。刺入部位からの液漏れを防ぐため，トビで23～25Gくらいの注射針を用いる。ショック療法の効果が少ないが，手技が簡便でかつ患鳥への負担が軽減できるため軽度脱水の初期治療に有効である。

③静脈内輸液

ショックおよび重度脱水時に最適で，循環血液量の早期補正が可能である。尺骨静脈，内側中足静脈あるいは右頸静脈の利用が可能で，血管確保はツミでも可能で中型以上の猛禽類では行いやすい。尺骨静脈の血管確保では留置カテーテルが脱落して血腫形成が起こりやすいためしっかりとした固定が必要で，8の字包帯を施すとよい。内側中足静脈では足を握ったときに邪魔にならないように留置カテーテルの挿入位置を決める（図4-5）。トビで注射針は25G，留置針は23～22Gが使いやすい。1ショットでは，まず10ml/kgのLRSを5～7分かけてゆっくり投与する。重度の貧血や低蛋白血症を示す場合，静脈内輸液による急激な血液希釈は致命的であり得るためゆっくり時間をかけて点滴するか，皮下あるいは経口輸液を行う。最初の半日は3～4時間おき，次の2日間は8時間おきに輸液し，以降は1日2回行う。1ショット輸液の継続では保定ストレスや血腫が問題となるため，24時間持続点滴が可能な血管確保が望ましい。長期間に及ぶ輸液管理が予想される場合には，骨髄内へのカテーテル留置を推奨する。

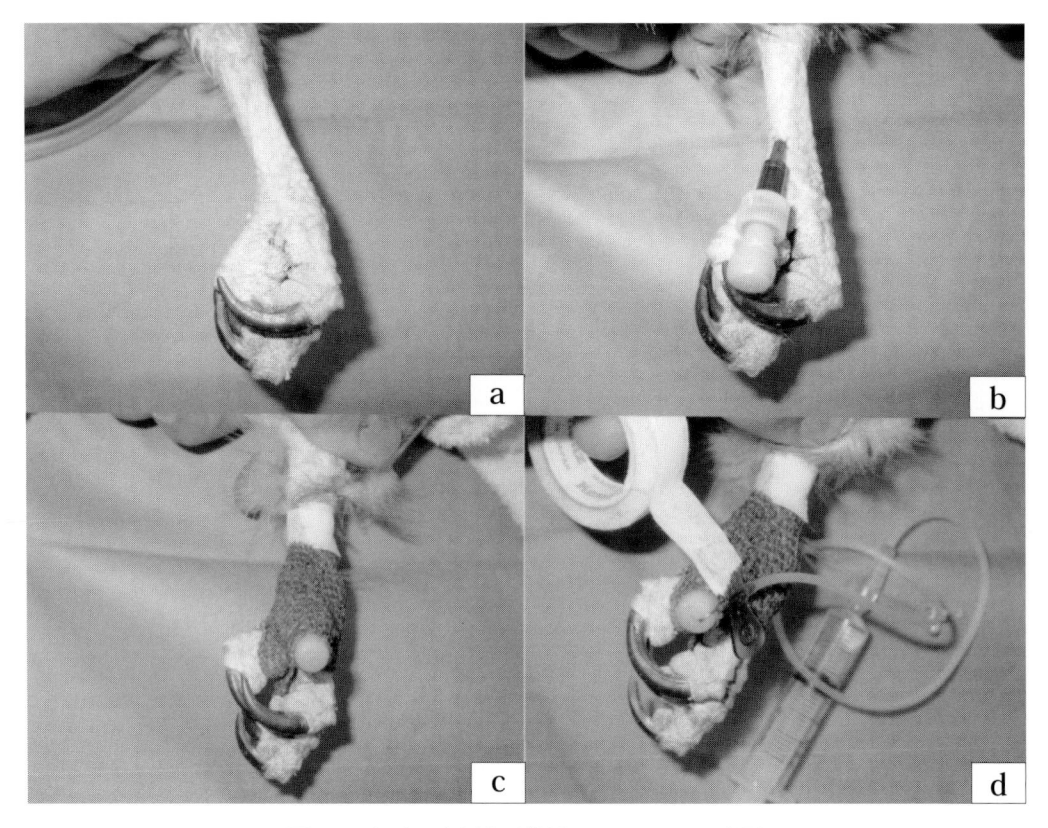

図 4-5 トビの内側中足静脈へのカテーテル留置
a：内側中足静脈から後脛骨静脈への走行，b：第Ⅰ，Ⅱ趾の動きの妨げにならないようにカテーテル（24G）を留置，c：サージカルテープと自着性伸縮包帯で固定，d：翼状針を釣り針状に曲げてプラグに刺入後固定。

④骨髄内輸液

基本的に静脈内輸液と同等の効果が得られる。尺骨近位（図 4-6）および遠位端（図 4-7a）と脛足根骨（図 4-7b）が利用が可能である。鳥が暴れて翼角で激突するときは尺骨近位端か脛足根骨が望ましい。骨髄内注入した薬液は直ちに貫通管や栄養管を通って静脈内に流入する。尺骨への留置針を通して輸液剤を注入すると尺骨静脈への通過が確認できる（図 4-6d）。1週間以上の長期利用および中心静脈と同等な利用が可能である。トビで 20G，大型鳥で 18～20G のカテラン針かスパイナル針が使いやすく，小型鳥では 22～23G の注射針を用いるとよい。維持輸液速度は 10ml/kg/hr を基本として，患鳥の状態に合わせて調節して行く。ショック時にはさらに速度を上げるか，デキストランやヘタスターチのような血漿増量薬も有効である。留置針抜去後は，穿孔した穴から骨髄液が流出するため綿型酸化セルロースやアルギン酸塩などで充填し圧迫止血するとよい。

d．輸　　血

鳥は血液の喪失によく耐え，著者は保護されたオオタカが PCV（ヘマトクリット値）8％で

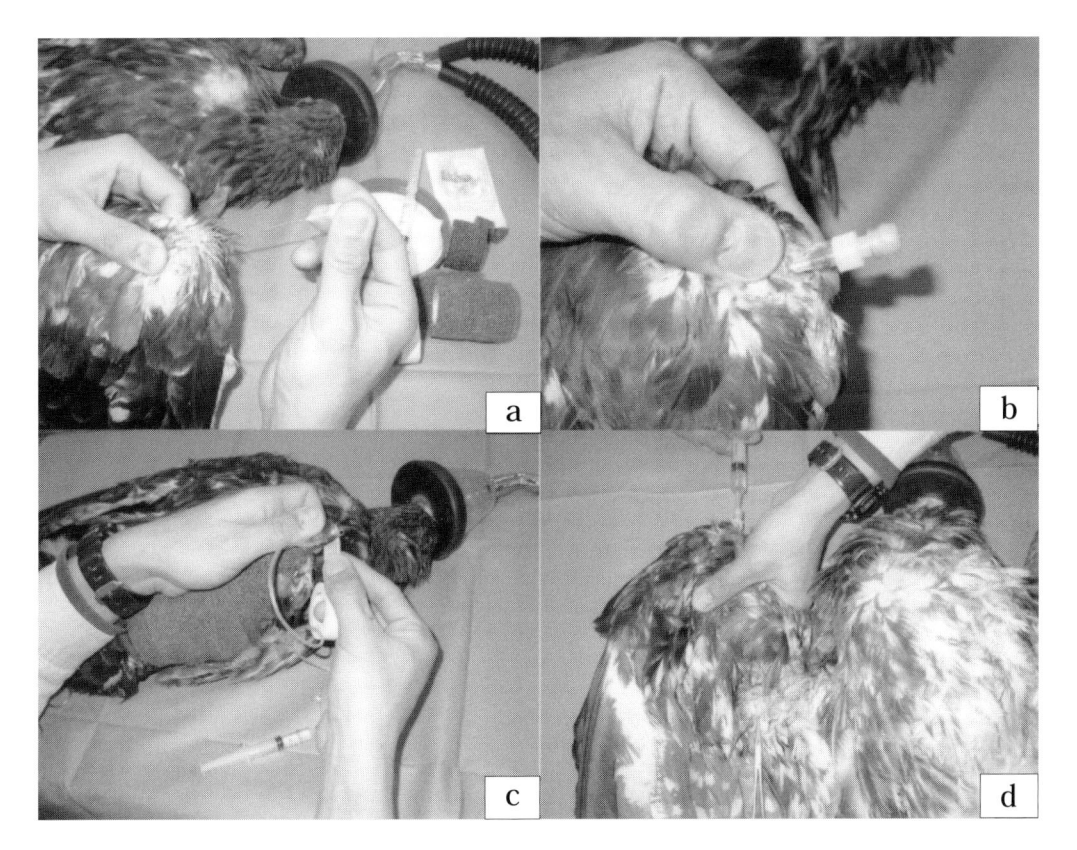

図4-6 トビの尺骨遠位端骨髄内へのカテーテル留置
　a：手根部を屈曲させ，アルコールで濡らす。周囲の羽毛を抜去してもよい。触診にて尺骨関節顆の平坦部分を確認後，カテラン針（20G）を尺骨に対してまっすぐ回転させながらねじ入れていく。b：骨皮質を貫通すると抵抗がなくなるので針を根元まで進める。ハブ内部への骨髄の流出が確認できる。c：ヘパリン入り生理食塩液でフラッシュ後，翼を8の字包帯法または腋窩部へのたすき掛けにて固定し，カテーテルも固定する。この際，翼状針を設置しておくと便利である。d：生理食塩液を注入すると骨髄腔から尺骨静脈への流出が確認できる。

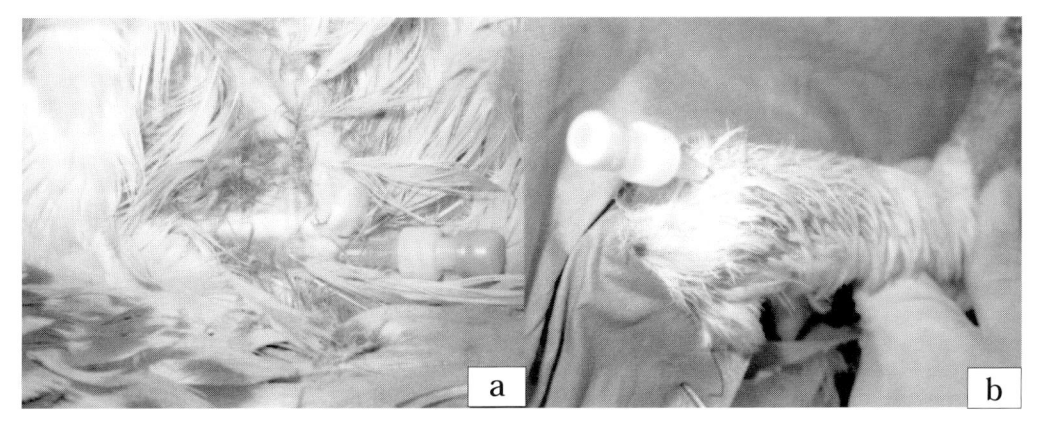

図4-7 尺骨近位端および脛足根骨脛骨稜への骨髄内カテーテル留置
　患鳥の性格や状態によってカテーテルの留置部位を決める。図はミサゴ，カテーテルはカテラン針（20G）。

あった例を経験したことがある。しかし，その後の生存率を高めるため，あるいは交通事故や手術による大量出血などに対して，輸血を検討する価値がある。その判断基準は，鳥の全血液量は体重の約10%であるが，その20～30%が失われたとき，またはPCVが15%か血色素量が8g/dl以下になったときである。

ドナーは同種が望ましく，その際半減期は9～11日とされている。最大安全採血量は体重の1%（10ml/kg）で，凝固阻止剤としてクエン酸デキストロース液かヘパリンを用いる。輸血は約8～10ml/kgを基本にPCV値から必要輸血量を計算して，最初はゆっくりと開始し，2ml/min程度の速度で流していく。

e．薬物および支持療法

ショック，頭部外傷などによる中枢神経障害や中毒には，プレドニゾロンかデキサメサゾン1～4mg/kgあるいはコハク酸プレドニゾロンナトリウム15～30mg/kgのボーラス投与が有効である。初回投与後は漸減し，連用は2～5日以内にとどめるべきである。

敗血症の治療や感染予防の目的で抗生物質を投与する。第一選択薬として，ピペラシリン，セフォタキシム，エンロフロキサシンやドキシサイクリンなどを用いる。

低血糖症には，50%デキストロースを2ml/kg BWでボーラス投与する。低カルシウム症には，グルコン酸カルシウム50～100mg/kgを緩徐に静脈あるいは骨髄内投与する。

衰弱や貧血などに対する支持療法として，ビタミンB複合剤（チアミンとして1～3mg/kg）とビタミンC20～50mg/kgを1～5日間投与するとよい。貧血には，デキストラン鉄10mg/kg，筋肉内投与（7～10日おき）が有効である。しかし，細菌感染が疑われるときは細菌の増殖を促す恐れがあるため注意を要する。

投薬時のコツとしては，皮下投与は鼠径部か翼膜，筋肉内投与は胸筋か大腿筋群が利用しやすく，錠剤の経口投与はペリットによる排出を防止するためになるべく小さく砕くか液体に混ぜるとよい。

f．栄養補給

初期治療後に自発採食が認められない場合は上記方法に従って強制給餌を行う。また，輸液療法が困難なときは餌を経口補液用電解質液に浸して用いるとよい。衰弱が重度で消化性のよい給餌が必要な場合はドリンクタイプのカロリー食，犬・猫用の高カロリー療法食や経腸栄養療法食が便利である。

g．麻酔と麻酔管理

鎮静あるいは麻酔前投与としてジアゼパム1～1.5mg/kgが推奨されている。著者は経験的にミダゾラム1.5mg/kgの筋肉内投与を好んで使うが，約10分で良好な鎮静と筋弛緩が得られ，イソフルレンによるマスク導入に円滑に移行できる。ただし，鎮静化中は収容箱に戻すなど安静に保たねばならない。これらベンゾジアゼピン系薬剤は循環呼吸抑制効果が少なく，全身麻酔時の良好な筋弛緩および円滑な麻酔導入維持と回復が得られる。

麻酔管理としては，五感を用いてTPR（体温・脈拍・呼吸）を常に把握しておくことが最

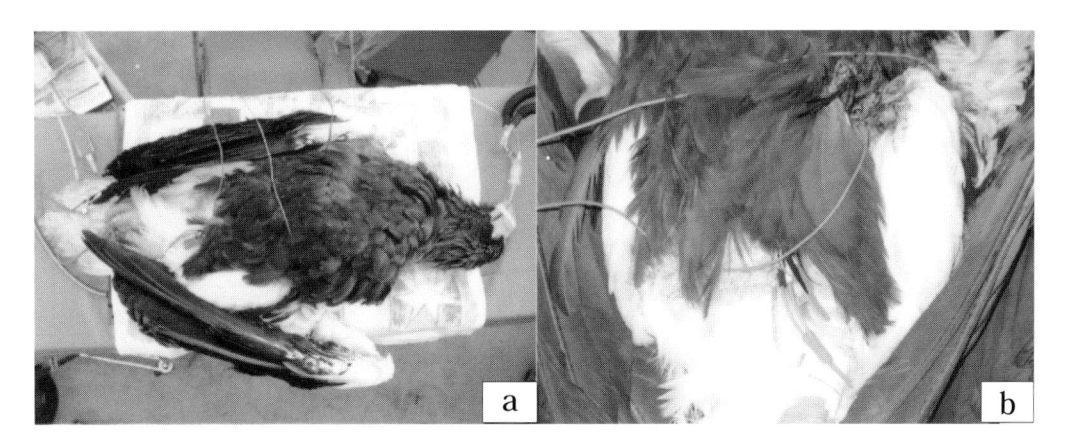

図4-8 麻酔管理モニターを用いた麻酔モニタリング
a：麻酔下のオオワシには気管内挿管が施され，呼気ガスモニタ，パルスオキシメータ，心電図モニタ，非観血的血圧計および電子体温計が接続されている。b：心電図電極は両翼翼膜と左大腿の付け根，血圧計カフは左ふ蹠内側，パルスオキシメータと電子体温計のプローブは総排泄腔に装着されている。

も重要であることはいうまでもない。補助的なモニタリングには，体温計，心電図モニタ，パルスオキシメータ，呼気ガスモニタ，血圧計，食道聴診器などが有用である。経験的にパルスオキシメータは総排泄腔，ふ蹠，下嘴や翼膜に，血圧カフはふ蹠内側の内側足根中足動脈に装着して測定可能である（図4-8）。

h．身体各部の損傷防止法

入院治療中，身体の各部を損傷させて放鳥後の予後を不利にさせてはならない。翼角の損傷を予防するため，創傷被覆用パッド（サージカルドレッシング）などを貼付するとよい。材質は羽毛に粘着剤が残らずかつ粘着性のあるものを選び，辺縁をサージカルテープで補強する。また尾羽の損傷を予防するため，X線フィルムやクリアファイルなどを利用してカバーを装着するとよい（図4-9）。このテイルガードは尾羽の遠位2/3を覆い，テープで上尾筒と下尾筒の上を巻いて固定する。風切羽の損傷防止には突出した数枚の初列風切羽を自着性伸縮包帯で巻いて保護する。

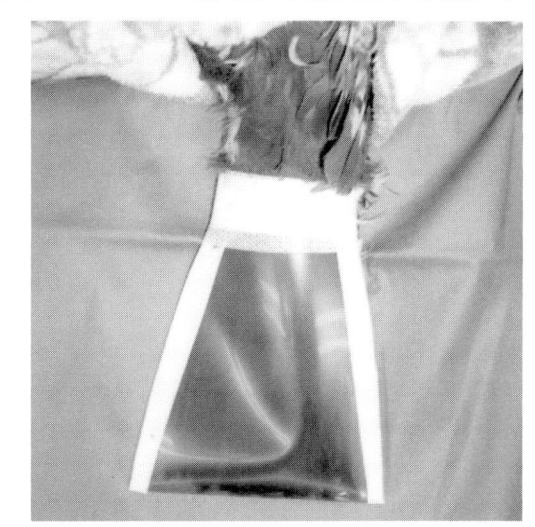

図4-9 テイルガード
X線フィルムで尾羽の2/3を覆い，サージカルテープで固定している。

i．包帯法

身体の各部を固定するためにさまざまな包帯法が使われている。そのうちのいくつかを理解

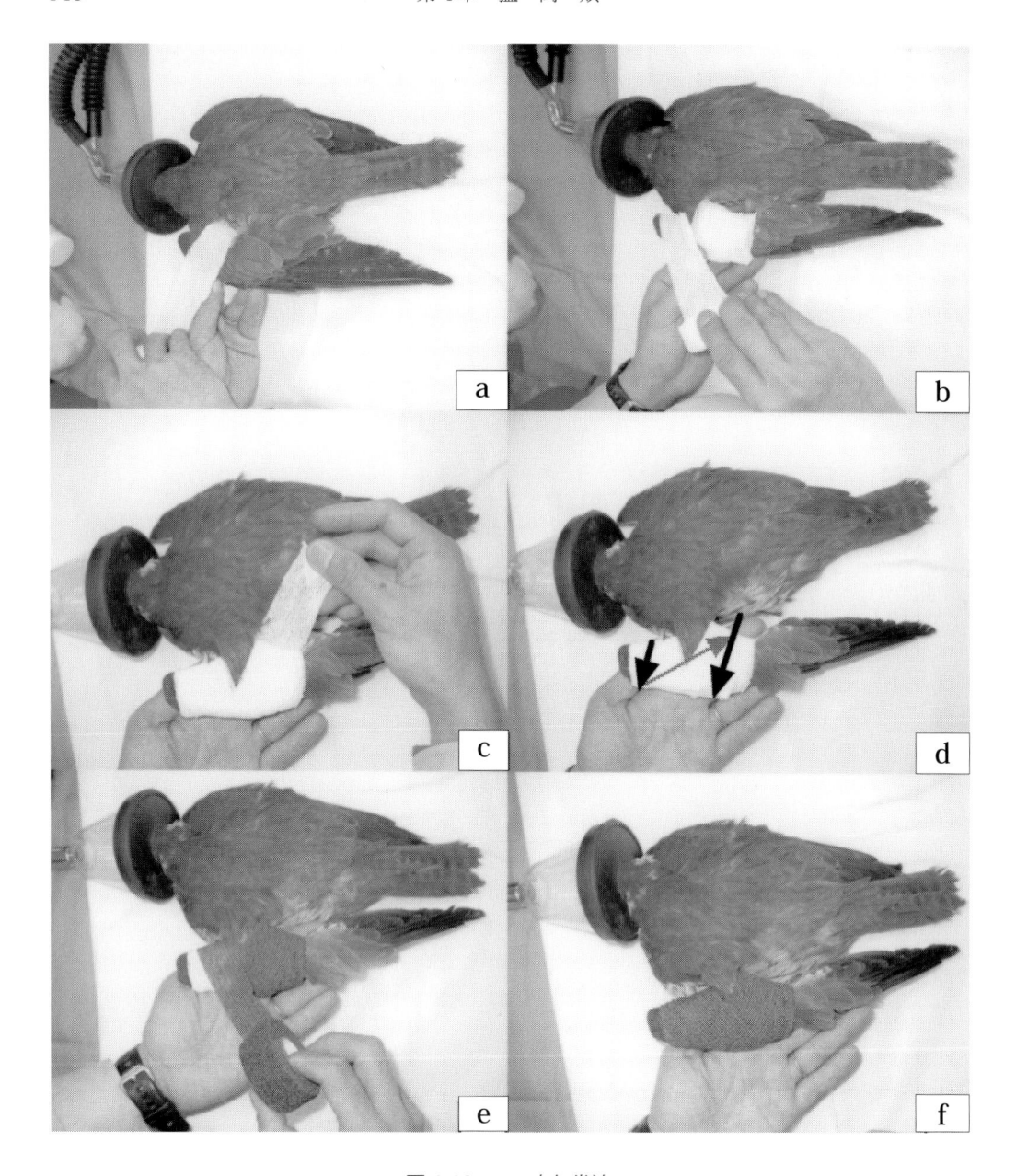

図 4-10 8 の字包帯法

翼の固定，特に肘より遠位の関節の固定を目的としてさまざまな場面で用いられる。a：翼を自然に折り畳んだ状態で風切羽，肩羽および腋羽すべてを含むようにガーゼ伸縮包帯を翼下面から腋下を通って翼上面の中手骨部へ向かい，再び翼下面へ巻いていく。b：初列と次列風切羽が交差しないように 3〜4 重に重ね巻きした後，翼下面の中手骨部から上面の手根骨へ巻いていく。c：手根骨をしっかりと包んで巻き，再び翼下面から腋下を通って翼上面へ巻くことで 8 の字を作っている。d：c の過程を 2〜3 回繰り返す。e：肘関節部から自着性伸縮包帯でガーゼ包帯を覆うように巻く。f：包帯は常に翼の前縁に向かって巻いていく。

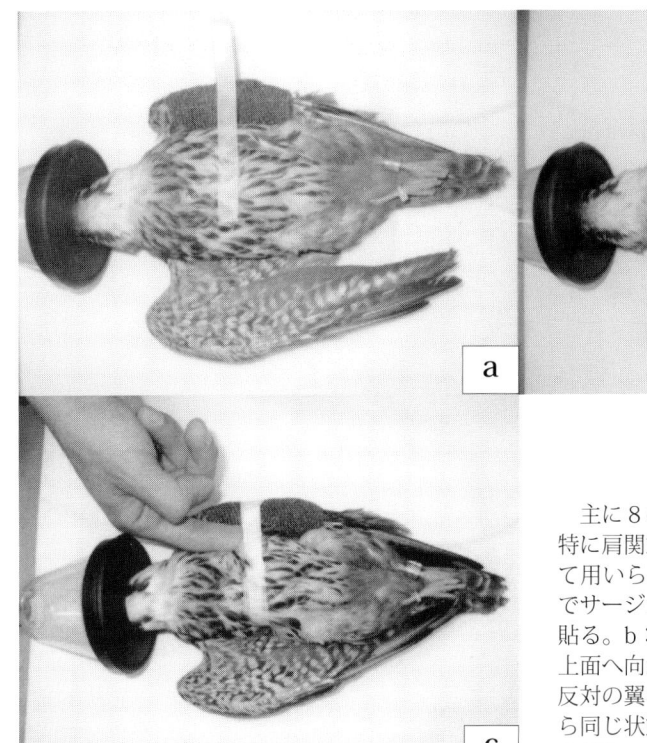

図4-11 ボディーラップ法
主に8の字包帯法に組み合わせて，翼の固定，特に肩関節を含めたより強力な固定を目的として用いられる。a：翼を自然に折り畳んだ状態でサージカルテープを胸骨竜骨突起の中央部に貼る。b：両足を引っ張りながら，翼下面から上面へ向かって体幹とテーピングしていく。c：反対の翼を自然に折り畳んだ状態と比較しながら同じ状態になる位置で体幹周囲をきつくなりすぎないように2～3周テーピングする。

していると臨床現場では大変有用である。方法の詳細をわかりやすく解説した良書（参考文献参照）が出版されているので参考にしていただきたい。

ここでは，図4-10で輸液や骨折の管理のため翼を固定するのに有効な8の字包帯法を，図4-11で主に肩関節を固定するためのボディーラップ法を解説する。

（4）傷病各論

猛禽類の飼育・治療管理において問題となるのは，主に衰弱，頭部外傷，整形外科疾患，趾瘤症，アスペルギルス症，カンジダ症，寄生虫症（トリコモナス症，鳥マラリア症など），鳥結核，ヘルペスウイルス性肝炎，痛風および鉛中毒症などがある。

a．衰　　弱

収容時には大なり小なり衰弱が存在するため，前述の手順に従って脱水補正，栄養補給や安静保温など行う。食性から飢餓にはよく耐え，著者の経験上トビやオオタカなどで基礎疾患がなければ最大体重の約30％の減少までは抵抗がみられ，収容時に中等度以上の削痩と貧血を示す個体も多い。貧血や呼吸器系の損傷などが原因で呼吸異常を示す患鳥を検査・治療する際には酸素吸入を併用する方がよい。衰弱時には，細菌感染やアスペルギルス症など併発しやすいため，整形外科手術などの処置は支持療法により一般状態を改善させてから行う。

b. 頭部外傷

交通事故や窓ガラスへの衝突などにより頭部の外傷が起こるが，その程度は打撲による脳震盪から頭蓋内出血による昏睡までさまざまである．受傷数日後に突然，斜頸や運動失調などの中枢神経異常が出現する場合もある．意識レベルと神経徴候の観察，ショックの評価および頭蓋・眼・外鼻孔・耳・口腔内の骨折や出血などの有無確認を行う．治療は，できる限り早期にデキサメサゾン 2〜4mg/kg などコルチコステロイドの投与を行う．処置後は暗く涼しい環境で安静にする．輸液を行う場合は脳浮腫を起こさないように通常の 1/2〜2/3 量をゆっくり入れていく．支持療法としてビタミン B 複合体などを併用するとよい．初期治療に反応しない場合は，マンニトール（25％）0.25〜2mg/kg 静脈内投与やフロセミド 2〜5mg/kg を検討する価値がある．受傷後数日以上が経過している場合や治療後 48 時間経過しても反応が認められない場合は，予後不良である．

c. 整形外科疾患

窓ガラスや電線への衝突や交通事故などにより筋骨格系のさまざまな障害が起こり得るが，中でも上腕骨，橈尺骨，中手骨，脛足根骨や脊椎骨折などが多くみられる．アメリカのミネソタ大学猛禽センター（TRC）における Howard らの報告によると，骨折 542 例中 50％が最終的に安楽死，33％が野生復帰という結果になっている．さらに，上腕骨骨折症例では治療実施 39％，治癒 18％，野生復帰 12％で，要した日数は 34 日とされている．このように骨折した患鳥の野生復帰までの予後は厳しいもので，適切な治療と早期のリハビリを行い，ほぼ完全に機能回復させて放鳥するまでの技術の洗練が必要である．

整形外科的アプローチは基本的に哺乳動物の場合に準じて行うが，鳥の骨は高いカルシウム含量と薄い皮質のため粉砕しやすいこと，上腕骨や大腿骨は含気骨であるため手術中の出血や洗浄により液体が気嚢を介して呼吸器系に流入する危険性があることなどに注意する．

翼を固定するために一般的に用いられる 8 の字包帯法は，整復手術前の応急処置や内固定の補助として有効で，本法のみで橈尺骨，中手骨や指骨における安定型の骨折を，特に小型種では良好に治癒できる場合がある（図 4-10）．ボディーラップ法との組合せによりさらに肩関節の安定化を得られるため，上腕骨骨折などでも有効な場合がある（図 4-11）．しかし，後述するように長期間の外固定により筋肉の萎縮や関節の強直が起こるうえ，上腕骨や大腿骨の骨折例ではそれぞれ胸筋，腓腹筋の牽引により骨折片が大きく重なり合って癒合しやすく，野生復帰が困難となる場合があるという欠点を覚えておく必要がある．

内固定法を用いた観血的整復では，より正確な骨幹の再構築と強力固定が可能であり，手術法の適応は小動物臨床に準ずる．特異点としては，骨スクリューによって骨皮質が粉砕しやすいため骨プレートが使いにくい，髄内ピンによって骨小柱構造を破壊してしまう欠点がある，など考慮して選択する．市販の創外固定装置，エポキシパテ，歯科用レジンまたはドレーンチューブと装蹄用接着剤を利用した創外固定法は橈尺骨，脛足根骨や足根中足骨の骨折などに応用できる．材質が軽量で固定中も運動が可能なため筋萎縮を防ぐことができる．脊椎骨折

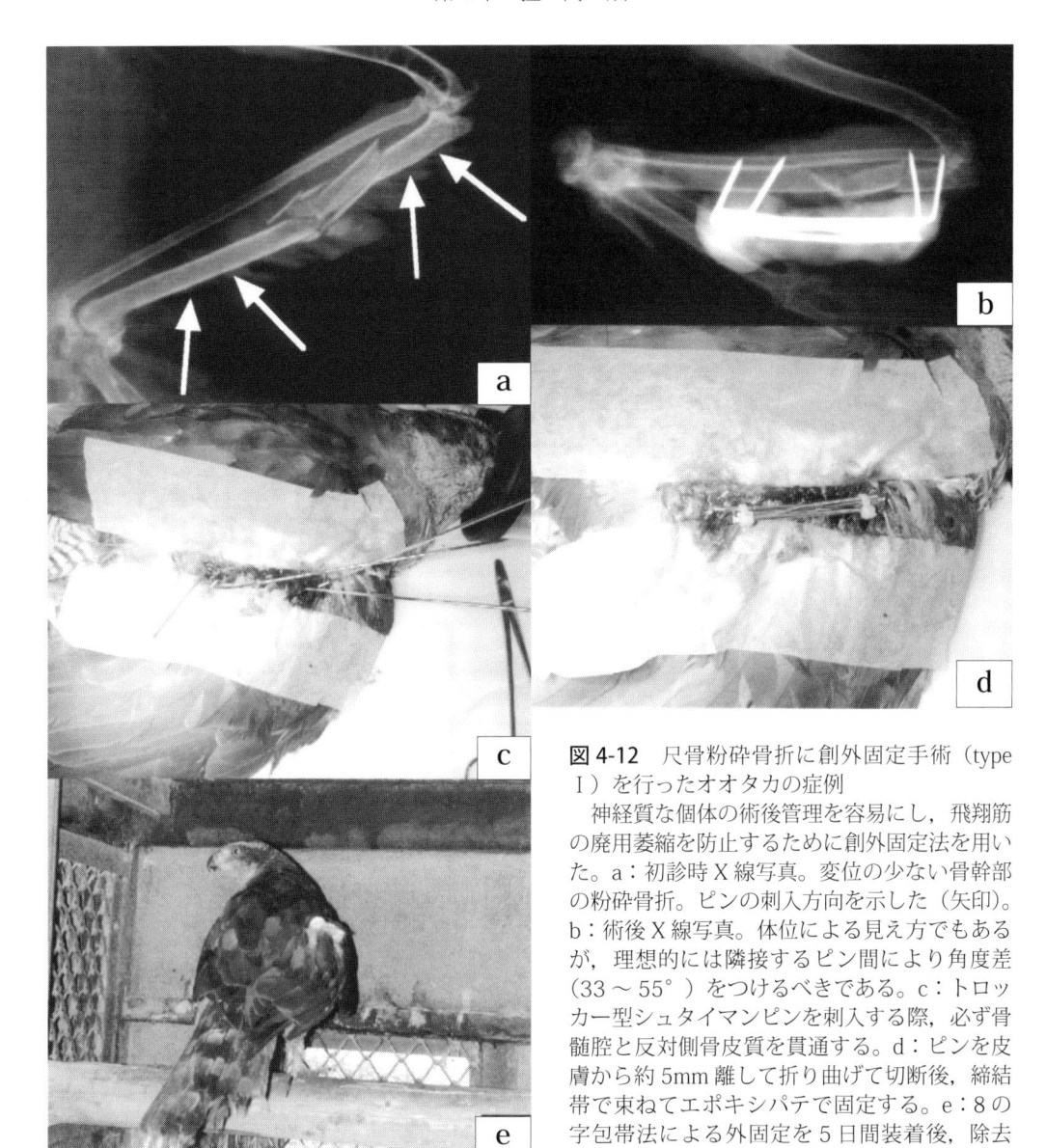

図 4-12 尺骨粉砕骨折に創外固定手術（type I）を行ったオオタカの症例

神経質な個体の術後管理を容易にし，飛翔筋の廃用萎縮を防止するために創外固定法を用いた。a：初診時X線写真。変位の少ない骨幹部の粉砕骨折。ピンの刺入方向を示した（矢印）。b：術後X線写真。体位による見え方でもあるが，理想的には隣接するピン間により角度差（33〜55°）をつけるべきである。c：トロッカー型シュタイマンピンを刺入する際，必ず骨髄腔と反対側骨皮質を貫通する。d：ピンを皮膚から約5mm離して折り曲げて切断後，締結帯で束ねてエポキシパテで固定する。e：8の字包帯法による外固定を5日間装着後，除去した時点で患鳥は約2mの高さまで飛行可能であった。抜ピン後鷹匠技術を応用したリハビリにより飛翔可能となった。

では可動性が少なく，哺乳動物よりX線検査や触診によって発見しにくいため，骨折部の皮下出血の有無を一指標にするとわかりやすい。治療後48時間以上経過して後躯麻痺が改善されない場合は予後不良であろう。

図4-12にオオタカの尺骨粉砕骨折に対して創外固定手術を行った1例を示す。

d．趾瘤症

足の底面パッドに起こる炎症性あるいは変性性病変であり，発赤や肥厚程度から膿瘍形

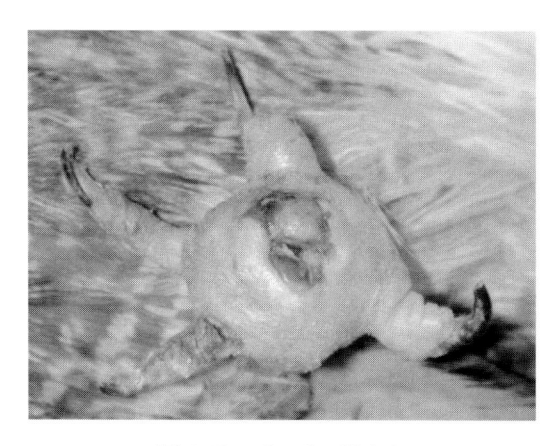

図 4-13 ノスリの趾瘤症
足底部は高度に腫脹し，皮膚は広範囲に自潰している。内部には増殖した肉芽組織，乾酪性の膿および壊死組織が認められた。爪の過長が原因と思われたためトリミングしてある。

成，骨髄炎による骨変形や敗血症までステージがある（図4-13）。野生下では見られないため，基本的に飼育環境の不備に起因すると考えられ，予防が最重要である。不適切な止まり木の太さ，形や表面の状態をはじめ，狭く不適切な飼育ケージ，飼育環境の不衛生，栄養不均衡，運動量低下，体重増加，翼や足の機能異常および爪の伸びすぎなどが発生素因となり得る。軽度の趾瘤症では，発生素因の除去のみで改善される場合がある。治療は，ポピドンヨードによる消毒，抗生物質・ビタミンA含有軟膏などの塗布を行い，場合によって趾間あるいは球包帯を用いる。抗炎症剤として，ジメチルスルホキシド（DMSO），デキサメサゾン4mg，ピペラシリン（他の抗生物質でもよい）1gの混合液10mlが用いられる。重症例では患部の細菌培養と薬剤感受性試験およびX線検査を行う。7～10日間抗生物質の全身投与が奨められ，ポピドンヨードによる薬浴とマッサージも有効である。必要であれば，適期を見計らって膿瘍や壊死組織の外科的切除を行う。術創はドレナージのために全周を縫合しない。手術成功の鍵は術後管理にあるといっても過言ではなく，頻回の患部消毒，包帯交換および最低14日間抗生物質の全身投与を行う。患部に圧力がかからないよう，四趾周囲に保護包帯を巻いてドーナツ型パッド包帯を施すかエポキシ樹脂などで作成したプロテクタを装着するとよい。

e．アスペルギルス症

アスペルギルス（*Aspergillus*）属真菌の感染により，主に肺，気嚢や気管などの呼吸器系が侵される（図4-14）。感染は肝臓，腎臓や体腔内の動脈系などへも波及し得る。健康な鳥では問題となることは少ないが，衰弱，鉛中毒など各種疾病や損傷，ステロイドの長期投与による免疫抑制や飼育環境の急激な変化などさまざまなストレス要因が引き金となって発症する。野外発症例も観察されている。

初期には元気食欲低下，沈うつや活動性低下などの非特異的症状が認められる。地面に降りていて止まり木に上がらないなどの変化に気づくこともある。進行につれて，鳴き声の変化，呼吸音の異常，呼吸困難，運動後の開口呼吸，努力呼吸や嘔吐などが認められる。

診断は，環境素因と臨床症状，血液検査，X線検査，ELISAなどによる抗体検査，気管ぬぐい液あるいは洗浄液の鏡検培養および気管支・気嚢内視鏡検査などの結果に基づいて行う。最近ではPCRを用いた診断法も開発されつつある。気管洗浄は適当な太さのカテーテルを鳴管（胸郭入り口の少し奥）に挿入し，滅菌生理食塩水0.5～1ml/kgを注入後すぐに洗浄液を回

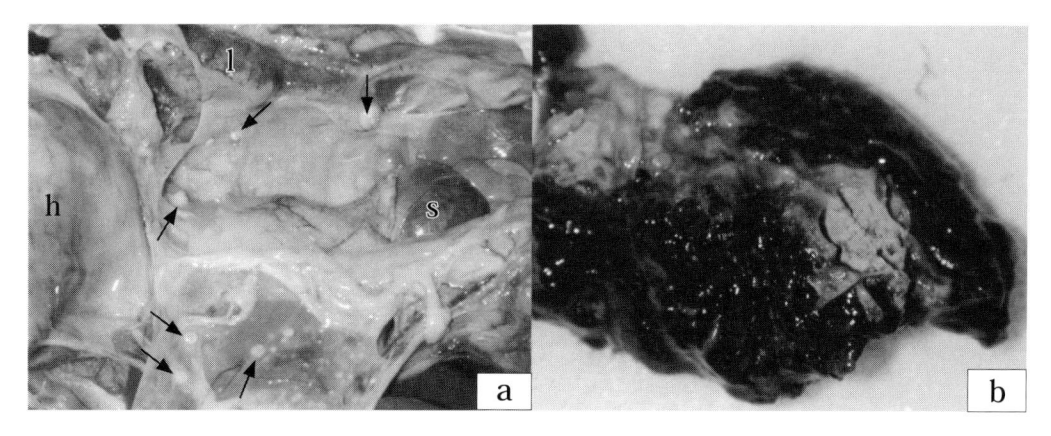

図 4-14 アスペルギルス症
 a：亜急性型（オオワシ）。翼の一部欠損が原因で保護収容した。元気，食欲もあり，治療を必要としなかったが1週間で突然死亡。後胸・腹部気嚢内に白色結節状の肉芽腫病変が多発性に認められる。（h；心臓，l；肺，s；脾臓，矢印；肉芽腫病変）
 b：慢性型（オジロワシ）。飼育個体で衰弱のため治療中であったが，1か月後に死亡。充出血した肺に隔壁を持った囊胞が認められ，内部には大量の胞子を含んでいる。

収する。X線検査では肺や気嚢の真菌性肉芽腫病変が結節状不透過性陰影として認められる。左右の陰影を比較しながら観察し，治療効果判定の一補助とする。

　本症の治療は，アンフォテリシンBを1～1.5mg/kg, 1日1～3回3～5日間静脈か気管内（生理食塩水で希釈して1kgの鳥で液量約0.5ml以下）投与，または1mg, 20～30分間1日2回1週間噴霧する。アンフォテリシンBによる局所組織障害や腎障害に注意する。これにイトラコナゾール10mg/kgの1日1～2回1～3か月間経口投与を組み合わせて行う。イトラコナゾールの投与によって，嘔吐や肝酵素の上昇が認められる場合があるため，監視が必要である。肺や気嚢の重症例でアンフォテリシンBの副作用を避けるため，代わりにクロトリマゾールの噴霧治療を濃度10～50mg/ml, 30～60分間1日2回3日継続，2日休止を基本とした1クールの繰り返しを行うプロトコールが推奨されている。鉛中毒症のような慢性消耗性疾患やコルチコステロイドの投薬中など本症に罹患する可能性がある場合には予防的にイトラコナゾール10mg/kgの1日1～2回経口投与およびクロトリマゾールの噴霧を行うとよい。予防的投薬は目安として2週間あるいはそれ以上行う。いくつかの種が本症に感受性が高いことが指摘されているが，著者はノスリ，オオタカ，クマタカおよびオジロワシで経験した。

　本症は人と動物の共通感染症であるため，患鳥の取り扱いには注意する。特に剖検時には，胞子の拡散や吸引を防ぐ。

f．外部および内部寄生虫症

　オオタカ，チゴハヤブサやフクロウなどでシラミバエ，またトビやオオワシなどでハジラミなどの外部寄生虫がよく認められる。重度寄生例では前者では貧血，後者では羽や皮膚の損傷

などが問題となり得るため，トリクロルホンやイベルメクチン剤などの散布により駆除する。また，回虫，毛細線虫や気嚢虫などの線虫，吸虫や条虫などの内部寄生虫の感染例では，入院治療中のストレスにより重度感染に移行して症状が発現したり，特に幼鳥で問題となることがある。初期治療により全身状態を安定化させてから，線虫にはベンズイミダゾール系薬剤，吸虫と条虫にはプラジクアンテルで駆虫する。同様にコクシジウム感染により下痢などを発現する場合があり，スルファジメトキシンの投与により治療する。

g．トリコモナス症

口腔内やそ嚢粘膜に白色チーズ様の斑あるいは塊状病変が認められる。病変部を擦過して採材を行った後，約 38 ℃に温めた生理食塩水を滴下したスライドグラスにすすいで鏡検すると運動する虫体が観察できる。治療はメトロニダゾール 30〜55mg/kg，SID か BID，5〜7 日間の経口投与を行うが，診断的治療にも役立つ。病変が拡大して機能障害の程度が重度な場合，外科的切除も検討する。カンジダ症，毛細線虫症，細菌性膿瘍，ヘルペスウイルス感染症やビタミン A 欠乏症などとの類症鑑別が必要である。カンジダ症では病変部のサブロー寒天培地での培養やコットンブルー染色での鏡検による酵母菌体の確認，また毛細線虫症では病変部の鏡検による虫卵による。

h．血液原虫症

主にプラスモジウム（*Plasmodium*），ヘモプロテウス（*Haemoproteus*），ロイコチトゾーン（*Leucocytozoon*）およびトリパノソーマ（*Trypanosoma*）の 4 属の寄生が普通に認められる。他にもいくつかのピロプラズマ原虫がみられる。診断は血液塗沫標本の観察による。

プラスモジウム は鳥マラリアの原因となるが国内の猛禽類では他の 3 属ほど寄生は多くない。ペンギンなどの高緯度地域に生息する鳥類のプラスモジウム感受性は高く，猛禽類ではシロハヤブサやシロフクロウ，特に幼鳥では重度の貧血を示して死亡することがあるため適切な治療を要する。治療は，プリマキン 0.75mg/kg 初回のみ，およびクロロキン 15mg/kg，1，12，24，48，72 時間目の投薬プロトコールで効果が認められている。それぞれの投薬量と間隔は症状に応じて調節する。また，シロフクロウのプラスモジウム感染症でスルファドキシン・ピリメサミン各 10，0.5mg/kg，10 日間の投薬が有効であった例も報告されている。メフロキンも効果があるとされるが，シロフクロウのヘモプロテウス感染症にプリマキンの方が有効であったという報告がある。仮に，治療後の血液検査で虫体が陰性となっても赤外型原虫が体内組織に潜伏する可能性があるので，この時点で放鳥とする。以降も治療継続が必要な場合，定期的な予防的投薬（プリマキン 0.75mg/kg およびクロロキン 15mg/kg，週 1 回）が有用である。

他の 3 属では通常不顕性で宿主と共存しており，臨床的に問題とはならない。しかし，ヘモプロテウスおよびロイコチトゾーン感染では飼育や環境などの要因によって発症することがあり，シロフクロウやキンメフクロウにおいてヘモプロテウス感染では元気・食欲消失と貧血を主症状とする死亡例，またロイコチトゾーン感染では貧血，幼若ハヤブサでの死亡例が報

告されている。ヘモプロテウスおよびロイコチトゾーン感染の治療は鳥マラリアの治療に準じて行うが、特にロイコチトゾーン感染ではあまり効果が得られていない。著者はキンメフクロウのヘモプロテウスおよびロイコチトゾーン混合感染（図4-15）にスルファドキシン・ピリメサミン各12, 0.6mg/kg, 30日間の投薬を行い、完全駆虫には至らなかったが、症状の回復に有効であった例を経験している。

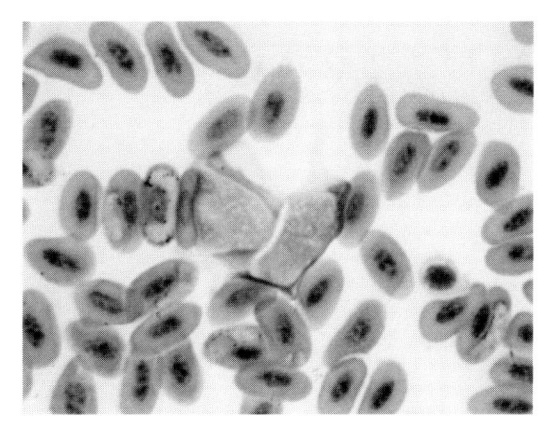

図4-15　血液原虫症
キンメフクロウにおけるヘモプロテウスとロイコチトゾーンの混合感染例。越冬飼育施設から屋外展示施設への移動後に、元気食欲低下、沈うつおよび飛翔能力低下を示した。血液検査の結果、重度の白血球減少症が認められた。

いずれの血液原虫症に対する治療も野生復帰が目的である場合は臨床症状の改善が得られれば十分である。国内で一般に市販されている抗マラリア薬は、スルファドキシン・ピリメサミン合剤、メフロキンやキニーネなどで、プリマキン・クロロキンの入手については創薬等ヒューマンサイエンス総合研究事業「熱帯病に対するオーファンドラッグ開発研究」班に問い合わせていただきたい。

他の原因で治療やリハビリ中の個体には蚊やブユなどのベクター対策も併行して行う。ペットとしての輸入鳥が保有する血液原虫は他の感染性因子と同様に移入病原体として懸念されることから、希少猛禽類の保護管理上注意が必要である。

i. 鉛中毒症

北海道において、越冬のため飛来したワシ類が狩猟後放置されたエゾシカの残滓を体内に散らばった鉛弾ごと摂取することで起こる鉛中毒が問題となっている。また、鉛を摂取したカモ類や小鳥を補食して起こる二次中毒を疑う例がオオワシやオオタカで報告されている（斉藤ら私信）。主な症状として、元気食欲消失、沈うつ、嘔吐、緑色便、脱水削痩や神経症状などが認められる。身体検査や治療の際、貧血、チアノーゼやショックに注意する。血液検査では主に高度の再生性貧血、白血球数の高値と左方移動およびヘテロフィルの中毒性変化（図4-16a, 表4-2）、血液化学検査では脱水、肝障害、CK・Tcho・GLUの高値の所見が認められる（表4-2）。血液中鉛濃度により、0.1ppm未満が「汚染なし」、0.1～0.6ppmが「鉛暴露」、0.6ppm以上が「鉛中毒もしくは高度の鉛暴露」と判定される（ワシ類鉛中毒ネットワーク判定基準）。X線検査において胃内に摂取した鉛弾を認めることがあるが、すでに融解していることが多い（図4-16b）。

治療は、胃消化管内に鉛弾が残存している場合は胃洗浄や摘出手術を検討する。血中鉛の解毒のため、基本的にEDTAカルシウム30～40mg/kgを1日2回静脈内投与して行う。投薬

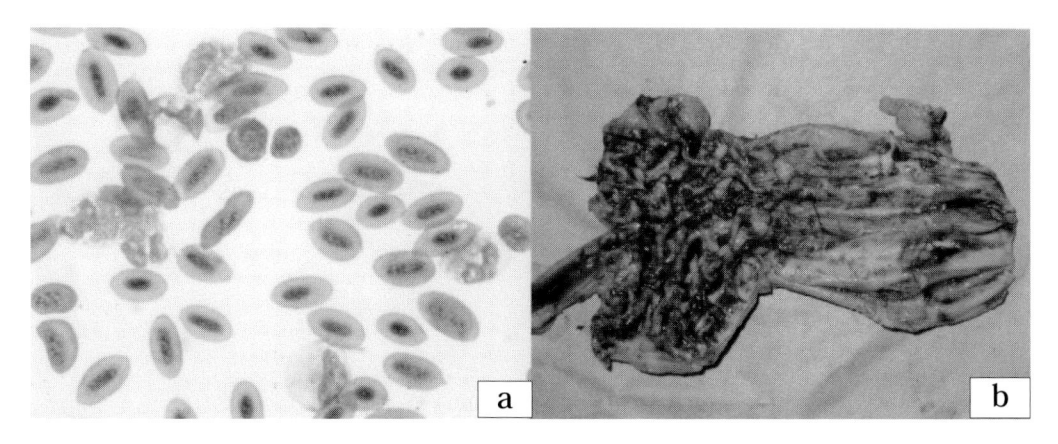

図 4-16 鉛中毒症
北海道穂別町で保護され，収容翌日に死亡したオジロワシの所見。血中鉛濃度は1.8ppm。a：血液像。赤芽球の高度出現，ヘテロフィルの左方移動と中毒性変化が特徴的である。b：剖検では，胃内にエゾシカと思われる獣毛と拡張した胆嚢から逆流した胆汁が認められた。

表 4-2 鉛中毒症と診断されたオジロワシの血液および血液化学検査結果

RBC ($\times 10^4$/ml)	130	TP (g/dl)	5.5
PCV (%)	26	ALB (g/dl)	2.5
Hb (g/dl)	8	BUN (mg/dl)	9
MCV (fl)	200	CREA (mg/dl)	0.6
MCH (pg)	61.5	UA (mg/dl)	12.6
MCHC (%)	30.8	Tcho (mg/dl)	419
WBC (/ml)	19068	TG (mg/dl)	32
Het (St) (/ml)	3432	TBA (μmol/l)	8
Het (Seg) (/ml)	14015	AST (IU/l)	732
Lym (/ml)	763	ALT (IU/l)	73
Mono (/ml)	763	ALP (IU/l)	109
Eos (/ml)	95	LDH (IU/l)	1532
Baso (/ml)	0	GGT (IU/l)	1
Haematozoa	なし	CK (IU/l)	3556
		LIPA (IU/l)	230
		GLU (mg/dl)	834
		Na (mEq/l)	159
		K (mEq/l)	1.9
		Cl (mEq/l)	115
		Ca (mg/dl)	10.8
		P (mg/dl)	6.6
		Pb (ppm)	1.8（換算値）

はキレート剤の副作用を避けるため3～4日継続，2日休止を基本とした1クールを繰り返す。血中鉛濃度が低下し，嘔吐が消失するなど状態が安定したら，キレート剤は経口投与に切り替える。保定・治療時のストレスを最小限にし，胃内鉛のキレートも行うため，経口投与主体による治療の有用性が示されている。治療中は細菌や真菌の二次感染やキレート剤による腎機能低下などに対する注意が常に必要である。併用する支持療法として，輸液，ビタミン剤，抗生

物質やグリチルリチン酸製剤・グルタチオン・DL-メチオニンなどの強肝剤の投与を行う。状態に応じて栄養補給や貧血の治療のため鉄剤の投与も行う。活動型炎症を抑えるためコルチコステロイドの短期間使用は有効である。

鉛中毒による個体の死亡に伴う生息数の減少に加え，繁殖能力の低下という将来への影響も懸念される。本症の発生防止には鉛弾の所有使用に関する法規則，および代替弾の開発流通の促進，対症的には被弾したシカの残滓を放置しないことなどが指摘されている。ワシ類鉛中毒ネットワークの活動により実態が次第に明らかとなり，法整備と狩猟者の意識向上に結びついてきている。しかし，発生は依然続いており新たな地区でも起こっていることから，ワシ類の鉛中毒撲滅に向けてさらなる世論の意識向上と関係者の努力が期待される。現在までに本州ではその発生は確認されていないが，潜在的可能性を否定できないので監視が必要であろう。

4）放鳥までと野生復帰不能個体の環境教育プログラムへの応用

（1）骨折治療中のリハビリテーション

翼の骨折治療のために8の字包帯法やボディーラップ包帯法で長期間固定すると，飛翔のために必要な筋肉が萎縮・硬化する。特に翼膜前縁の長翼膜張筋腱が萎縮して翼を十分に開けなくなる。これを予防するために骨折整復手術の約1週間後から週に2，3回，約5分間，翼膜のマッサージ，肘・手根関節の屈伸運動およびストレッチを行うとよい。基本的には翼膜のマッサージから徐々に始め，肘・手根関節の軽いストレッチ，続いて翼が全開した状態になるまで肘・手根関節をゆっくりと伸展させて約10秒間保持した後，屈曲させるという動作の繰り返しまでの段階的に進めていく。創外固定手術を施した例では，必要に応じて用いた包帯を除去後すぐに運動量の多い上下の飛行運動を促すように止まり木を設置した屋内リハビリケージに移動する。

（2）放鳥の基準とリハビリテーション

保護した猛禽類を放鳥する価値があると判断する最低限の基準は，繁殖可能な個体でかつ自活できる能力を回復していることであろう。骨は癒合したけれどバランスよく十分に飛翔できない個体や人間に対して性的刷り込みが起こってしまった個体を放鳥することは自己満足に過ぎず，さらには自然界に人為的影響をもたらしかねないため，この基準を整理しておく必要がある。

衝突による一時的な脳震盪など数日以内に放鳥できる場合は例外として，患鳥が再び自然環境で自活していける運動能力（体力と飛翔力）を回復させるためリハビリテーションを行う必要性がある。さまざまな方法があるが，原則的には運動能力回復のための屋内リハビリから，基本生態回復のための屋外リハビリへと移行する。屋内リハビリには①自然に，②追い立てて，あるいは③鷹匠技術を応用した訓練により飛行させる方式がある。ミネソタ大学猛禽センター

(TRC)における追い立て飛行訓練は，基本的に15～50mくらいの細長い廊下の両端に止まり木を設置してその間を繰り返し往復飛行させる，というものである．鷹匠技術を応用した飛行訓練は，広いスペースは必要でないが，専門的な知識と技術の習得と職人勘が必要である．基本的には，鳥に足革などの装具をつけて訓練し，低い止まり木から頭上に上げた拳に飛行させる（ジャンプアップ）動作を数百回繰り返して行えるようになるまで継続する．詳しくは他項を参照していただきたい．

屋外リハビリでは，中・小猛禽類の場合，高低差2m以上の止まり木を設置したフライイングケージ内で自由飛翔させる．大型猛禽類では，専用の大型フライイングケージと適切な環境が必要となるため，現実的には専門機関に輸送するなどの措置が必要になる．保護収容期間が10日以上経過した個体の放鳥後，特に巣立ち後の幼鳥ではハッキング（野外給餌）を行いながら野生復帰を補助していくことが望ましい．

（3）接　ぎ　羽（imping）

入院治療中に風切・尾羽を破損させてしまった場合，放鳥前にその羽または代わりに別の羽を接ぐことが奨められる（図4-17）．代用する場合は，破損した羽と同一部位で大きさや形が最も似ているものを選ぶが，同じ種，性および年齢のものが望ましい．頻繁に接ぎ羽を行う機会がある場合は，各種において死亡個体や換羽時の脱落羽に番号をつけて保存しておくとよい（「2.1）(5) b. 羽根の保存」参照）．

前もって，接ぐ羽根の羽軸に合う軸芯を準備する．軸芯は，軽くて丈夫な竹串，竹箸や釣り竿などのグラスファイバーが適当である．軸芯を長さ約3～5cmに切って，鳥の大きさに合わせてその一端の1.5～2.5cmが新しい接ぎ羽の羽軸にぴったりとはまるように削っておく．鳥側の軸芯はやや太めに整形しておく．

麻酔または保定下で，複数本の接ぎ羽を行う場合には最も内側から始める．損傷羽の羽軸を1.5～2.5cm残して切除する．新しい接ぎ羽が損傷羽の羽軸にぴったり合うように整形する．軸芯を挿入する両方の羽軸内部をクリップなどで掃除する．軸芯の半分が接ぎ羽の羽軸内腔にぴったり合いながら挿入できるように再度削って整形する．軸芯が細過ぎると接ぎ羽の脱落や軸芯部での破折の原因となり，また太過ぎると羽軸が割れてしまうため慎重に整形する．破損羽側の軸芯も同様に整形する．接ぎ羽の準備が終えたら，接ぎ羽，破損羽側の軸芯の順にエポキシ系の接着剤あるいは木工用ボンドを塗り，接着固定する．

（4）放鳥後の追跡調査

放鳥した個体を追跡調査するため個体識別が必要であり，通常足環や翼帯などの標識器具を用いる．小型発信器を装着するラジオテレメトリー方式による調査はリアルタイムかつ継続的な情報収集が可能であり，現在の主流となっている．それらの装着に当たっては行政の許可が必要であり，勝手に行ってはならない．方法の詳細を解説した良書が出版されているので参考

図 4-17　接ぎ羽

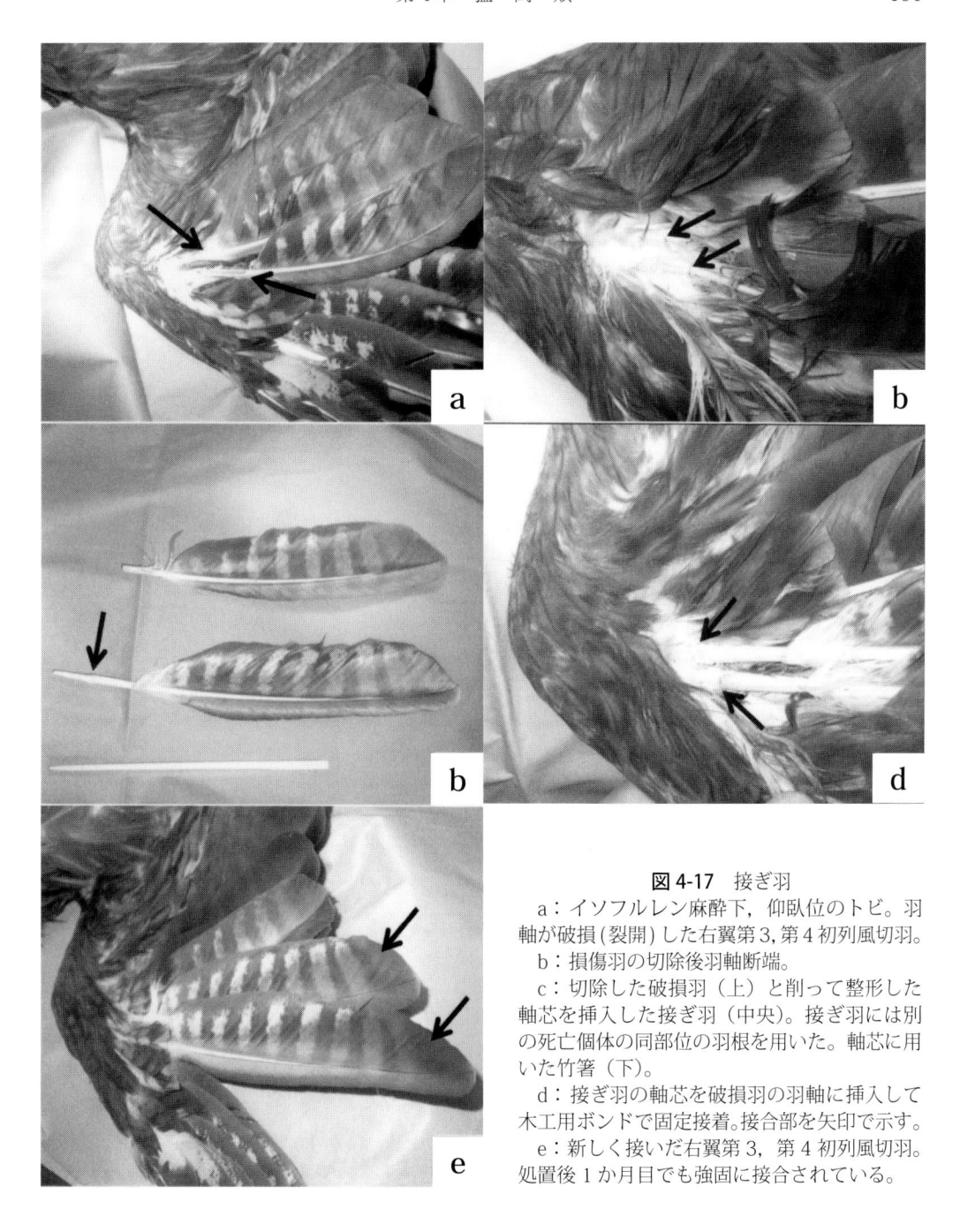

　a：イソフルレン麻酔下，仰臥位のトビ。羽軸が破損（裂開）した右翼第3，第4初列風切羽。
　b：損傷羽の切除後羽軸断端。
　c：切除した破損羽（上）と削って整形した軸芯を挿入した接ぎ羽（中央）。接ぎ羽には別の死亡個体の同部位の羽根を用いた。軸芯に用いた竹箸（下）。
　d：接ぎ羽の軸芯を破損羽の羽軸に挿入して木工用ボンドで固定接着。接合部を矢印で示す。
　e：新しく接いだ右翼第3，第4初列風切羽。処置後1か月目でも強固に接合されている。

にしていただきたい。
　最近では全地球測位システム（GPS：global positioning system）を利用したテレメトリーも開発されつつあり，今後の軽量化や装着・脱着性の改良が期待されている。

図 4-18 野生復帰できない個体は，環境教育のために使われる（米ミネソタ大学獣医学部 猛禽センターにて）。

（5）環境教育

ミネソタ大学猛禽センターでは，環境教育プログラムへの参加者が年間10万人を数えるという。センターを訪れる個人や団体の他にも夏休みを利用した子供向けに，またさまざまな場所へ出張して幅広い活動を行っている。プログラムには放鳥を断念した猛禽類をトレーニングして活用しており，生態系や食物連鎖などについて解説している。さらに市民を集めて「公開放鳥会」を開催するなど地域に密着した活動を展開している（図4-18）。

国内でも同様にいくつかの動物園で，鷹匠技術を応用してトレーニングした猛禽類を飛翔させて入園者向けガイドなどの活動が行われている。今後ますます，動物園や野生動物保護センターなどにおいて，野生復帰不能個体をガイドや展示に積極的に活用することで市民に野生動物，その現状や生態系などについて学ぶ機会を与えるための環境教育活動への取組みが重要視されており，より充実したプログラムの提供が期待される。

2．鷹匠の技術

「なぜ鷹匠の技術が役に立つのか」

古来から野生のタカやハヤブサを調教し，彼らの狩りの能力を利用して獲物を捕える鷹狩りを行ってきた鷹匠は，扱い方や飛行訓練はもとよりタカの健康・精神状態に敏感であった。現代は繁殖や雛に獲物の捕え方を教える訓練，獣医師によって適切な治療を受けたタカをなるべくストレスをかけない状態で休養させ，野生で再び生活していくためのリハビリテーション等，鷹匠の果たすべき役割は広範囲にわたっている。

日本ではボランティアとして協力できる鷹匠の数はまだ多くはないが，行政・保護する人達・獣医師・鷹匠のネットワークが確立されれば，スムーズで積極的な猛禽の保護・管理体制が生まれ，技術や知識の普及がなされるに違いない。

この章では簡単にではあるが，猛禽の扱い方と訓練についての概略を述べるので，基本的な猛禽類の接し方を知り，役立てていただきたい。

1）猛禽の扱い方

（1）伏　せ　方

猛禽の羽根を傷めず，速やかに猛禽への最初の処置を行うことが可能となる。
日本手拭い（伏衣）を使用する。さらに洋式フード（頭巾）を被せてもよい。

a．日本手拭い（伏衣）の使用法（図4-19）

①半分に折り，折り目から指3本位開けて端を縫い合わせる。

②輪になった部分から鳥の頭を出すように被せ，着物を着せるように手拭いの両端を腹側で交差させ，両翼をたたんで背中側で結ぶのが通常の方法である。

・継ぎ羽根や治療用に露出したい部分がある場合はその箇所を出して覆う。
・覆い方は背と腹を逆にする等，応用して使用できる。

b．洋式フード（頭巾）の使用法と型紙

牛革やカンガルー革製で種別に多くのサイズがあるが，ハヤブサの雌用1個でオオタカや

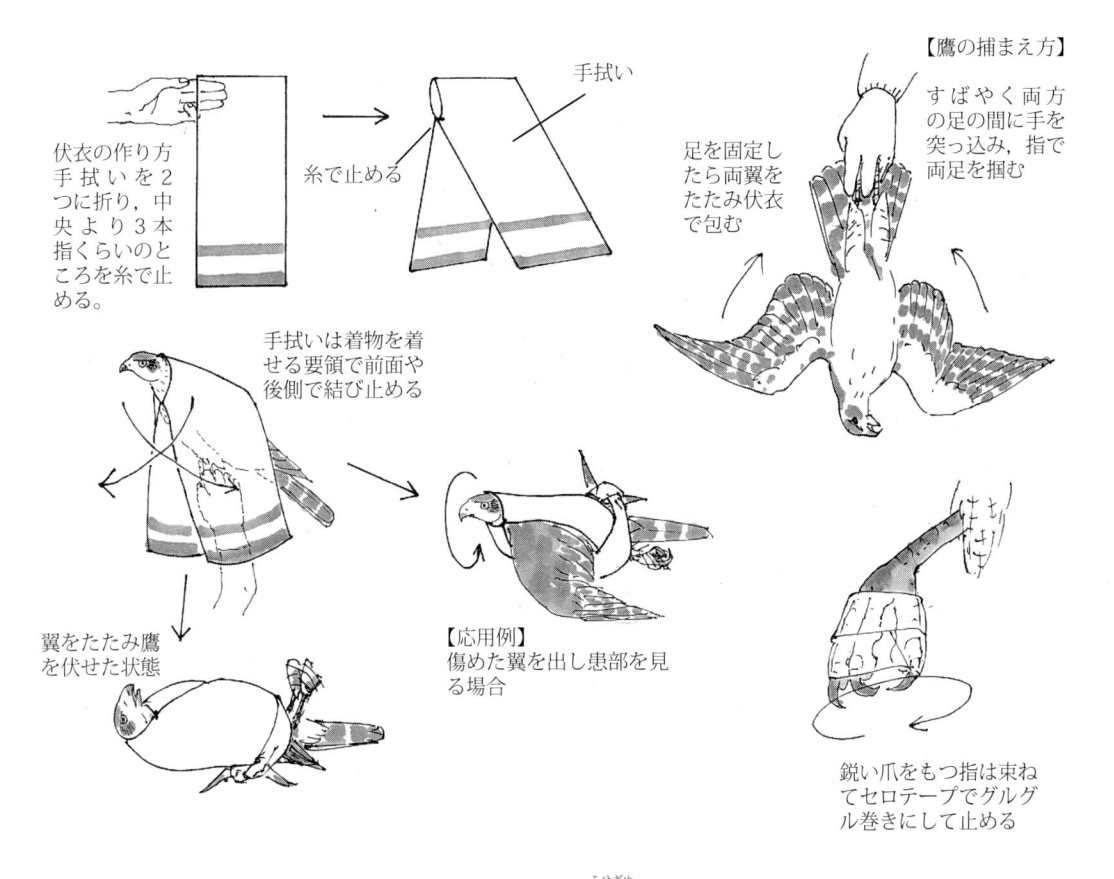

図4-19　日本手拭い（伏衣）の使用法

154　　　　　　　　　　第4章　猛禽類

フードを引き締める皮を付ける穴

摘みを付ける穴なくてもよい

牛皮またはカンガルー皮　厚さ1.2〜1.3mm前後

縫い合わせる

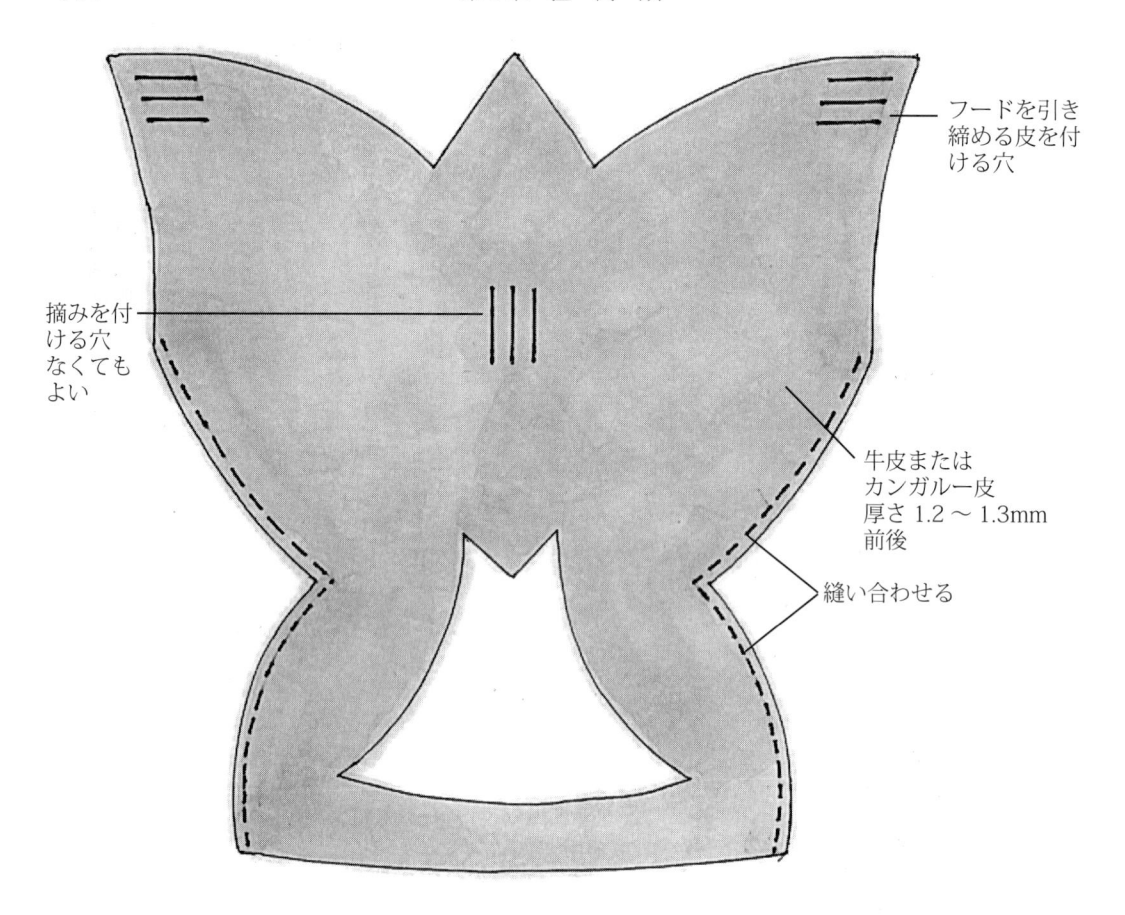

図4-20a　インデアンフードの型紙（ハヤブサの雌サイズ原寸）

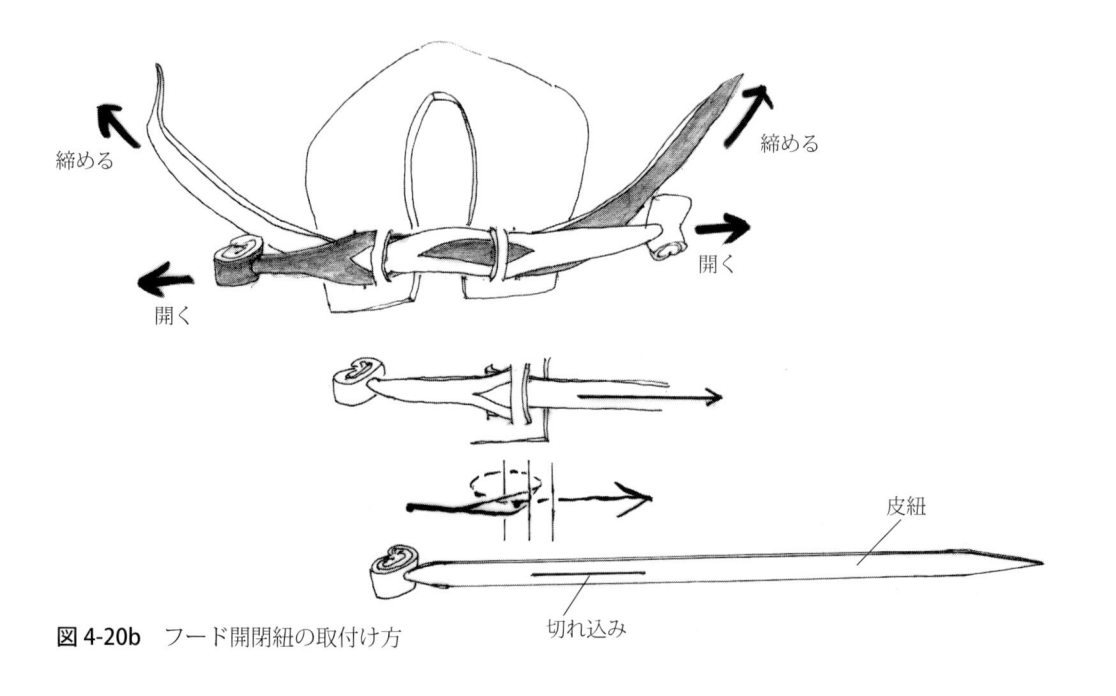

締める

締める

開く

開く

皮紐

切れ込み

図4-20b　フード開閉紐の取付け方

第4章　猛禽類

ノスリ等を伏せる際の一時的な代用も可能である。猛禽専門店等で入手できる。自分で作成することも難しくはないので以下にインディアンフードのハヤブサの型紙（雌サイズ）を付けるので参考にして応用すること（図4-20a,b）。

（2）足革の付け方

猛禽を拳や体重計の上に載せる，止まり木にとめる等，猛禽を扱う際は足革を付けておくと，

和式足革の型紙（オオタカ，雌）一体型

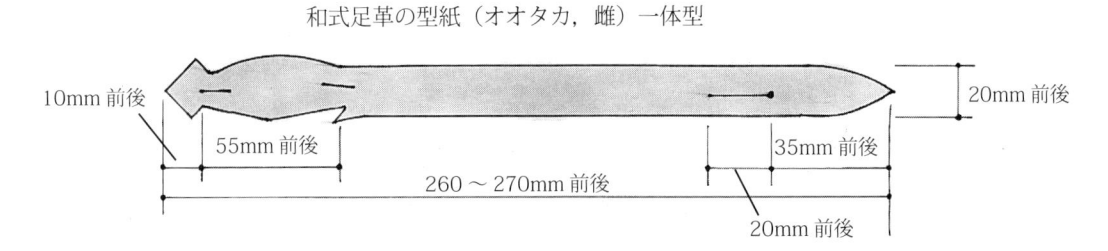

10mm前後　55mm前後　260〜270mm前後　35mm前後　20mm前後　20mm前後

図4-21　和式足革の作成

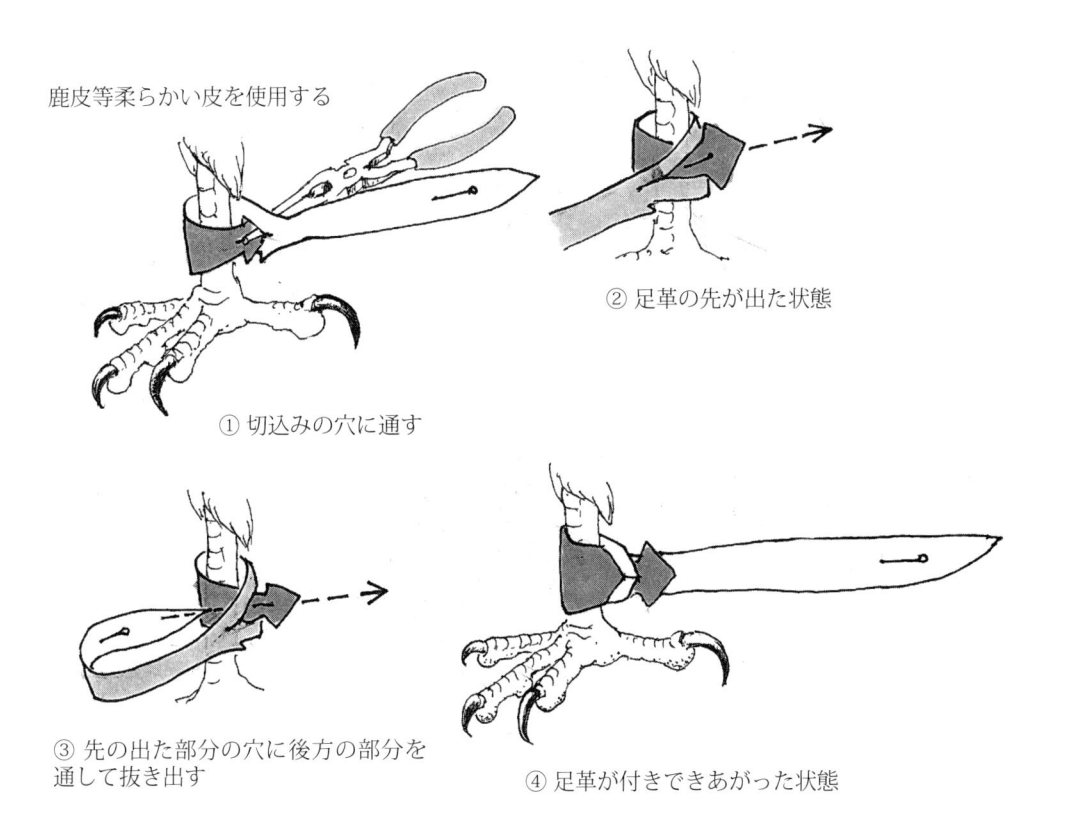

鹿皮等柔らかい皮を使用する

① 切込みの穴に通す

② 足革の先が出た状態

③ 先の出た部分の穴に後方の部分を通して抜き出す

④ 足革が付きできあがった状態

図4-22　和式足革の付け方

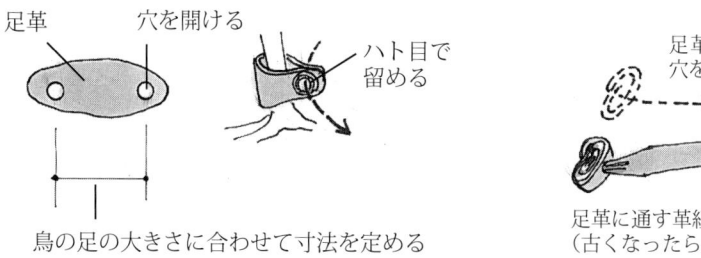

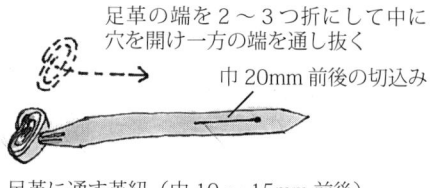

足革　穴を開ける　　ハト目で留める　　足革の端を2〜3つ折にして中に穴を開け一方の端を通し抜く

巾20mm前後の切込み

鳥の足の大きさに合わせて寸法を定める

足革に通す革紐（巾10〜15mm前後）
（古くなったらこの部分だけ取り替えればよい）

図 4-23　洋式足革の作成と付け方

取り扱いが非常に楽になる。

a．足革の作成方法

ソフト加工の牛革やカンガルー革，鹿革を使用する。厚さ 1.2〜1.5mm 程度の物を図 4-21 のように加工する。保護されて間もないタカは嘴が鋭く，洋式（図 4-23）のハトメ金具は外されやすいため，一体型の和式が有効である。しかし長期間保護飼育が必要な場合は，足革が劣化するため，革紐をとりかえやすい洋式の方が便利な事もある。

（3）爪と嘴の削り方

長期間飼育された個体は爪や嘴が伸びすぎて，獲物となる小動物を押さえたり嘴で引き裂いて食べる行為がうまくできない場合が多い。このような個体は爪と嘴を適切な長さに削ってや

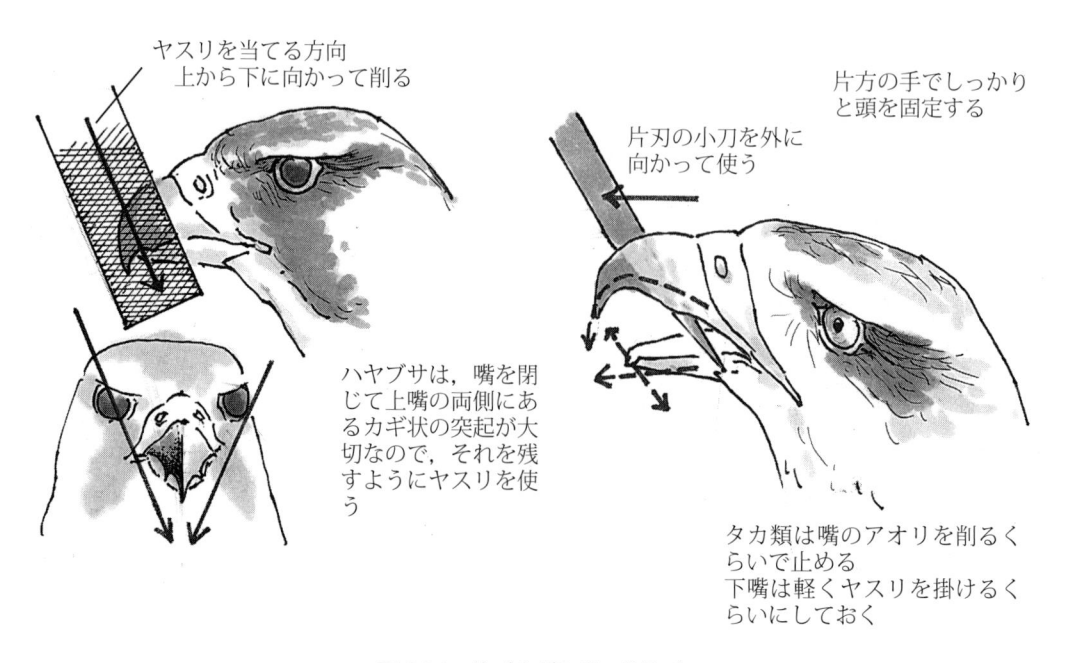

ヤスリを当てる方向
上から下に向かって削る

片方の手でしっかりと頭を固定する

片刃の小刀を外に向かって使う

ハヤブサは，嘴を閉じて上嘴の両側にあるカギ状の突起が大切なので，それを残すようにヤスリを使う

タカ類は嘴のアオリを削るくらいで止める
下嘴は軽くヤスリを掛けるくらいにしておく

図 4-24　伸びすぎた嘴の削り方

らなければならない（図 4-24）。

（4）体重の測り方

体重計に載せる時は驚いて跳ねる等の事故を防ぐため、足革に縒り戻し（猿環）を付けた組紐（大緒）を使用する。体重を正確に測定するため、紐は上に持ち上げておく。

a．暗闇測定法

①部屋を暗くして猛禽を拳に載せる。載らない時は後足首に拳をあてるようにすれば自然と後ずさりして乗る。そのまま体重計に同様の方法で乗せる。

②体重計をペンライトで照らして確認した後、再び暗くして体重計から降ろす。
猛禽の身体全体を見たい時も細いライトを使用し、猛禽の顔を中心に光を当てるようにするとよい。人間は光の後方から観察すること。

③猛禽を止まり木に戻す。

（5）羽根の接ぎ方（図 4-25）

放鳥後の猛禽が確実に自活していけるように、欠損している羽根があればその部分を補って

予め用意している健全な羽根

捩れを防ぐために羽根の部分を残して切る

傷んだ羽根と同じ羽根を用意してその部分に接ぎ羽根をする

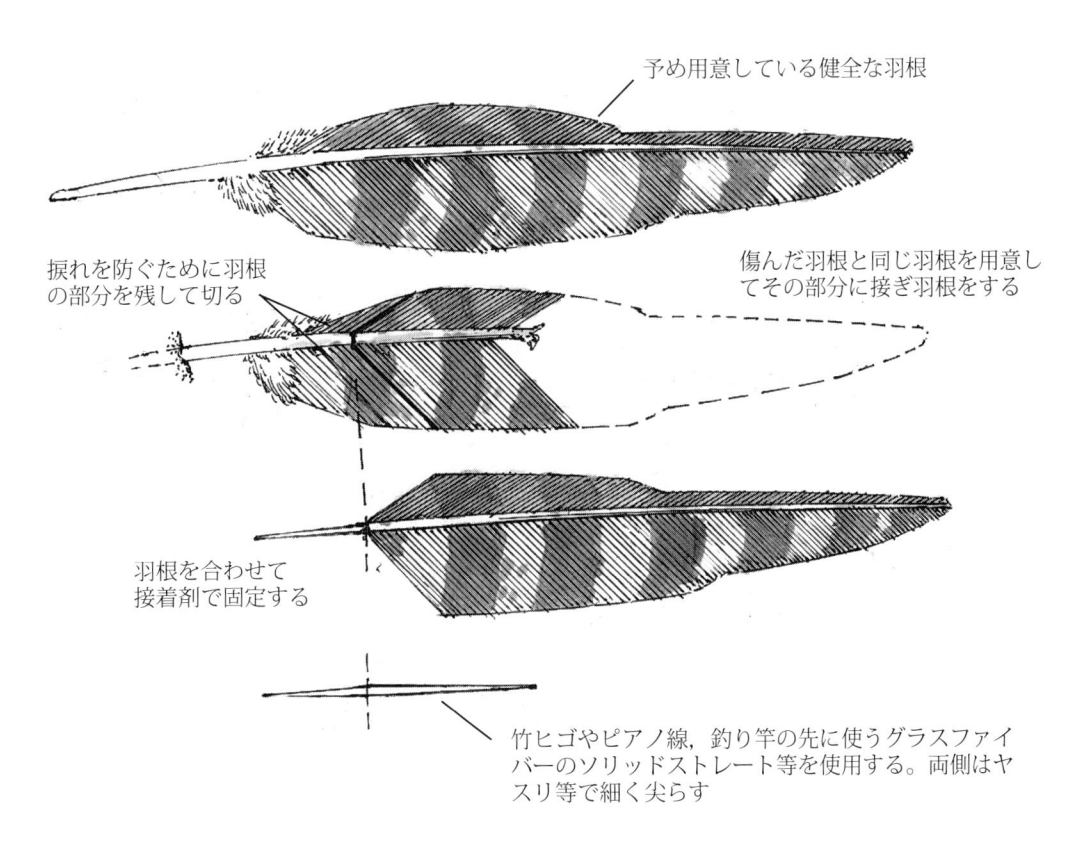

羽根を合わせて接着剤で固定する

竹ヒゴやピアノ線、釣り竿の先に使うグラスファイバーのソリッドストレート等を使用する。両側はヤスリ等で細く尖らす

図 4-25 傷んだ羽根を接ぐ方法

やるために，接ぎ羽根を行う。大きく欠損して跳べない場合は訓練前に継ぐこと。初列風切羽根で外側より5枚以内，尾羽根で12枚までは継ぎ羽根で補えるが，それ以上欠損しているようなら換羽（時）を待った方がよい。

a．接　ぎ　方

① 1/3以上欠損している部分を同じ羽根で補ってやる。折れた部分の羽軸の先は破損している場合が多いので，少し根元の方で切り返す。なるべく羽軸の太い部分で継いだ方が丈夫で傷みにくい。羽軸の両側の羽根を残しておくとねじれを防ぐ接ぎ方ができる。

②羽軸の中に竹ひごや釣具用グラスファイバー，ピアノ線，針，ヘアピン等を入れて接着剤で固める。太さを調整する場合はティッシュペーパーや糸を巻き付けて接着剤で固め，回転しないように調整する。

③補う羽根を元の羽根と同じ長さに揃えて自然な状態を作る細心の注意と技術が必要である。

b．羽根の保存

死亡した個体や換羽後の羽根を種別・性別・翼の左右・尾羽根ごとに封筒もしくはクリアファイル等に防虫剤と一緒に入れておくとよい。汚れたり萎れている場合は湯通しして洗い，乾燥させて保存する。

2）猛禽への接し方

（1）拳での保持（据え）の方法（図4-26）

拳を水平に維持し，猛禽にとって安定した止まり木を与えるような気持ちで据えることが大切である。鷹匠が猛禽に接する以前に，水を張った湯呑みを拳に載せて歩き，水をこぼさないように訓練したように，猛禽を扱う上での最も大切な基本技でありタカを驚かさずに観察する等，扱う上で色々な場面で役立つことになる。

（2）餌と水の与え方

野生の猛禽に対しては，日常的になるべく人間に接触する機会を少なくして馴れるのを避けるようにするため，餌も自発的に食べさせることが大切である。なるべく生き餌か形状のわかる餌を用意し，止まり木に乗せるか収容施設内の餌場に置く。

衝突事故等で死んだ小動物を冷凍保存しておき解凍してその姿のまま与えるとよい。捕食動物の羽根や毛を引きながら食べる行為は，自立のために不可欠である。

概して猛禽はあまり水を欲しがらないが，暗闇で最初は切り餌を入れるなどした椀内に光をあて水を飲むことを教えておくと，薬を溶かした水を飲ませる際等に役立つことにもなる。日常用意しておく餌としては冷凍ウズラ，ハト，ヒヨコ，マウス等と訓練用の生きてるウズラ，ハト，マウス等が用意できればよい。

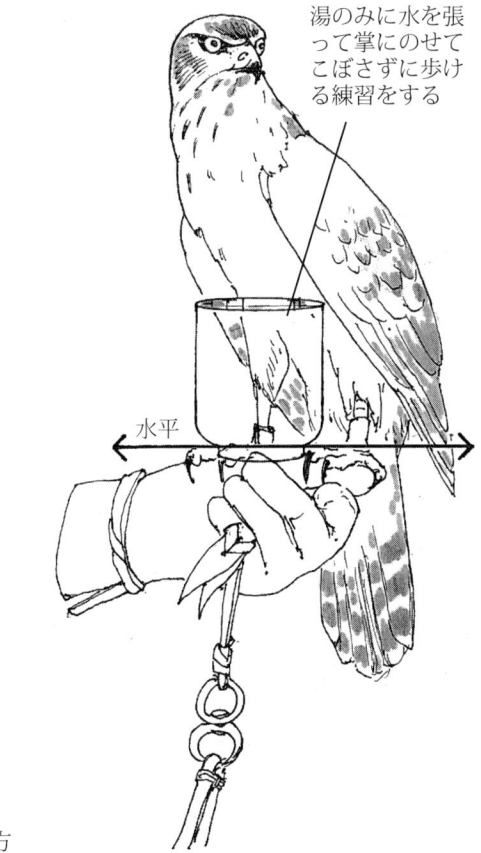

図 4-26　鷹の据方

(湯のみに水を張って掌にのせてこぼさずに歩ける練習をする)

水平

(3) 止まり木の設置

治療後の猛禽や一時的な保護で十分な個体は安静のため暗室に留める。飛行訓練中や放鳥前の個体は屋外に設置した止まり木にとめるか収容施設で放し飼いにする。

(4) 室内に設ける止まり木

治療中や夜間観察が必要な個体は洋式フードを被せた状態で止まり木にとめると安静が保てる上，十分な観察も可能である。フードがなければ広い暗室が必要になる。

(5) 屋外に設ける止まり木

治癒後またはリハビリ中で十分に羽ばたける個体に，外の景色に馴染ませるために用いる。

第4章　猛禽類

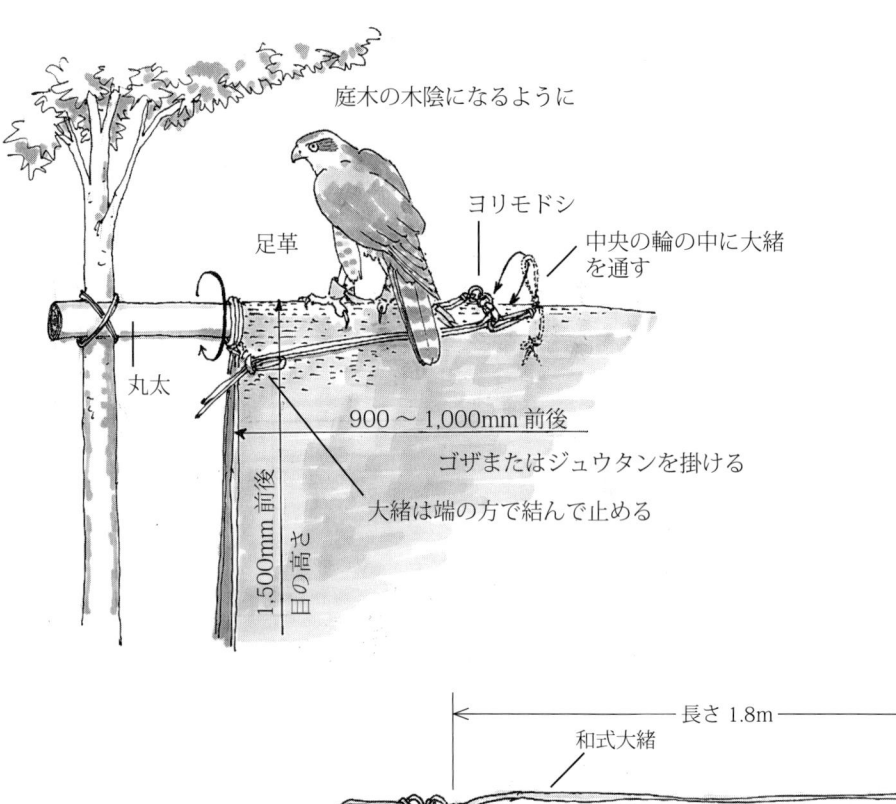

庭木の木陰になるように

ヨリモドシ

中央の輪の中に大緒を通す

足革

丸太

900〜1,000mm前後
ゴザまたはジュウタンを掛ける
大緒は端の方で結んで止める

1,500mm前後 目の高さ

長さ 1.8m
和式大緒
ヨリモドシ

図4-27　和式止まり木

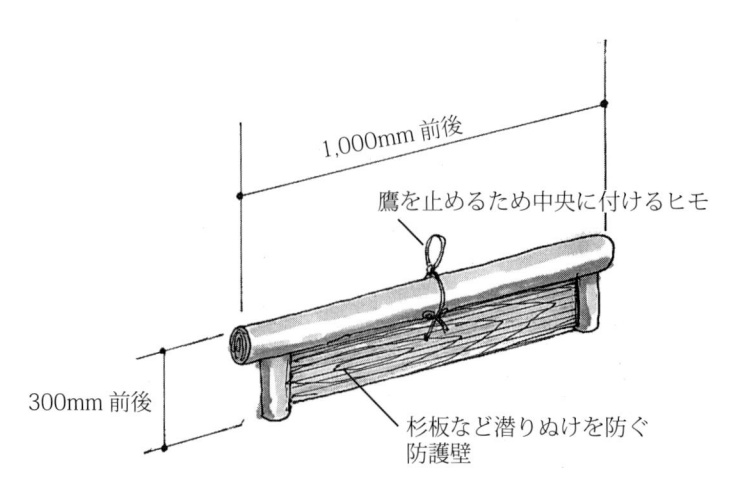

1,000mm前後
鷹を止めるため中央に付けるヒモ

300mm前後

杉板など潜りぬけを防ぐ防護壁

図4-28　地架（屋外用止まり木）

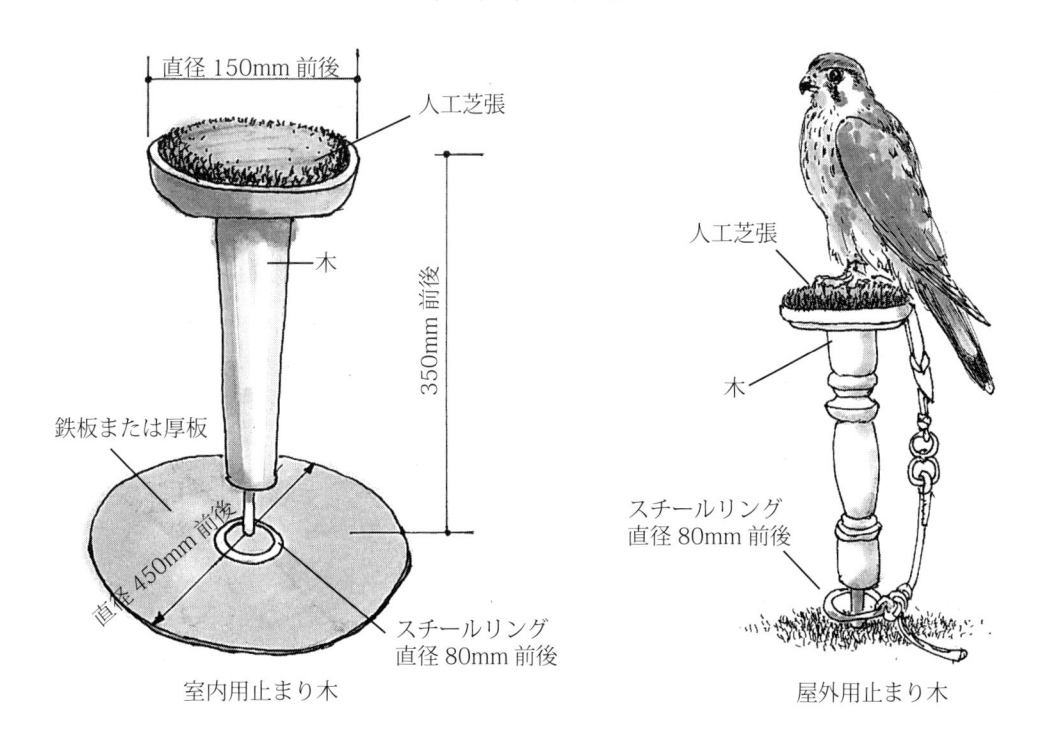

図 4-29　洋式止まり木

（6）止まり木の種類

a．和式止まり木の使用法

タカ・ノスリ等は庭木を利用した止まり木の真ん中にとまらせ，止まり木に大緒を結んでとめる（図 4-27）。

体力の低い幼鳥や翼長の長いハヤブサは跳ねて下方にぶらさがると戻れないことがあるので，低い止まり木（地架，図 4-28）を使用する方がよい。

b．洋式止まり木の使用法（図 4-29）

地面に設置した円形の止まり木にとめ，金輪に大緒を結ぶ。地面に降りやすいので，芝生や人工芝で覆うと羽根が傷みにくい。野外に設置する場合は，犬や猫の侵入を防ぐ対策が必要になる。

3）放鳥に向けた訓練

（1）訓練の基本的な考え方

鷹匠は鷹狩りに使用するタカに対し，最初に人間への恐怖心を取り除き信頼関係を築くことに力を注ぐが，放鳥する個体の場合は人間に馴らす部分を省き，必要最低限の接触をもってス

トレスを防ぐことが最も大切である。

ただし野生復帰できない個体を人前に出す必要がある場合は，人間に馴らす訓練が別に必要となる。

（2）野生復帰できる状態とは

猛禽が野生の獲物を捕って自活していける状態を放鳥の目安とする。自主的に獲物に向かう気持ちを維持させるため管理・保護しすぎず，最小限の範囲で人間との接点をはかる配慮が必要である。

治療後は満腹に近い状態まで餌を与え，たとえ放鳥後周囲の環境に馴染み，獲物を捕れる状況に落ち着くまで1週間何も食べられなかったとしても生きられるだけの脂肪を蓄えさせておく。

（3）保護状態に応じた対処法

最初に鳥の状態（野生で十分自活していた個体か・自立できなかった個体か）を見極めて種別・個別にあわせたリハビリを施すこと。

①明らかに野生での生活が長く，不慮の事故等で負傷した鳥・打撲や負傷が完治した鳥・衰弱した成鳥

→　狩りの技術はすでに持っているので，餌を十分に与え，暗闇でのマッサージを行い身体をほぐし，安静を保って体力の回復を重視する。

②巣立ち後，自活できずに保護された鳥

→　狩りの技術が未熟なので体力回復後の飛行訓練・獲物を捕る訓練を重視する。

（4）基本的なリハビリテーション

猛禽本来の気性を損なわないように，獲物を再び捕食できる自信を取り戻させる。人との接触を少なくするため，できる限り短期間での体力回復を行うこと。

a．訓練方法の目安

野生生活での狩りの方法が放鳥後もできるかどうかによって異なる。

①種別ごとの訓練方法

タカ・ノスリ：待ち伏せ猟中心。安静と体力回復による体重増加を図り，長い紐（50m前後）を付けて飛行状態を見て，問題がなければ早目に放鳥する。クマタカは野生個体でも自活するまで比較的時間を要するので，専門的な獲物を捕る訓練（鷹匠の技術）が必要な場合もある。

ハヤブサ：空中での獲物捕獲。長時間の飛行ができる体力の回復と捕獲技術の確認が必要である。ルアー等を用いた飛行訓練を行い，問題がなければ放鳥する。自由に飛ばすためには鷹匠の技術が不可欠である。

②状態別の訓練方法

幼　鳥：自活を助ける。野生生活が短いので人間に対する恐怖心は比較的軽く，馴れやすいので馴れさせないための配慮が要求される。獲物の押さえ方・捕え方・食べ方が十分できるか確認の上，未熟であれば獲物を捕る訓練（生き餌を与える）をして教える。場所によっては自立までハッキングタワーを使用した方がよい。飛行訓練・狩りの訓練を短期間で行い，自立を促すために放鳥前に人間に馴れすぎた個体は，嫌がるようなことをして放す。

成　鳥：自信の回復。神経質で人間による保護・手術等によるショックを受けると，治癒後も身体が動かないと思い込んだり緊張が解けなくなり硬直する場合がある。暗闇でのマッサージと十分な餌を与えて驚かさないように観察を行う。暴れても羽根が傷まないように配慮し，人間が見えない施設や暗室に入れて安静にしておく。気性の激しさは野生生活で大切なことであり，失わないように注意した方がよい。羽根の傷みがひどく継ぎ羽根ができない場合は換羽（時）を待たなければならず，半年〜1年の保護期間が必要となる。この場合は広い収容施設が必要である。

　タカ・ノスリは体力回復させた後，長い紐（50m前後）を付けて飛行状態を確認し，正常に飛行できるようなら放鳥が可能である。

　ハヤブサはルアー等を用いた飛行訓練と筋力回復が必要となる。特に鷹匠の技術がなくては放鳥は難しい。収容期間の短い個体（1か月前後）では飛行訓練を必要としない場合がある。

第5章　哺乳類・両生類

1．タ　ヌ　キ

　タヌキは低山地から郊外の住宅地まで生息しており，一番保護されることの多い哺乳類である。保護される場合は交通事故が一番多く，3〜5kgくらいの若い個体の方が車に慣れていないのか事故に遭いやすく，特に後脚と骨盤の骨折が多い。関東では皮膚疥癬のタヌキも数多く報告されている。交通事故以外では野犬に襲われたり，罠にかかる場合もある。病院等に搬入する場合，人が噛まれないように注意して，木箱や金属製のケージ，丈夫なダンボール箱に入れる。厚い毛布等で包むか，厚い皮手袋を利用するとよいだろう。また，ダニの寄生が非常に多いので，車に乗せる場合はその対策も注意を要する。

1）診　　察

　体がそう大きい動物ではないので，首筋をしっかり押さえるか口輪をして噛まれないように注意すれば犬の診察に準じて問題ない。衰弱して虚脱状態の場合は口輪をするだけでも診察できるが，興奮状態のタヌキは強制的に押さえつけてしまうとショック状態になってしまうこともあるので，麻酔をかけて診察した方がタヌキにも人にも安全なことが多い。
　図5-1はハンディーキャッチャーでワイヤーを首にかけて保定する保定具である。任意の場所でロックがかかるので首が絞まることもない。手前はセーフティーアームといい2.5mlの注射器を先端にセットして，ケージの外からでも抗生剤や麻酔の注射ができる。
　最初の診察で，野生復帰（自然復帰）ができるか，生涯人の管理下で飼育するものか，安楽死処分が妥当か判断できるものはしておく。

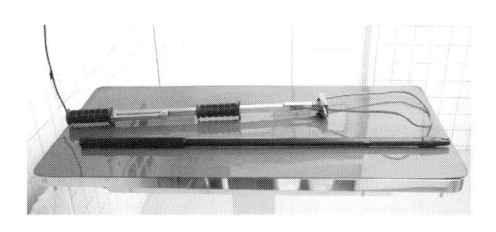

図5-1　保定具

2）検　　査

　血液検査は犬・猫に準じて前腕静脈，頸静脈等より採血する。X線検査，エコー検査等犬・猫に準じて行える。イヌ科でもあり経験上血液の正常値は犬と大差ないようである。

3）麻　　酔

　麻酔をかける場合は体重，性別，栄養状態，外傷の程度等を考慮して術者の慣れた麻酔を使う。著者は最初に塩酸メデトミジン10〜30μg/kgを使い，十分に沈静が得られたら手術用ゴム

図 5-2　麻酔下のタヌキ

図 5-3　ケージごとビニール袋に入れてガス麻酔を流す。

手袋等をしてなるべく素手で触らないようにして診察する。沈静が足りなければケタミン等を追加投薬するかガス麻酔を併用する。いきなりガス麻酔をかがせると逆に興奮状態にはいり危険なこともあるが，ケージの中で触ることもできないような場合はケージごと大きなビニール袋に入れてガス麻酔を流して麻酔に導入せざるをえない。

4）注　　射

　注射方法も犬・猫と変わらない。脱水の軽いものは皮下注射や皮下点滴でもよいが，重度の場合は前腕静脈，サフェナ静脈，頸静脈等に留置針を入れて点滴を行う。留置針は沈静下で安全に行う。また少し元気になると点滴を喰いちぎる個体もいるので，よく観察していること。
　薬用量は犬・猫に準じて投薬している。

5）処　置　管　理

図 5-4　ストレスで脚を自咬。

　ケージの中に入れられたストレスで自分の足を噛みちぎった例や，ケージの檻の部分を噛んで歯を折り唇も左右噛みちぎり壊死させてしまった個体もある。そのような個体は要らない風呂桶のようなものに入れた方がよいかもしれない。
　マダニの感染も非常に多い。入院室の中で他の動物に感染させないようにマダニ駆除を行う。著者は犬用のマダニ駆除剤を使用している。マダニ駆除剤としてはボルホ散1％（バイエル）の粉を全身に振り掛けると，翌日に

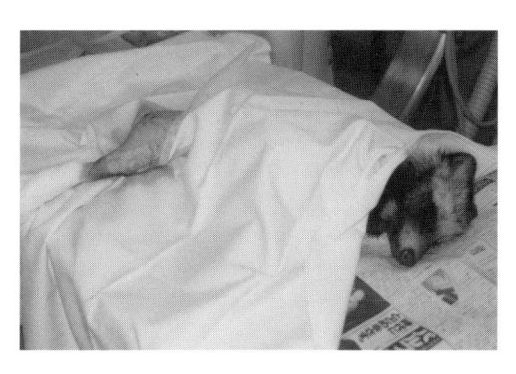

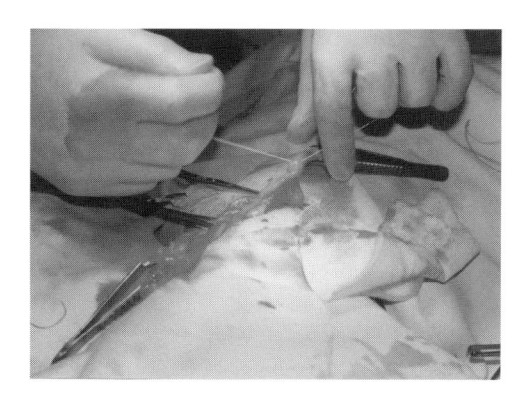

図 5-5　大腿骨骨折の手術前　　　　　　　図 5-6　卵巣子宮摘出手術

はほとんどマダニが落ちている。人間も直接タヌキに触らず，粉剤のため体を冷やさなくて使いやすいが，粉が舞うので術者も吸引しないようにマスクと手袋をしたほうがよい。入院室が水洗式なら，翌日に薬剤とダニの死骸を洗い流しておく。最近はフロントラインスポット（メリアル）犬用も使用している。毛を掻き分けて地肌に垂らすだけでよいので，体に触ることができるタヌキならこの方が粉剤を吸い込むことがない。

6）手　　　術

　交通事故が圧倒的に多く，四肢，骨盤，脊椎の骨折，頭部の外傷がほとんどである。四肢の骨折は犬・猫に準じて行うが，ギブスやテーピングの外部固定は噛み壊すことが多いので，ピンニングやプレートの手術をして内部固定をするが，夜行性の動物のため，昼は静かにしていても夜中にかなり暴れる個体があり，手術をしてもせっかくの固定が揺らいだりはずされたりすることがある。

　骨盤骨折をした雌の場合は，野生復帰させて妊娠した場合に難産になる可能性が高いと思われるので，不妊手術をしておいた方がよい。術式は犬・猫と全く同じ方法で卵巣子宮摘出手術を行う。

　下顎骨折はワイヤーやプレートを使い固定する。鼻孔や頸部食道から胃カテーテルを入れて犬・猫用の流動食を注入してもよい。多くは 1～2 週間程で柔らかくした餌で食べだす。

7）幼 獣 の 保 護

　子供のタヌキが側溝等で顔を出しているのは，巣が近くにありまだ親がそばにいることが多いので，怪我もなさそうならそのままにしておく。育てるだけなら子犬を育てる要領でよい。

　幼獣を人が育てた場合は，慣れすぎてしまい放獣できなくなることがほとんどである。餌をやる以外は人の姿を見せないようにして，ある程度の大きさに育てば昆虫や小動物を生きたま

図 5-7　放　獣

図 5-8　エゾダヌキの幼獣（道東野生動物保護センター）

ま捕まえて食べることができるように訓練をする。また，人間の食べるものを与えてしまうと人家の近くに出てきて生ゴミをあさる可能性があるので，与えないようにする。

8）野 生 復 帰

　成獣であれば回復次第，野生復帰は可能である。ある程度の山の中に連れて行けば放獣は特に問題ない。

2．キ　ツ　ネ

　キツネに関する伝説は，古くから世界各地で語られている。日本では人をだますとして"遊女""キツネつき"など暗いイメージが強い。一方，稲荷神社は農業の主神，イネの神として信仰され，産業と商売繁盛の神社として全国に建てられている。
　キツネは北海道に分布するキタキツネと本州，四国，九州に生息するホンドキツネがいて，北半球に分布しているアカギツネの亜種である。
　野ネズミのほか小鳥や昆虫も捕食し，野菜や果実などの農作物，犬の残飯なども食べる。
　イヌ科で交尾は冬期，妊娠期間は 50 数日で地下の巣穴で数頭の子供を産む。子育中の春は必死に餌集めをし人里に現れることが多く，人間とのトラブルもこの時期に多い。夏には"子別れ"と言って子供を巣から追い出し，この時期に子ギツネの交通事故も多くみられる。
　北海道ではひと頃あちこちでキタキツネを見かけたが，近年，目にすることが少なくなった。減少した主な原因としてカイセン症の流行があげられるが…。

1）診　　　察

　普通は金属製のケージに収容されて持ち込まれるので，まず視診から始める。出血の有無の

チェックをした後，ケージをダンボール箱の中に入れるか，ダンボールを上からかぶせるなどして「安静と保温」を行う。「哺乳類の看護」でも述べたが，毛布やバスタオルをケージの上から掛けるのはキツネが咬む恐れがあるので避けたい。使っても一時的なものにしておく。

衰弱が著しいときや毛を逆立てているときは加温が必要であり，ポリエチレンの容器などに39℃程度の湯を入れて"湯たんぽ"を作り，ケージとダンボールの間にセットするのがよい。毛布などの使用の場合も同様である。ケージの中に"湯たんぽ"を置いたり，キツネの体の上に直接バスタオルを掛けたりすることは，逆にストレスを加えることになるので避ける。また，すぐに餌や水を与えると暴れて散乱するおそれがあり，時間をおいてからにする。

キツネが落ち着いてきたら，体全体を眺めてから頭部と目，胴，四肢の各部のチェックをする。その後，食欲の有無を知る上で犬の餌（缶詰がよい）をスプーンですくい，ケージの外側から口元近くに入れ置いておく（図5-9）。

図 5-9 食欲の有無は口元にドッグフードを置くのがよい（写真では見づらいが口元においてある）。

キツネは普段，街中に出没することはないが，春の子育て時期には鶏を襲うこともある。数頭の子どもが日に日に大きくなり，餌不足となると大胆な行動をとることがある。その際に交通事故に遭うことがある。

また，子ギツネが成長すると，母親が子供を追い出す「子別れ」を行う。親元を離れ，フラフラしている間に交通事故に遭うわけで，夏場のこの時期に瀕死の状態で持ち込まれることがある。路上でよく見かける死体は，若い個体がほとんどである。

2）交通事故等

キツネの場合，交通事故に遭い道路上や脇で収容されるケースが多く，その大半は重症である（図5-10）。なかには，失神中に収容されて，届けられたときには元気を取り戻していたケースもあった。交通事故の場合，上半身の負傷は致命的であり，瞳孔のチェックや意識状態を把握することが大事である。下半身の場合は脊髄損傷が多く（図5-11），麻痺により自ら寝返りができない状態であれば予

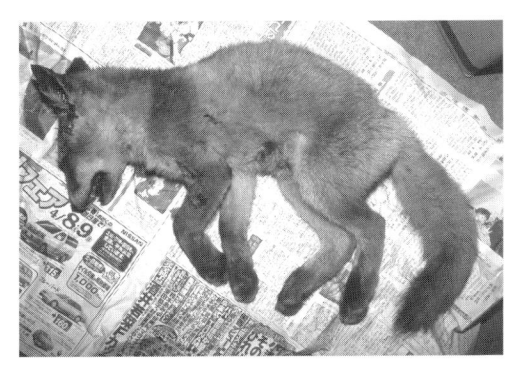

図 5-10 交通事故で瀕死のキツネ

後は厳しい。キツネはイヌ科なので整形外科は犬と同じでよい。食欲がある場合は，餌の中に錠剤を埋め込んだり，牛乳や水の中に錠剤を溶かしたりするのがよい。

　今までに矢が刺さったり（図5-12），針金のワナが首に巻きついたりして，保護収容の相談を受けたことがある。いずれも悪質ないたずらと思われた。いずれにしても捕獲をしなければ処置はできず，その場合追いかけて捕らえるのは難しく，餌付けをして野犬用捕獲ワナで捕えるのがよい（図5-13）。捕獲法は，第1章「2. 哺乳類」の項を参照されたい。ある程度近づくことができれば，吹き矢が便利である。

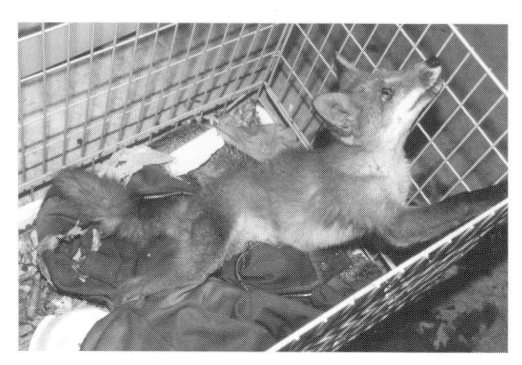

図 5-11 交通事故で下半身が麻痺しているキツネ

図 5-12 矢の刺さったキツネ

図 5-13 野犬用捕獲ワナにかかったキツネ

図 5-14 犬ジステンパーに感染したと思われる子ギツネ

3）エキノコックス症検査

キタキツネといえば，人獣共通感染症のエキノコッコス症を思い浮かべる人が多いだろう。本症の詳細は，第11章の「人獣共通感染症」を参照されたい。

保護収容したキタキツネの本症の感染に関しては，「環境動物フォーラム（代表：神谷正男）」へ相談するのがよい。同フォーラムの検査対象はペット（犬，猫）であるが，キツネの検査も可能である。糞便約5gを容器に完全密封し，送付する（常温でよい）。検査料は1検体3,000円（税込）で，依頼は獣医師を通して行う必要がある。結果は早くて1週間はかかる。

http://www.k3.dion.ne.jp/~fea/ を検索し，ダウンロードすると検査依頼書を取り出すことができる。

〒065-0020　札幌市東区北20条東2丁目2-29
環境動物フォーラム
Tel：011-731-6767〔不在の場合　011-706-5196〕
E-mail：fea@yahoogroups.jp

図 5-15　酪農家の犬に与えられた牛乳を盗み飲む。

図 5-16　おねだりギツネ
北海道の観光地に出没。

図 5-17　現在嫌われるキツネも差別なく保護している道東野生動物保護センターで居候。帯広郊外で保護した人が札幌へ持ち帰ったが，手にあまりセンターへ。名前はコンちゃん。

4）幼獣の保護

　キツネの哺育は基本的には犬と同じだが，多少の違いがある。まだ目も開いていない幼いキツネを保護することはごくまれである。野性味を持っているだけに最初から哺乳ビンを使っても上手くはいかず，注射器の先に短い管を取り付け，静かに口の中に注ぐ。最初は飲み込まず半分ほどはもどすが，次第に吸い付くようになり，数日後には哺乳ビンに切り換えても飲み込んでくれるはずである。哺乳ビンは犬用のものでよく，ミルクはエスビラック（共立製薬㈱）がよい。ミルクの量は犬を参考にし，特に食後には肛門や尿道口をウェットティッシュで強めに拭き，刺激を与える必要がある。犬のベタベタ糞に対して，キツネはコロコロ糞である。

　音には敏感だが，嗅覚はよくなく，特に目の反応は鈍い。また，犬の発育よりも遅く2か月で2kg以下の体重しかない（以上，映画「子ぎつねヘレン」のキツネの世話をされたドッグ・トレーナー宮忠臣氏より指導を得た）。

5）キツネの体臭対策

　キツネの体臭は犬とは比べ物にならないほど強いので，糞尿の処理をきちっとすることが大切である。金属製ケージに収容し治療した場合は，車庫などにケージごと移動させるのが賢明である。

3．シ カ

　シカ類は全世界に分布し種類も多く，草食性で肉はおいしく，皮革や角は加工品の材料として優れ，旧石器時代から利用されてきた。日本でも「古事記」など古い書物にも書かれている。

　ニホンジカは高い山岳地を除く全国の草地を含む森林地帯に分布している。北に分布する動物ほど大きくなるという「ベルクマンの法則」の通り，エゾシカの雄はヤクシカの2倍以上の大きさである。

　エゾシカ（北海道），ホンシュウジカ（本州），キュウシュウジカ（四国，九州），ツシマジカ（対馬），マゲシカ（馬毛島），ヤクシカ（屋久島，希少種），ケラマジカ（慶良間諸島，危急種）の7亜種が日本に分布している。

　交尾期は秋，妊娠期間は約220日で春〜夏に1子産む。秋は発情期，移動期であり，残り少ない草を道路脇に求めるため自動車事故，列車事故が多発している。

1）診　　　察

　大型哺乳類のシカが保護収容されたとすれば，相当なダメージを受けているはずで，その大半が交通事故によるものであろう。特に，上半身の負傷が大きい場合は，頭部の打撲により即死，もしくは重症例がほとんどである。下半身の負傷でも運良く軽度の場合は，3本足でも野

第 5 章　哺乳類・両生類

図 5-18　3 本足で放獣したシカ
野生界にも 3 本足のシカはいる。

図 5-19　交通事故で瀕死状態で持ち込まれたが，手の付けようもなく安楽死に。

生復帰が可能である（図 5-18）。
　以前は何割かのシカを放獣できたが，このところほぼ全頭が放獣不可能である。道路の砂利道から舗装化による自動車のスピード増や，ワゴン車，RV 車など大型車の増加により重大事故になるため，残念ながら安楽死を選択することになる（図 5-19）。
　シカは，雄の場合は角が危険だということは読者はご存知だろうが，雌といえど四肢をバタつかせ蹄の先でケガをする危険があるので，くれぐれもご注意願いたい。搬入されたら頭部に袋（枕カバーでもよい）やバスタオルなどを被せるとおとなしくなる。次に，バタつかせを防ぐために，ブルーシートや毛布などで包むようにして，搬入車から降ろすのが無難である。著者のところでは，南京袋とタルキを使った専用の担架を用意している（図 5-20）。
　起立不能の状態であれば，コンクリートの床より土間の方が床づれ（褥創）防止のためにはよい。敷きワラを十分に敷き詰めても，暴れてワラが床からなくなっていることがあるので注意願いたい。下半身が麻痺しているときは日に数回の寝返りを必要とする。起立しようと負傷のない足の方で蹴るので，負傷している足がどうしても下になってしまうので考慮すること。突っ張った足で寝返りさせることが難しいときは，逆に回転をさせひと回りさせる方が楽である。その際，バタつく足に注意することは言うまでもない。
　まずは，シカを収容しているスペースを暗くして安静を保ち，衰弱が著しいときはポリ容器にお湯を入れ，"湯たんぽ"

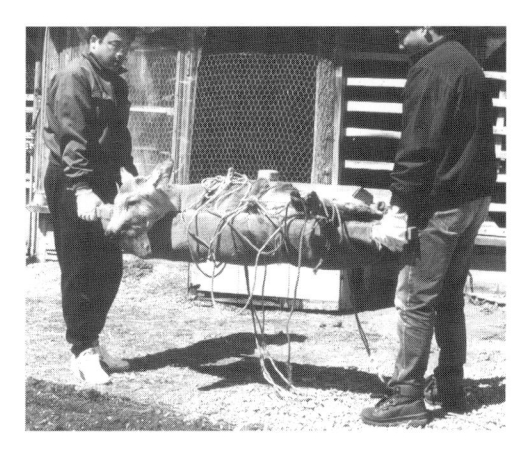

図 5-20　南京袋とタルキを利用してつくった担架

を設置する。当初から水や餌を与えようとせず,「安静・保温」を優先することがポイントである。もちろん,元気が回復してくれば先に水を与えて,飲むようであれば次に牧草などを与えるのがよい。合わせて,抗生剤と副腎皮質ホルモン剤を注射するとさらに効果的である。

接骨手術は家畜のマニュアル通りに行えばよい。問題は神経質な野生動物が接骨するまでの3～4週間,安静にしていてくれるかどうかである。結論として,細い足にギプスを巻いても暴れて二次的に骨折することがあるので,断脚術（後述「4）断脚術」参照）をお勧めしたい。

2）血液検査,糞便検査

採血は頸静脈（図5-21）からが一般的で,血液正常値（表5-1）を参考にしていただければ幸いである。塗抹による検査で小型ピロプラズマ原虫を検出したが,特に臨床症状では異常は認められなかった。糞便検査は反芻類として検査すればよく,多くが線虫を持っているが,衰弱しているときには陽性の場合は駆虫が必要である。駆虫薬としては,塩酸レバミゾール（リペルコールL,武田シェリング・プラウ アニマルヘルス㈱）がよい。

3）注　射　法

①**筋肉注射**：臀部,大腿部が一般的だが,痩せている個体は皮下注射をお勧めする。

②**皮下注射**：頸部,背部前方が好適部位だが,皮膚をつまむのが難しい場合は短針を斜めに注射すると無難である。

③**静脈注射**：頸静脈が最もよく,首を上げることも下げることもなく,まっすぐに保定するのがよい。静脈がわかりづらい際は,首をU字型に曲げるのもよい。

図5-21　頸静脈から採血しているところ。

表5-1　エゾシカの血液正常値（参考）

項目	単位	下限	上限
GOT	K-U	30 ～	90
GPT	K-U	30 ～	40
T-P	g/dl	6.2 ～	6.4
BUN	mg/dl	40 ～	46
ナトリウム（Na）	mEq/l	140 ～	145
カリウム（K）	mEq/l	4.8 ～	5.0
カルシウム（CA）	mEq/l	7.8 ～	8.8
クロール（Cl）	mEq/l	95 ～	96
無機リン（IP）	mEq/l	11 ～	12
マグネシウム（Mg）	mEq/l	1.5 ～	2.0
RBC	mm^3	10,000 ～	11,000
WBC	mm^3	3,000 ～	4,200
HT	%	33 ～	36

（保護中のエゾシカから採血し,民間の臨床検査センターでのデータ）

④点　滴：頸静脈でよいが，留置針は18G，16Gの長針がよい。時間がかかるので保定が重要だが，大動物の補液と同様に補液剤を温めて点滴を早めるのもベターといえる。

4）断　脚　術（図5-22）

「3本足のシカが，野生界にはいるよ」との話を聞き，接骨手術が上手くいかない場合に断脚手術を試みた。そのうち何例かのシカを放獣することができた。野生復帰は無理としても，ケラマジカのような天然記念物も念頭にいれ，必要に応じて試みる価値はあろう。

なお，以下の点に注意する。

①麻酔法は，キシラジンの静脈注射（筋肉，皮下注射でも可）がよい（成獣1〜2mg/kg）。

図 5-22-1　右後肢の中足骨骨折の子ジカで，まず麻酔をかける。

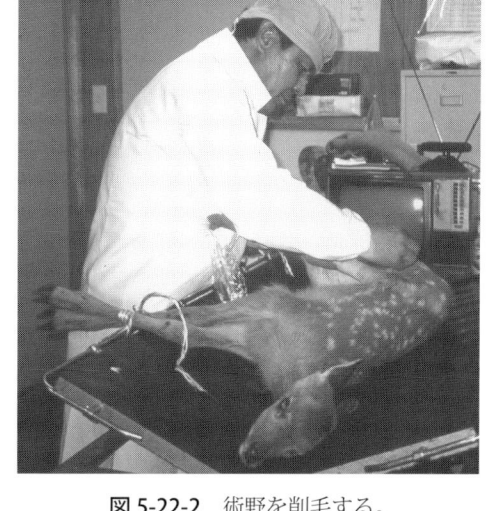

図 5-22-2　術野を削毛する。

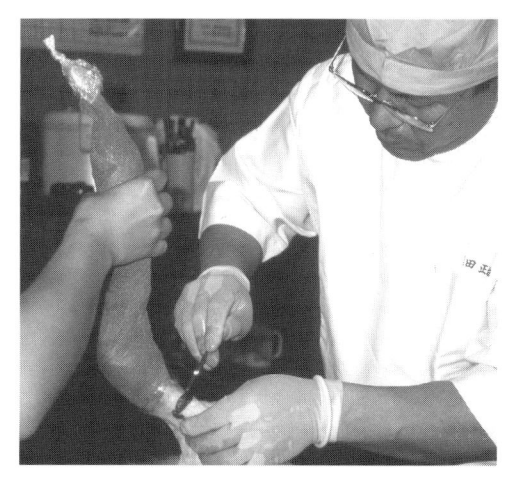

図 5-22-3　足の先端側はテープで保護し，局部を洗浄しイソジン液で清潔にし切皮していく。

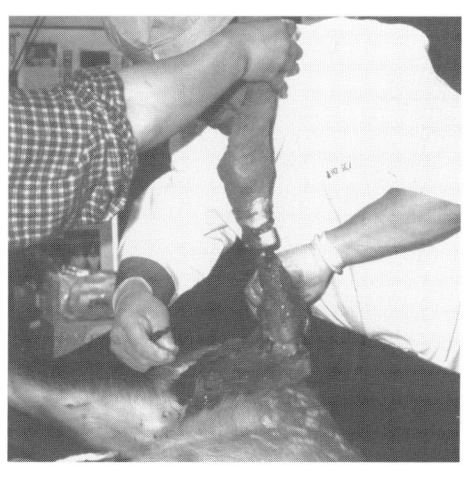

図 5-22-4　皮膚をはがしていく。

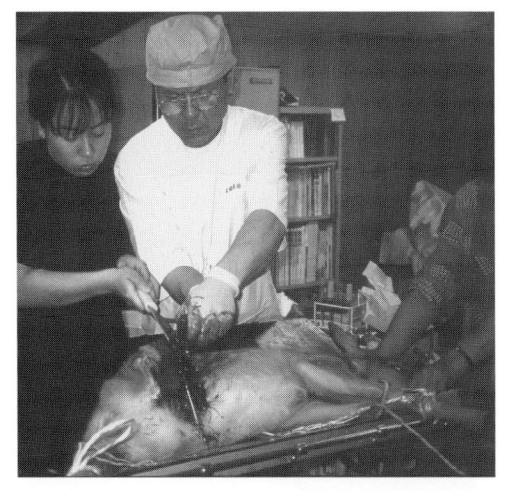

図 5-22-5 血管を結紮したあと,ノコギリで骨を切断する。

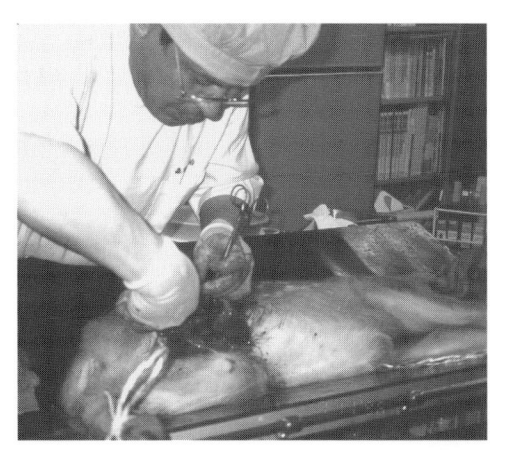

図 5-22-6 さらに血管の結紮を続けながら,筋肉の切断と縫合を続ける。

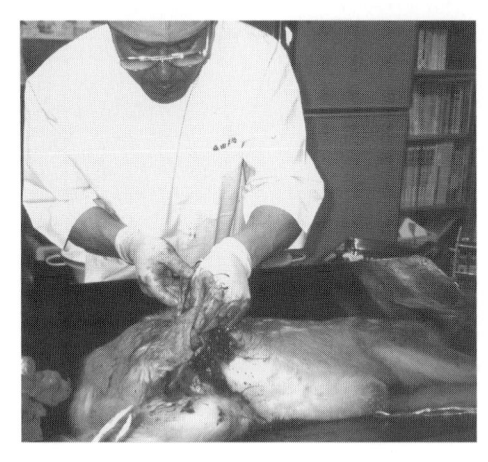

図 5-22-7 皮下縫合をする。

図 5-22-8 最後に皮膚を縫合しヨードチンキを塗布する。

　②術前に止血剤の投与を行うのがよい。
　③野生動物の体中にはいろいろな微生物が付着している。細菌感染防止のために,抗生物質（アンピシリンがよい）の投与が必要である。

5）幼獣の保護

　シカは分娩,誕生したあと2週間ほど,外敵からお互いの身を守るために別居する生態を持っている。そのときに「親とはぐれてかわいそう」と連れてくることは「誘拐」と呼ばれている。その場合はよく説明をして,できる限り早く元の場所に帰してもらうのが最良である。街中に

図 5-23 初めは乳首を上手にしゃぶれない。

図 5-24 注射器を利用してミルクを口の中に注入するのがよい。

図 5-25 何日かすると哺乳ビンが使えるが、手を添えるとスムース。

いたりすれば，親とはぐれた迷子として保護はやむを得ないだろうが，子ジカを保護してしまうと人にとても慣れてしまい，野生復帰は無理と考えてよい。

①哺乳法：いきなり人用の哺乳ビンでミルクを飲ませようとしても受け付けない（図 5-23）。最初のうちは，注射器に管を装着してゆっくりと口の中に注入する。次第にチュッチュッとミルクを吸うようになる（図 5-24）。そうなれば哺乳ビンも使用できるが，まっすぐ吸わせるのがコツで手を添えてやるのもよい（図 5-25）。

②ミルクは牛乳が便利。

③ミルクに馴染むまで軟便が排泄され尾などが汚れることがあるので，その際は濡れティッシュペーパーで拭き取る。

④子牛育成用の小屋（カウハッチ）を利用するのがよい（図 5-26b）

6）餌 と 飼 育

①牧草と配合飼料（成乳牛用がよい）：キャベツや白菜のクズ，道端の草でもよい。

②夏季と冬季では食べる量が全く異なるので驚かないように。夏季は雄の場合は，角形成に相当なエネルギーが必要であり，ミネラルも必要となる。冬季は食欲不振かと思うほど配合飼料を食べ残すこともある。水の摂取も少なくなり，雪を与えてもよい。

③雄の場合，袋角の夏季はおとなしいが，秋になり枯角になると凶暴性が出て来て「角とぎ」をして小屋を壊すこともあるので注意すること。

④小屋は屋根がない場合は，2.5m以上のフェンスが必要で積雪のことを考えると3mは必

図 5-26a　シカ小屋（3m フェンス）積雪量のことも考えてフェンスを高めにする。

図 5-26b　子供のシカ小屋　子牛育成小屋の利用が便利。

図 5-27　交通事故に遭い脊髄損傷をしていることが一目瞭然である。

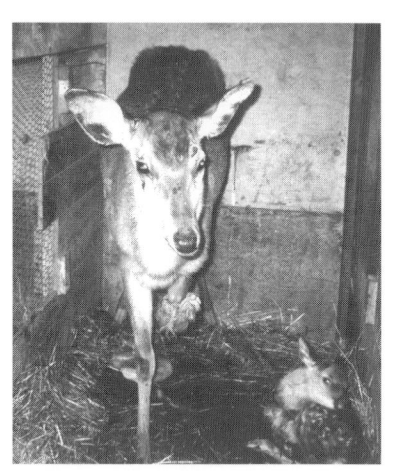

図 5-28　交通事故に遭って3本足でも流産することなく子供を産んだ。お産の直後でまだ胎盤がある。

図 5-29　原因不明の赤色尿の子ジカ

図 5-30　雌ジカは保護が楽である。

第5章　哺乳類・両生類

7）シカの角の話

シカ科は，雄には角が生えるが，雌には生えないので雄雌の識別が楽である。

（1）落　　角（図5-31）

春になると突然角がなくなって，血液がにじんでいることがあり「何か変だな，角が落ちたか」という感想を持つだろう。特に，止血の必要はないが，念のために様子を見ておこう。

（2）袋　　角（図5-32）

落角後すぐに角が生え始め，日に日に大きく長くなる。この角をカットして「鹿茸（ろくじょう）」という強壮剤が商品化されている。この時期は，たいへん大人しく頭をなでても静かにしているほどである。

図5-31　落　角

（3）角　損　傷（図5-33）

袋角のときには軽くぶつけただけでも出血するので広い小屋が望ましい。多少の出血であれば自然に止まることがほとんどである。ただし角は変形する（図5-34）。

（4）枯　　角（図5-35）

初秋になると角の皮膚だった部分がボロボロ落ちて，立派な角が現れる。この頃になると威

図5-32　袋　角 　　　　　　　　図5-33　角損傷

図 5-34　変形した角
袋角の時，小屋が狭いと角損傷を起こしやすくなり，変形する。

図 5-35　枯　角

嚇のためにさかんに頭を下げ凶暴さが出てくる。野生では雄同士の闘いが始まり，勝利したものがハーレムをつくる。

4．リス類，ウサギ類

1）生物学的特徴

　日本には北海道にエゾリス，シマリス，エゾモモンガ（リス類），ナキウサギ，ユキウサギ（ウサギ類），本州以南にニホンリス，ニホンモモンガ，ムササビ（リス類），ノウサギ（ウサギ類）が分布する。奄美諸島には天然記念物のアマミノクロウサギがいるが，これは特殊な例であるのでここではふれない。同様に北海道のナキウサギについても著者の知るかぎり救護例はない。
　また，帰化動物として大陸産シマリス，タイワンリスなどがいるが，これは野生動物の範疇に入らないので対象外とする。

2）救　護　原　因

　リス，ウサギ類の救護例として最も多いのは幼獣の保護例であろう。リス類については営巣木の伐採や風倒によって巣が落ちて，巣の引っ越しの最中に幼獣を落としたなどが原因で保護される。ウサギ類では草刈りなどによって茂みに隠れていた幼獣が発見されて保護される例が多い。

リス，ウサギ類とも幼獣の保護には，親がそばにいるのに親からはぐれたと誤認されて連れてこられるケースが多いと思われ，そのようなケースが想定される場合は可能な限り発見場所に戻すことを指示すべきである。

また，そのような場面に遭遇した場合には，幼獣を保護する前に，まずは少し離れて親の存在の有無を確認する必要がある。特にリス類は音声コミュニケーションによってはぐれた親子が連絡を取り合うので（竹田津・柳川，1995），落ちている幼獣を見つけた時でも，そのような鳴き交わしが近くで聞えた場合には幼獣に触らず，放置すべきである。

その他の救護例としては交通事故，飼い猫や犬による捕獲があるが，これらのケースでは野生復帰まで至る例は非常にまれである。1例をあげると，著者はこれまでに交通事故のエゾリスを400個体以上扱っているが，このうち生きて届けられたものが10個体以内，野生復帰まで至ったものは3個体であった。また，飼い猫に捕獲されたエゾモモンガの救護例も3例あるが，いずれも1週間以内に死亡した。これらの個体を解剖した結果，脳や頸椎に犬歯で噛まれた跡があり，それが致命傷となったようである。

3）麻酔，処置など

リス，ウサギ類は攻撃的な動物ではないため，特に幼獣では取り扱いの際に麻酔の必要はない。しかし，成獣では取り扱う人間が咬まれたり，ウサギ類では暴れた際に特に後肢の爪による怪我の可能性もあるため，X線検査や骨折の治療の際に麻酔が必要な時もある。著者の経験では取り扱いの際に麻酔が必要であったのはユキウサギとリス類では300gを越える種（エゾリスとムササビ）である。リス類の麻酔法としては，静脈注射が難しいため一般的には吸入用不動薬を用いる。ノウサギ（おそらくユキウサギ）に対する麻酔例としては体重1500gの個体にケタミン50mg/kg（1.5ml）・キシラジン3mg/kg（0.2ml）混注，もう1例はケタミン50mg/kg・キシラジン3mg/kg混注にケタミン25mg/kg追注の例（川本，2001）がある。

保定の際の注意点として，リス類（特にシマリス）は尾の皮膚が非常に剥離しやすく，尾だけを持って保定すると骨などを残して尾の皮が抜けてしまう。同様にウサギ類は体の部分も皮膚が剥離しやすいので，皮あるいは毛だけを持つことは避けるべきである．また，特にリス類は胴が長いので無理に体を捻らせたり，脊椎の一部を強く押さえるとせき髄をいためて半身不随になる可能性がある。保定の際には体全体がしっかりと動かなくなる方法で保定することが望ましい。ケージ内で飼育中の個体を捕獲する際には，著者はモモンガ類では小型の捕虫網，エゾリスには大型のたも網を用いている。

交通事故個体で四肢の骨などの骨折の場合，添え木をあててテーピングを施すことがあるが，多くの場合爪や切歯ではぎ取ろうとするので，頑丈に施す必要がある。また，半身不随になった個体では尿による下半身の汚染のため，脱毛や体温の消失を引き起こすため，敷きわら等をまめに取り換え，ぬるま湯に浸したタオル等で下半身をクリーニングしてやる必要がある。

4）幼獣の処置

　リス，ウサギ類とも幼獣の救護例が多いため，それに関する人工哺育の文献は比較的豊富である。特にムササビ（佐藤・三宅，1969；神保・鈴木，1996など）とノウサギ（武田・愛甲，1980；菊地，1996など）に関しては多くの文献があるので，詳細はそれらを参考にしていただきたい。リス，ウサギ類とも人工乳としては犬用あるいは猫用エスビラックを用いることが多く，これに市販の生クリームを加える例もある。また，ある程度成長段階の進んだ幼獣（全身の毛が生え揃う，開眼など）では牛乳でも哺育可能で，著者の経験ではエゾモモンガ，ニホンモモンガ，シマリス，エゾリスを牛乳で育てたことがあるが，いずれも成獣まで成長した。

　哺乳にはウサギ類やムササビでは子犬や子猫用の哺乳瓶が使用可であるが，その他のリス類は小型のものが多いので，体の大きさに会わせて適宜，スポイト，吸い口にゴム管をつけた注射筒等を用いる。これらの物が手に入りにくい状況では，先を斜めに切って尖った部分を丸く切り落としたストローも使いやすく，吸い口と逆側の口を人さし指で押さえて乳の出る量を加減する。

　哺乳の際に注意する点は，幼獣の採乳量以上の乳を一度に押し出すと幼獣がむせてしまい，鼻から乳を噴出させることがあるが，これを何度も繰り返すと気管などに乳が入り肺炎の原因にもなる。特に人工哺育を始めたころには，与える人間も，与えられる幼獣もそれに馴れていないので，乳を出す量には注意が必要である。

　また，野外での観察から夜行性のモモンガ類（おそらくムササビも）は，その活動時間帯である夜間に主に授乳しており，これらの種の幼獣には夜間の哺育がより適切であろう。

表 5-2　エゾモモンガの形質発現と行動発達の平均日齢

	（日）
形質発現	
耳介の起立	4
前足の指分離	10
後足の指分離	12
下顎の切歯萌出	20
上顎の切歯萌出	28
毛被の完成	30
開眼	35
行動発達	
前足で這う	20
前・後足で歩く	28
布等に登る	34
巣穴から顔を出す	38
巣穴から出る	42
固形食を食べ始める	42
滑空開始	52
巣立ち	60

第5章　哺乳類・両生類

その他，人工哺育中の注意点としては，幼獣の日齢が若い場合には，排尿・排糞を促すため陰部を刺激してやる必要がある．湿らせた綿や柔らかい布，指などで子の陰部をやさしくこすってやればよい．哺乳時には幼獣を柔らかいタオルや布，綿などでくるんでやると，幼獣が精神的に落ち着くようで，暴れず哺乳がしやすい．

人工哺育に際して，幼獣のだいたいの日齢（生後何日くらいたった個体か）が分かれば，授乳量や授乳の回数（一般に日齢の若い幼獣ほど1回の乳量を少なく，回数を多く），離乳や野生復帰のための訓練の時期をより適切に決めることができると思われる．例として飼育下で生まれたエゾモモンガの形質発現と行動発達のだいたいの発現日齢を表5-2と図5-36～図5-41で示す．

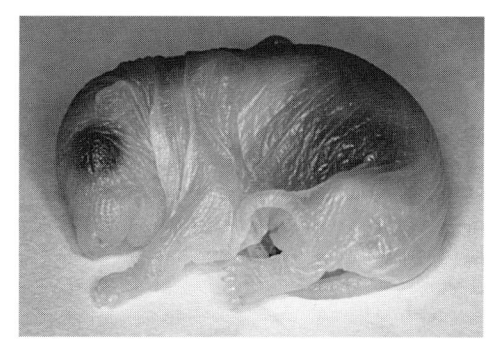

図5-36　エゾモモンガ幼獣
出生当日．

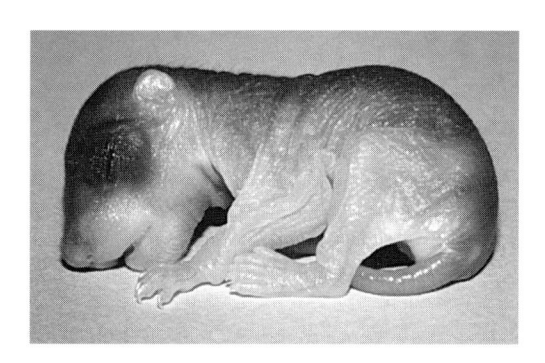

図5-37　エゾモモンガ幼獣
生後1週間．

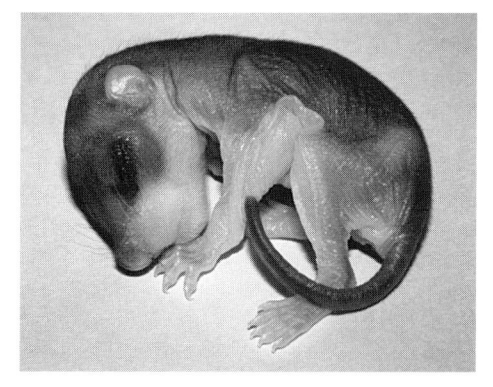

図5-38　エゾモモンガ幼獣
生後2週間．

図5-39　エゾモモンガ幼獣
生後3週間．

図5-40　エゾモモンガ幼獣
生後4週間．

図 5-41 エゾモモンガ幼獣 生後5週間。

図 5-42 エゾリス（左）とエゾモモンガ（右）の幼獣

5) 餌

　リス，ウサギ類とも近縁の種類がペットとして販売されているので，市販のペット用餌での代用が容易である。しかし，野生復帰を念頭において短期間の飼育をするのであれば，人付けを避けるためにも，その動物が野外で採食している餌を与えるよう心掛けるべきであろう。各種の餌の詳細については生態について詳しい記述のある図鑑（例えば，川道武男 編：日本動物大百科 哺乳類I．平凡社，1996）や個々の論文等によるしかないが，おおまかに記すと以下の通りである。

　①シマリス（種子・昆虫食）：草本類の種子や昆虫
　②エゾリス・ニホンリス（種子食）：マツ，ドングリ，クルミなどの種子，昆虫
　③モモンガ類（葉食）：広葉樹，針葉樹の若葉，芽，花など
　④ムササビ（葉食）：広葉樹，針葉樹の若葉，芽，花やカキなどの果実
　⑤ウサギ類（草食）：草本や若木の枝や芽など

　長期の飼育，あるいは自然での餌が入手しにくい状況では人工あるいは市販の餌を用いる。リス類ではヒマワリ種子（モモンガ，ムササビ類も馴れればヒマワリ種子で飼育可能），カボチャ，スイカ等の瓜類の種子，クルミなどとリンゴなどの果実，ウサギ類では飼いウサギ用の飼料や牧草で飼育可能である。

　また，離乳食については，ウサギ類では離乳食について特別な考慮は必要なく，柔らかい若草を与えればよい。モモンガ，ムササビ類にも柔らかな木の若葉を与えているが，リンゴも好む。またエゾリス，シマリスでは，クルミのむき身やヒマワリ種子，リンゴ等の果実を与えるが，塩分の少ないチーズ（ベビーチーズ）等も好んで食べる。

6) 野生復帰

　ウサギ類とエゾリス，ニホンリス，シマリスに関しては野生復帰に際しては特別の訓練は必

要ないと思われるが，人工哺育などで人馴れした個体については，不用意に人に近づかないように訓練をする必要があろう。また，これらの動物は交通事故に遭いやすいので，道路の側での放獣は避けるべきである。

近年では例えば狭山丘陵などで野生化したキタリス（エゾリスと同種でニホンリスとも非常に近縁）が生息することが知られ，それ以外の地域でもペットが野生化したリスが各地で確認されている（押田・柳川，2002）。保護したリスがそのような外来種の可能性がある場合には専門家の指示を仰ぎ，野生復帰には慎重であるべきである。

モモンガ類，ムササビの滑空性リス類を人工哺育した場合には滑空の練習をさせる必要がある。モモンガ類の場合は，表5-2に見られるように野外では生後42日ぐらいから徐々に滑空の練習を始めるので，人工哺育下でもその頃（開眼後1週間くらい）から，木の棒などにとまらせて，人間がその棒を持ち腕を伸ばして人の体に飛び付いてくるように仕向けたり，やや高いところから強制的に下に落として（幼獣は落ちる際には本能的に飛膜を広げるので3〜4mくらいの高さから落としても地面が堅くなければ怪我はしなかった）訓練する。人工哺育のムササビの野生復帰については，それらを詳細に記載した単行本も何冊か発行されており（甲斐，1988；仲山，1998；藤丸，2000），参考になる。

最後に失敗の例であるが，著者は人工哺育で育てた2個体のエゾモモンガの幼獣を，モニタリングのためにラジオトラッキング用のトランスミッター（2g）を装着して，野外に放逐した経験がある。これらの2個体には滑空の訓練を施し，野外調査から野生の個体と競合する可能性が低く，なおかつモモンガにとって生息可能な場所に巣箱ごと放逐したが，結果は一週間以内に2個体とも消失した。回収されたトランスミッターの状態から，キツネか野良猫等の地上性の捕食者に捕殺されたと思われる。恐らく，人工哺育で育てられた個体は，野生の個体よりも警戒心が薄く，母親の庇護もないため，地上か地上近くまで降り，捕食されたのであろう。このことから，モモンガ類の幼獣を野外に放逐する場合には，滑空の訓練だけでなく，地上に降りさせないような教育・訓練も必要であろう。

5．ニ ホ ン ザ ル

ニホンザル（*Macaca fuscata fuscata*）はオナガザル科に属する日本固有のサルであり，本州，四国，九州の山林に広く分布する。最新の研究では，地域間変異が報告されており放獣等にあたっては十分な配慮が求められる。通常数頭から数十頭の群れで暮らすが，性成熟に至った雄は群れから離れ（ハナレザル），他の群れに移籍したり，「ヒトリザル」となって暮らす。農村地帯におけるサルの目撃例は，このハナレザルやヒトリザルである場合が多い。近年，ペット出身の雌ザルや子ザルが都市部に出没する事例もしばしば報道されている。また，生息域の環境が，開発や雑木林の伐採等で狭められることにより，餌が少なくなる冬季を中心に群れごと人里まで下りてくる事例が増えている。同時に無責任な餌付けやごみ管理の不備から山に

餌が豊富な季節にも人里に群れたニホンザルが出没し，農業被害や咬傷被害が発生する事態も生じるようになった。こうした人里付近に出没するニホンザルが主な救護の対象となろう。なお，屋久島に生息するヤクニホンザル（Macaca fuscata yakui）は本種の亜種であり，近年移入種交雑問題で話題となっているタイワンザル（Macaca cyclopis）は，同じマカク属に属する近縁種に位置付けられている。

　いわゆる先進国の中で野生のサルが棲む国は日本のみとされており，欧米の野生動物レスキューに関する書物にはサルの項目がきわめて少ないのが現状である。よってニホンザルの救護にあたっては，本国の地域ごとの実情に合わせて保護・放獣等の行為がなされなければならない。また，人に一番近い哺乳類という観点から人獣共通感染症を念頭に，施術者はもちろんのこと関係者の感染防止や咬傷防止など事故の防止には，最大限の注意が払われなければならない。

1）診　　　察

　ニホンザルの診察は，生後1年までの乳幼子を除き，原則としてサル専用の収容ケージに収容するか，麻酔薬による麻酔・鎮静状態での実施となる。ニホンザルが動物愛護条例上多くは「猛獣扱い」とされていることからも分かるように，特に成獣においては雌雄の別なく破壊性や攻撃性が高く，診察にあたっては特にこの点に注意が必要となる。診察は，眼鏡，マスク，手袋，防護衣を着用して実施することが望ましい。

　傷病ニホンザルを収容する施設では専用のスクイズ・ケージ（一般には後壁が可動性で動物の体を挟み込むことのできる専用ケージ，以下「専用ケージ」という，図5-43）を備え，これに収容することが望ましい。診察のみならず検査や術後管理においても施術者や看護者の大きな助けとなる。専用ケージは，十分な強度を持つことはもちろんのこと，適切な給餌装置や確実な施錠のできる構造を持つことが前提となる。新設する場合には，動物園や実験動物施設への納入実績のあるメーカーに発注することとなる。

　成書によれば，ニホンザルの成体体重は雄で12～15kg，雌で8～13kgとされ個体差が著しい。また四季のある本国においては，体重の季節性変化があることも報告されている。傷病獣においてはこの参考数値の1/2～1/3ほどに減少している場合もしばしば経験され，薬用量の決定や給餌量の調整，回復度の確認等には体重測定は必須とな

図5-43　スクイズ・ケージ（専用ケージ）
ニホンザル（雄，成獣）が療養中。
ワンユニットの幅×奥行×高さ＝
75cm×77cm×81cm
ステンレス製（特注品）

図 5-44 アルミ製移動箱
取っ手付きで左右両開きが可能。扉にはラッチが付く。定員 1 頭（もしくは母子）。
軽く持ち運びしやすく，短時間の輸送にも使える。
幅×奥行×高さ＝ 36cm × 50cm × 40cm，板厚：2mm，重さ：5kg
アルミ製（特注品）

図 5-45 屋外収容ケージ
ペアと幼獣を収容中，止まり木を付けてありそこに座る
基本ワンユニットの幅×奥行×高さ＝ 200cm × 240cm × 240cm
2 ユニット分で 10 頭程のグループ飼育ができる
鉄製（特注品）

る。しかしながら，傷病ニホンザルに限らず猛獣であるニホンザルを無麻酔で裸のまま体重を測定することは大変な困難を伴うため，麻酔下あるいは専用ケージから専用の移動箱（アルミ製，図 5-44）に移し測定することとなる。

リハビリ中の個体の観察や機能回復の評価には，歩きまわることができ，木登りができる程度の広さを持った「放飼ケージ」（図 5-45）が必要となる。サルは樹上性の動物であることから通常の歩行はもちろんのこと，木登り・枝渡りが十分にできることが放獣の条件となることはいうまでもない。

2）検　　　査

ニホンザルは，国内で経験される他の傷病獣と異なり系統的に人と近縁な霊長類に属し，救護にあたっては人獣共通感染症に関わる病原体を保持する可能性を常に念頭におく必要がある。傷病による直接的要因や捕獲や収容といったストレス，または医原的要因により個体自身の免疫力が低下することによって，潜在的なあるいは不顕性，日和見的な病原体が顕著化し，発症することがある。したがって検査にあたっては，防護眼鏡，マスク，手袋，防護衣の着用が望ましく，また易感染者については業務にあたらせない等の配慮が求められる。

診療施設においては，一般には体重，歯式，検温，血球数，血液生化学検査，糞便寄生虫検査，糞便細菌検査を，外傷例では X 線検査を必要に応じて実施する。体温や一部血液検査に

おいては捕獲や麻酔・鎮静化のプロセスによって変動が生じる場合がしばしばある。ニホンザルの生化学検査におけるスクリーニングにおいては，「血清アミラーゼ」を除き人の正常値が概ね適応できる。消化管内寄生虫には，美麗食道虫，胃虫，糞線虫，鞭虫，腸結節虫，サル条虫，大腸バランチジウム，トリコモナス原虫等が認められる。重度寄生による死亡例や免疫力低下による発症が報告されている。人里に住み着いた個体やペット歴のある個体に対しては特に，糞便細菌検査においてサルモネラ菌，赤痢菌のチェックをするべきである。また，必要に応じて眼瞼皮内接種法によるツベルクリン検査も実施されるべきである。

なお，専門の検査機関（㈳予防衛生協会）に検査依頼することによって，上記血液検査，糞便検査の他，一般の検査機関では検査できない「Bウイルス」等のウイルス抗体検査についても，有料で検査を実施することができるので必要に応じて利用する。特殊検査用の検体の採取方法，必要量，輸送方法については検査機関の指定方法や国際郵便法の規定に従う。

3）麻　酔　法

　成書には，筋注による塩酸ケタミンの単独使用や，キシラジン・ケタミンの混合麻酔法が紹介されてきたが，近年小動物臨床分野で広く使われている塩酸メデトミジン（「ドミトール」明治製菓㈱）と塩酸ケタミン（「ケタラール50筋注用」三共㈱）の混合麻酔が一部のサル種を除き，サル類の麻酔法として一般化してきた。塩酸メデトミジンに直接拮抗する塩酸アチパメゾール（「アンチセダン」明治製菓㈱）が使えるため，ハイリスクの症例には安全性を確保しやすく，高い鎮静・鎮痛効果が得られるためである。塩酸メデトミジンの用量は効能書きにある「猫」のそれにおおむね順じて使用することができる（50～100μg/kg）。塩酸ケタミンは1kgあたりケタミンとして5mgを基準とし，麻酔の目的やサルの病態等，状況に応じて増減する。30分～2時間ほどの麻酔が得られるが追加麻酔は当初投与量の半量を目安にする。十分な筋弛緩効果も得られることから，一般検査，裂傷の縫合はもとより，抑制帯を使用することにより骨折手術や開腹手術も可能である。

　麻酔の覚醒には塩酸アチパメゾールを用いるが，用量は塩酸メデトミジン投与後の時間経過や麻酔深度を勘案して決める。15分程度の検査麻酔や移動のための麻酔においては，塩酸メデトミジン投与量の5倍量投与を標準としている（薬用量はいずれも日本モンキーセンターでの処方例である）。

4）注　射　法

　ニホンザルの注射には，ケージの隙間から手を出したり，強力な歯でシリンジを噛んで破壊することがあるため専用ケージのスクイズ（挟体）機構を利用する。保護当初は反応が鈍っていたり，意識の低下があって容易に注射をさせる個体も，健康状態が良くなるに従って通常の入院ケージでは手に負えなくなってくるのが常である。

　落としケージにて捕獲・収容し，サルが暴れて処置できないときには「吹き矢」を使用する。

常備して必要に応じ使えるように訓練しておくことが望ましい。

　血管の確保には橈側皮静脈を主に用いるが、不動化が十分でない場合には口（犬歯）から遠くて保定がしやすいことから、伏在静脈が利用しやすい。麻酔・鎮静が保てないとニホンザルはラインを引きちぎってしまうため、長時間の点滴や注射針の留置は困難である場合が多い。また、頸背部への皮下補液が可能で、体重1kgあたり30〜60mlを注射することができる。上記血管の他、内股部の大腿静脈も短時間で多量の薬液を投与する場合や短時間で多量に採血したい場合に用いられる。

　施術者の危険回避とニホンザルのストレス軽減のため、ロングアクションの注射薬をできる限り選択し、経口薬に切り替えるなどして注射回数の低減を図ることが望ましい。

5）処　置・手　術

　ニホンザルは手でも足でもモノをつかむことができ、状況によっては口先も器用に使う。それぞれに力もあり、食いちぎりや引き剥がしにより、エリザベスカラーやキャスト材等の保護具が利用できない状況がしばしば生じる。同じ理由から骨折手術においてはピンニングによる内部固定が勧められる。神経質な動物でもあり、縫合後の術後管理にも十分な観察が必要である。開腹手術後に手と口で縫合を解いてしまい、腸管が脱出してしまった事例を経験している。皮膚縫合は結節縫合を基本とし、縫合間隔はニホンザルの指先が入らない程度に細かくする。場合によってはマットレス縫合と結節縫合の二重縫合を施す。縫合用ステンレスワイヤーを噛み取り、飲み込んだことから胃の開腹手術に至った事例もあるためステンレスワイヤーの使用は勧められない。ストレスからくる手足の自咬に対しては、ジアゼパム等の経口投与やギブス固定の繰り返しが治癒までの時間稼ぎに役に立つことがある。

　注射回数を減らし、ストレスを低減する目的から、可能な範囲で経口投与に切り替えることが望ましいが、ニホンザルは味覚が発達し、警戒心も強いことから薬剤の選択や投与方法には工夫が必要となる。可能な限りシロップ剤等の甘い物から選択し、苦味のある薬剤については粉ミルクとハチミツでヌガー状・キャラメル状に調製し投与すると内服可能となる場合がある。

6）幼　獣　の　処　置

　ニホンザルには季節繁殖性があり、晩秋から冬季にかけて交尾し春から夏にかけて出産する。妊娠期間は平均173±6.9日とされている。妊娠後期には触診でも十分妊娠診断が可能となる。妊娠末期に傷病にあい、保護された場合には陣痛が誘発され、早産となることがある。自然哺育が望ましいが傷病獣の場合には、母親が弱っていたり精神的に落ち着かないことから多くは困難を伴う。ニホンザルの人工哺育例は比較的多く報告されているが、人工哺育の手法を習得することは幼獣が保護された場合の保護育成に役に立つことが多いので、典型的な手法を以下に述べることとする。ただし、母親が死亡し幼獣のみが残された場合放獣はきわめて困難となるため、生涯飼育可能な施設が必要となってくることを忘れてはならない。

ニホンザルの新生子の人工哺育には人用の新生児用粉ミルクを用いる。通常濃度に調製したミルクは，栄養カテーテルを1cmほどに詰めたものやガーゼを吸い口にした2.5mlのシリンジでゆっくり飲み込むのを確認しながら与える。内筒の動きを早めるとうまく飲めず，また誤嚥性の肺炎を引き起こすことにもなりかねないので十分に注意する。授乳当初は1日6回ほどを目安に1回数mlを与える。授乳後は「おくび」を出させ，陰部刺激によって排泄を促す。1日の授乳量と授乳前の体重をそれぞれ記録して授乳量と発育の評価を行う。新生子の場合，生理的な体重の減少がおよそ1割ほどみられるが，授乳が問題なく進めば通常1週齢から10日齢にて出生時の体重に回復する。この後は通常右肩上がりに授乳量と体重が増加する。1か月を目途に，つぶしたバナナや蒸したサツマイモを離乳食として与え始めるが，体重増加を確認しながら授乳回数を徐々に減らしていく。同時に離乳開始時には人の離乳期用ミルクに切り替える方が，その後の生育には良いように思われる。野生下では1年間は母親に抱かれていることを考えると通常の餌を食べるようになっても，補助栄養的に固形飼料に浸すなどしてミルクを与え続けることが幼獣にとっては望ましいように思われる。

7）訓　　　　練

　ニホンザルが，森で樹上性に生活する動物であることを考える時，木登り・枝渡りができることが放獣の最低条件となる。高さのある放飼ケージで十分に訓練され，機能障害の有無および程度の評価がなされるべきである。入院食から山で摂れる季節本来の餌に切り替え，高繊維・低カロリー食を時間をかけて給餌するようにする。同時に空調の効いた入院室から，放獣に向けて自然の気候に慣らしていくことも重要なポイントになろう。この段階ではサルとの接触時間を短くし，むしろサルが人を疎ましくなるように仕向けることも考慮されるべきである。

8）餌

　野生下では，木の実，芽，葉，蔓，樹皮，昆虫等を食べる雑食性の動物である。里に降りたものでは，畑の果物，野菜に手をつけ，極端な例では人家の仏壇の供物や台所の生ゴミを食べる事例も報告されている。放獣場所近くの農業被害や咬傷事故を防ぐ観点から地域の指定産品や子供が持ち歩くファストフードや菓子類は与えるべきではない。療養食の基本をサル用ペレット（日本クレア㈱，オリエンタル酵母工業㈱他）とし，ビタミンCを補う目的で東日本ではイモ類や柑橘類を，西日本ではリンゴ等を与える。バナナは南日本を除いて広く使え，幼獣の離乳食にも適している。枝付きの木の葉等高繊維・低カロリー食を時間をかけて食べさせることは，放獣に向けての訓練やエンリッチメントの観点からも望ましい。

9）野　生　復　帰

　野生復帰はできれば山に餌が豊富で，寒さの厳しくない時期を選んで実施したい。保護された場所と活動域が必ずしも一致するわけではなく，人家近くで放獣することも許されない。植

物の植生が大きく異なる場所では本来食べていた餌となる植物が見つからない場合もあろう。近年，遺伝子研究が進み，DNA 検査をしたうえで個体本来の生息地へ復帰させることも可能となった。したがって野生復帰は，地元の自治体はもとより獣医師会，野生動物調査会社，自然保護関連 NPO，日本霊長類学会，日本哺乳類学会，㈳日本獣医学会，日本野生動物医学会，地元大学等々と密に連絡を取りながら慎重に実施することとなる。放獣後の追跡調査にテレメーターを活用することや，農業被害や咬傷事故の加害者とならないように放獣時に唐辛子スプレーを吹きつけるといったことも考慮されるべきであろう。

「6）幼獣の処置」の項でも述べたとおり，実際に救護に成功するも野生復帰できない場合が多々あるのも事実である。野生動物医学の進歩に伴いこうした事例はさらに増加する。動物愛護や鳥獣保護の理念からも，各都府県に 1 つは孤児や野生復帰のできないサルを収容する施設が設けられ，専門職員による市民向けの環境教育が実施されることを希望する。

6．小型コウモリ類

1）生物学的特徴

日本に生息する小型コウモリ類は 30 種類以上（分類学者により若干種数が異なる）である。生息環境によりこれらを大別すると，洞窟性，人家性，森林性に分けられる。この中で森林性のコウモリ類は最も研究が遅れており，またほとんどの種類が環境省の指定するレッドデータブックで危急種か希少種にリストアップされている。

コウモリの研究が遅れている原因の 1 つに，種の識別が非常に困難である点があげられる。救護に際しては必ずしも種レベルまでの同定は必要ではないが，各都道府県への報告の際や，取扱者の興味として種の同定を試みるならば参考となる書籍（参考文献を参照）がある。

2）救　護　原　因

小型コウモリ類の救護例として最も多いのは幼獣の保護例であろう。これは特に人家性の種類で多く，本州以南でのコウモリの救護例のほとんどはイエコウモリ（アブラコウモリ）の幼獣の保護であろう。イエコウモリが局地的（函館）にしか分布しない北海道では，同様に人家性のキタクビワコウモリ，ヒナコウモリ，ウサギコウモリの幼獣の保護例がある。

また，人家に迷い込んだり，コロニーやルースト（ねぐら）として利用しようとして侵入した群れや個体が追い出される際に，棒や網でたたき落とされ負傷する場合もある。これも本州以南ではほとんどがイエコウモリで，北海道ではホオヒゲコウモリ，カグヤコウモリ，キタクビワコウモリ，ヒナコウモリ，ウサギコウモリの例がある。

その他の原因としてはハエ取り紙などの粘着トラップに捕まった例（ウサギコウモリ，コテングコウモリ），飼い猫による捕獲（キタクビワコウモリ），交通事故（チチブコウモリ）など

がある。

　また、特殊な例としてコテングコウモリの春先の誤認保護例が3例ある。コテングコウモリはヤマネでも知られる雪中冬眠を行い、これは雪の中に浅く穴を掘っただけで冬眠するというものなので、春先になって雪が溶けると地表にコウモリが現れる。実際にはこのコウモリはまだ冬眠中であるが、雪の上に落ちた個体と誤認されて保護されるのである。したがって、雪上あるいは雪中で眠っているコテングコウモリは触ったり、保護するべきではない。

3）取り扱い、処置など

　小型コウモリ類の取り扱いの際に麻酔の必要はない。しかし、コウモリ類のなかにはかなり攻撃的な種類、個体もおり、噛まれないように軍手などをして扱う必要がある。幸いなことに日本では野生のコウモリ類から重大な病原菌は発見されていないが、海外では狂犬病などの媒介者であることが知られており注意が必要である（原田、1997）。また、キクガシラコウモリやヤマコウモリなどの比較的大型の種類では、犬歯が大きく（図5-46）、噛む力も強いため軍手などでは噛まれた場合に出血するので、これらの種類を扱う際には薄手の革手袋などをすることが望ましい。

　保定の際の注意点として、コウモリ類は飛翔に適応して体重を減らすために必要以外の筋肉などがほとんど省かれ、骨なども細く弱い部分が多い。取り扱いの際は、折れやすい指骨、内出血の起きやすい首周りなどに注意して扱うべきである。特に著者の経験ではウサギコウモリは上腕骨や前腕骨もきゃしゃで骨折しやすく、取り扱いには注意が必要である。

　骨折した個体が保護された場合、多くは上腕骨か前腕骨の骨折例であるが、治癒・野生復帰は難しい。添え木をあて、テーピングなどを施して治療を試みたことが何例かあるが（ホオヒゲコウモリとウサギコウモリ）、骨の癒合には時間がかかり、保護された時点でかなり衰弱が進んでいたこともあって、いずれの例でも死亡した。ただし、非常にまれな例ではあるが、野外の個体で一度骨折した前腕骨が癒合して、飛翔可能な個体を確認した例（カグヤコウモリ、

図5-46　ヤマコウモリの頭部（左）と全体像（右）

図 5-47) もあるので，治療が全く不可能ということではないであろう。

また，翼の一部が裂けたり，穴が開いた個体も保護される例があるが，これはそれらの傷が大きくなければ（例えば小型の種類でも 1〜2cm くらいの裂け目は治癒する），自然に治癒する。イエコウモリの例では 1 円玉程度の穴は 1 週間で治癒するそうである（中西，1996）。

粘着トラップで捕獲されたコウモリにはクリーニングが必要である。ハエ取り用の粘着リボンに張り付いた例ではヘアシャンプー（人用）の溶液に浸して，指や綿棒，柔らかいブラシで飛膜や耳などを洗い，うまく洗浄できない頭，背中，腹の毛の部分は粘着質を拭き取った後に片栗粉をまぶしべたつきを解消した例がある（黒沢，2001）。

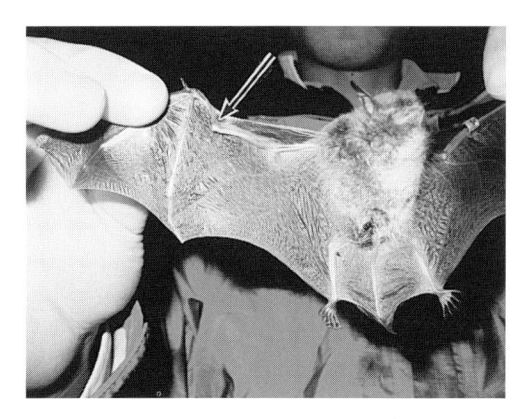

図 5-47 前腕骨の骨折が治癒したカグヤコウモリ

4）幼獣の処置

小型コウモリ類，特にイエコウモリの保護例とその取扱いについては参考文献を参照のこと。

著者の経験では，牛乳を用いてキタクビワコウモリの幼獣（図 5-48）とある程度成長したウサギコウモリを人工哺育したことがあるが，日齢の若いものについては哺育が不可能であった。しかし，本州のイエコウモリの例（田中，1999）では，出生直後の個体から人工哺育で育て上げたものがある。この例では，当初は牛乳を用いていたが，生後 2 日目から犬・猫用ミルクに切替え，生後 14 日目からミルクとバナナを練ったものを与えている。生後 20 日にはつぶしたミルワームの中身もミルクとともに与え，生後 51 日前後に市販の配合餌（おそらく小鳥用の練り餌）をそれに混ぜている．

図 5-48 出生当日のキタクビワコウモリ幼獣

図 5-49 ウサギコウモリ（成獣）

5）餌

　日本産の小型コウモリ類はすべて昆虫食である。しかし，体の大きさや採食形態，採食場所の違いによって餌にしている昆虫の種類は若干異なっている。日本のコウモリ類の食性に関する研究はほとんど進んでおらず詳細は不明である。

　基本的には鱗翅目，鞘翅目，双翅目，半翅目昆虫やクモ類が餌であり，餌の嗜好は与えながら判断する。イエコウモリの例では，緑色のアブラムシを好んで食べ，カ，ガガンボ，クモは吐き出したそうである（中西，1996）。

　小型コウモリ類は基本的には飛翔しながら餌を捕獲するが，ウサギコウモリのようにグリーナー（落ち穂拾い）とよばれる採食形態をとるものもあり，このタイプのコウモリは地上や草木の葉の上の昆虫も採食している。したがって，ウサギコウモリの場合は虫籠などの中にコウモリと昆虫類（自分の体の半分以上もあるスズメガ類も採食する）を入れておけば自分で餌を襲って食べるので比較的楽である。しかし，それ以外のコウモリ類では餌となる昆虫類を口元までもっていって食べさせてやる必要がある。

　人工的な餌としてはミルワームが入手しやすいのでそれを用いることが多いが，これを餌とするには若干の工夫が必要である。堅い外皮のせいか最初からミルワームに餌付くものは少なく，また常食するようになっても頭部は食べ残されるので，まずは頭部をちぎって，外皮から内蔵部だけを搾り出して与え，餌と認識したところで尾の方から口に持っていってやると頭部を残してきれいに食べる場合が多い。また，ミルワームは急に喰いが悪くなる時期があるので，その場合にはその他の昆虫や以下に述べる人工飼料と併用する。

　コウモリ用の人工飼料としては，著者はゆで卵の黄身：バナナ：チーズを1：1：1の割合で配合した練り餌に総合ビタミン液を適宜加えたもの（飲み水にビタミンを加えている場合は必要ない）を用いており，今まで扱った小型コウモリ類でこの餌に餌付かなかったものはいない（柳川，1998）。飼育下で生まれたキタクビワコウモリについて主にミルワームとこの人工飼料の併用で飼育しているが，1996年7月から現在（2002年12月）まで生存しており，6年以上の長期飼育が可能である。ただし，この人工飼料は非常に発酵しやすいため，大量に作り置いても，少量ずつに分けて冷凍庫で保管する必要がある。また，コウモリの体に付着したものをほっておくと脱毛の原因となるので，餌を与えた後はきれいに拭き取ってやり，食べ残しは早めに回収する必要がある。

6）野生復帰

　幼獣や飛べない状態で保護された成獣の野外復帰の場合は，飛翔可能であることを確かめて復帰させることが必要である。キタクビワコウモリの幼獣の例では，生後12～16日目ではばたき始め，14～21日目に直線的な飛翔が可能になり，18～25日目にはある程度の高さを維持し，方向転換も可能になる（三笠，未発表）。人工哺育した幼獣を野外復帰させるため

には床に柔らかいマットなどをひいた（畳の間でもよい）蚊帳などの中で飛翔訓練をさせることが必要であろう。

7. 海 獣 類

1）は じ め に

アザラシが回遊してくる北海道沿岸では，春にはアザラシの新生子が，夏から秋にかけては主に羅網したアザラシが保護されてくる。そのうち，新生子の保護個体の大多数は無摂餌の状態が多く，極度の脱水や肺炎などが多く見受けられる。

これら保護個体に対しては症状に応じて薬物療法を行ってきたが，栄養不良による脱水，および免疫力の低下による肺炎などに対し皮下注射による水分補給や，薬物療法を施行し，健康状態が回復後に野生復帰を行っている。保定や救助方法などを簡単にまとめ紹介する。

2）アザラシの救護

アザラシの保護は定置網への羅網などによる，比較的大きな個体の保護も多いが，一般的には春先に漂着した新生子の保護収容が多いと思われる（図5-50，図5-51）。

そこで，新生子の保護の依頼があった場合の対応について紹介する。

保護個体の中で1番多いのがゴマフアザラシだが，繁殖期は3〜4月のために保護されるのはこの繁殖期前後の4か月が中心となる。なお，ゼニガタアザラシやワモンアザラシの扱

図5-50 海岸に漂着したゴマフアザラシの新生子

図5-51 保護されるほとんどの個体は，このように衰弱により抵抗も少ない。

図 5-52　収容された保護個体

図 5-53　体重測定の様子

いについても基本的には変わらないため，ここではゴマフアザラシを例に紹介する．

　ゴマフアザラシの新生子は出産直後の体重が 10 kg 前後，生後 2 週ほどでホワイトコートとよばれる新生子毛の換毛が始まり，3 週目にほぼ換毛終了となる．

　順調に育った新生子の体重はこの時点で 20 kg から大きいものは 30 kg 近くなるものもいるが，一般的に保護される個体の多くは生後 2 週を過ぎても 8〜10 kg と，削痩や衰弱，肺炎などの症状が見られるものがほとんどである（図 5-52，図 5-53）．

3）保護時の注意点

　①保護の対象となる個体は衰弱が激しいことが多く，比較的抵抗は少ないが，生後 2 週も過ぎると歯は生えそろい，素手による保定は怪我の危険が伴うので厚手のゴム手袋などを着用して行う．

　②現場で衰弱の有無をチェックするが，上陸した後に周辺の砂や石を飲んでいることもあり，場合によっては処置も必要なので保護地点の状況を観察する．

　③保護の判断材料としては，著しい削痩（肋，腰，後肢周辺などがわかりやすい．ただし乾いていると痩せがわかりにくいので注意）や脱水（目の周囲や口腔内，吻端などの乾燥で判断），換毛の有無などで行っている．

4）収容する施設や飼育管理

　①アザラシの飼育については，室温が適温であれば全く水のない環境で継続して飼育しても問題なく，体調が安定するまでの間は，排泄物の確認のためにもすのこなどを敷いてしばらく様子をみる．室温は 15〜20℃程度，屋外などで極端に気温が低い場合などは厚手の布（麻袋など）を敷くなどの注意が必要である．

　②日光浴などは特に気にしないでよいが，体温が上昇しないように気をつけなければならない．また，朝夕で気温差が激しい場合は体力の消耗も起きやすいので，摂餌できるようになり

ある程度の脂肪も付き，肺炎などの症状がなければ水中で飼育する方が負担は少ないようだ。飼育水については海水，淡水どちらも可。

5）補液および薬剤投与

①保護された新生子のほとんどは，無摂餌状態が続いていることが多く，水分を魚から摂取するアザラシは脱水状態に陥っていることが多い。軽度の脱水に対する補液は胃カテーテルによる経口投与を行うが，哺乳や給餌も行わなければならないことと，吸収の早さや確実性から皮下注射により行うことが多い。

②胃カテーテルによる経口投与には経口用電解質液やブドウ糖液，生理食塩水等を用い，ビタミン剤〔ビタズー（マズリ日本代理店・日本エスエルシー㈱），シービタ（川崎三鷹製薬），チョコラBB（エーザイ㈱），ビタミンC等〕，整腸剤〔ビオフェルミン（ビオフェルミン製薬㈱），ミヤリサン（ミヤリサン㈱）等〕を添加し，1日に3〜4回，1回に60〜120mlを強制投与する。また，魚を自力摂餌するようになったら，魚に生理食塩水等を注入し与えることもできる（図5-54）。錠剤は鰓（エラ）から埋め込み，散剤は魚の腹を開き挟み込むとよい。

図5-54 補助的に補液する場合や液状の薬品の投薬は，このように魚に注入して与える。

③皮下注射による補液は，体温程度に温めた生理食塩水を1回60〜120ml左右の肩や臀部に投与する（図5-55，図5-56）。脱水が改善されるまでは体温が不安定になることもあるので，しばらく継続して行う。また，激しい消耗が見られる場合は改善のためビタミンB_1も

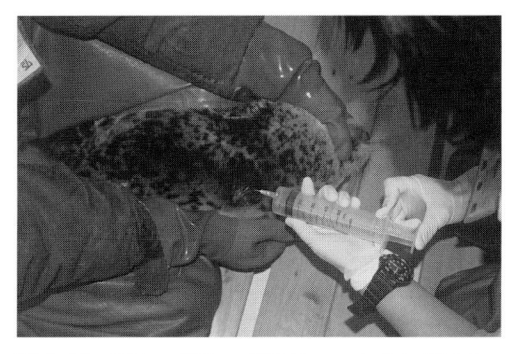

図5-55 脱水の著しい個体はこのように保定し，皮下への補液を行う。

図5-56 注入直後の様子

6）保定と哺乳・給餌

（1）保　　　定

①強制給餌などの場合，保定は肩および腰を押さえた状態から馬乗りになり，前肢を体に沿わせた状態で，膝からふくらはぎで軽く挟み込むように行う。動きが激しい場合には頭部を上から床に押しつけるようにすると，動きを押さえることができる。検温の際は逆向きに保定するが，頭がフリーになるので噛みつきに注意する。慣れてくれば検温は保定なしに後肢を持ち上げて行うことができる。（図5-57，図5-58）

②強制哺乳（給餌）の際は顎を手の平で支え，親指を口角付近から滑り込ませるようにして行うが，口が開かない場合は，まず一方の手で正面から切歯の隙間をこじるように開き，素早く一方の親指を滑り込ませるとよい。その後正面よりカテーテルや魚を挿入する（図5-59）。大きな個体で噛む力が強い場合には，親指に切り開いたフィルムケースを巻き付け，テープなどで固定しゴム手袋をはめるとケガの防止策となる。

③カテーテル，魚ともにのどの奥まで進んだところで，

図5-57　後ろ向きの保定の様子
　このように頭がフリーとなってしまうので注意が必要。

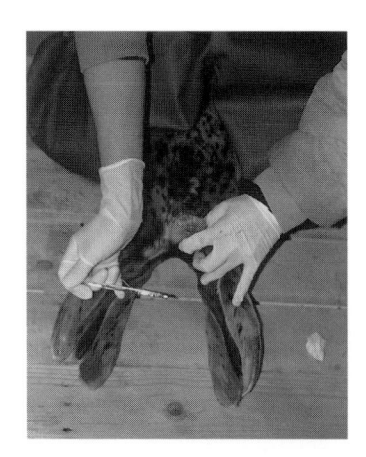

図5-58　採血や検温時は片手で尾と一方の後肢を一緒に押さえる。

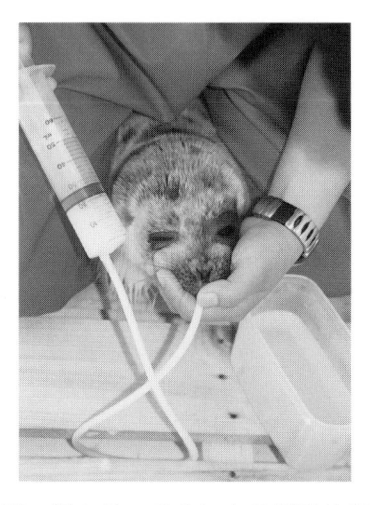

図5-59　胃カテーテルによる授乳は指でカテーテルを保持しながら，下顎を手の平で支える。カテーテルは挿入前に空気を抜いておく。

親指を抜き口を軽く閉じた状態を保つと，ほとんどの場合自力で飲み込んでいく。飲まない場合には軽く何度か押して促すとよい。首を振って出そうとすることもあるが，特に問題がない限り保定を続け飲み込ませないと，自力への移行が長引くので注意。

（2）ホワイトコート（換毛前の新生子）

①生後1週間程度の換毛前の個体は，粉ミルク（海棲哺乳類用粉ミルク；雪印乳業㈱）を熱めの湯または暖めた生理食塩水に1：1の割合で溶かし，（固まりやすいのでポリ袋に入れて手でもむと簡単）人肌程度にさまし，整腸剤などとともに胃カテーテルにて2～3時間毎に空腹状況を見ながら50～180ml程度強制哺乳する（図5-60）。

②換毛が終了に近づき，便状態も良好であれば魚のミンチを胃カテーテルを用いて少量与え，下痢などの異常がなければミルクに換えながら，徐々にチカなどの小型の魚の給餌に切り替えていく。最終的には1日3kgほどの給餌を目安にするとよい。

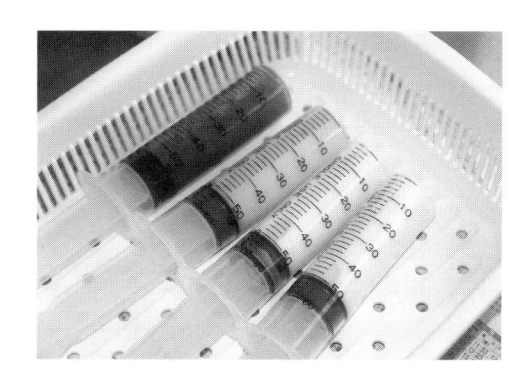

図5-60　カテーテル授乳用ミルク
左2本はオキアミミンチ，ビタミン入りミルク。

（3）換毛終了直後の新生子

①便の状態を確認し，魚を摂餌しているようであれば魚を給餌する。独り立ちした個体の多くは何度かの強制給餌で自力摂餌に持ち込むことができることが多い（図5-61，図5-62）。

図5-61　強制給餌はこのように軽く顔を保定した状態で行う。摂餌を始めたら保定はゆるめ，メリハリをつけるとよい。

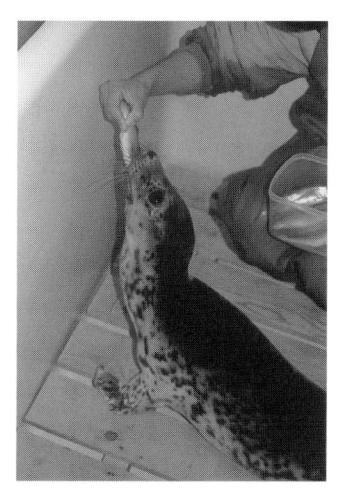

図5-62　自力での給餌
飲み込みがうまくいかない場合，上を向かせ首を伸ばした状態から行うとよい。

②保護以前に自力摂餌をしていた個体は，摂餌は下手であるがほとんどの場合自ら摂餌することができる。ただし，尾からくわえた場合には，飲み込めず噛み崩して放置することもあるので，頭や頭に近い側面をくわえさせながら飲み込む方法を教える。給餌量が増えても一向に体重が増えず条虫などの寄生がある場合には，ドロンシット錠を用い駆虫を行う（犬・猫と同じ換算でよい）。外部寄生虫については薬浴（ネグホン1,000倍液）するとよい。

7）採　　血

採血は後肢付け根の静脈より行うことができる。保定者は検温時の体制で保定を行うが，一方の手は尾とともに片側の後肢を持ちもう一方の手で採血する側の後肢ヒレの一方をしっかりと固定する。

採血をする者は正座し，自分の膝の上に鰭を乗せ，片手で鰭をしっかりと開く。採血方法は一般的なものと変わらないのでここでは省略する。なお，血液性状については表5-3を参照していただきたい。

表5-3　保護したゴマフアザラシ新生子の血液性状

生化学						血液学					
略号	単位	平均	最高値	最低値	検体数	略号	単位	平均	最高値	最低値	検体数
B-TP	g/dl	6.9	8.2	5.9	29	RBC	$\times 10^6/mm^3$	6.2	11.2	3.4	29
ALB	g/dl	3.2	3.8	2.5	28	WBC	$\times 10^3/mm^3$	8.7	18.9	3.9	29
A/G		0.68	0.49	0.8	11	血色素	g/dl	18.2	21.5	12.1	29
ALP	lu/l	452	1277	87	29	Ht	%	53.2	61	40	29
GOT	lu/l	118.4	238	65	30	MCV	fl	77.6	112	39	11
GPT	lu/l	47.7	81	27	30	MCH	Pg	27.9	42.9	15.9	11
LDH	lu/l	1618.1	2557	906	26	MCHC	%	35.7	37.8	34.5	9
Γ-GTP	lu/l	10.4	18	5	28	血小板	$\times 10^4/\mu l$	41.1	76.1	10.5	29
CPK	lu/l	327.3	833	92	28						
T-CHO	mg/dl	307.8	382	247	11						
TG	mg/dl	72.1	125	41	27						
BUN	mg/dl	45.9	28.9	59.8	29						
CRE	mg/dl	0.9	2.4	0.5	27						
Na	mEq/l	149.5	154	146	28						
K	mEq/l	4.4	5	3.8	28						
Cl	mEq/l	102	107	92	29						
Ca	mg/dl	9.4	11.1	7.7	28						
Fe	ug/dl	168.4	74	308	26						
CRP	mg/dl	2.4	9.3	0.5	22						
シアル酸	mg/dl	39.9	58.9	24.6	29						
血糖	mg/dl	99.5	124	78	18						

第5章　哺乳類・両生類

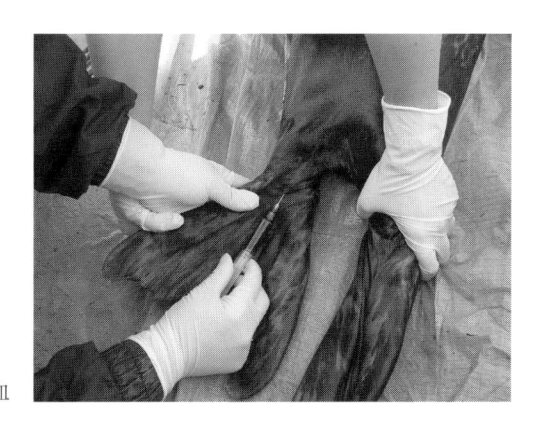

図 5-63　アザラシの採血

8）リハビリ

①ある程度健康状態が回復し、水中での飼育ができるようになったら水中での給餌を行う。最初のうちは水中の餌に気がつかないこともあるので鼻先にちらつかせながら、注意を促し水中で給餌を行う。

②水中での摂餌ができるようになったら、頭からの摂餌をできるように「6）(3) 換毛終了直後の新生子」に記した方法で給餌を行う。その後は餌を投入し自ら泳いで摂餌することを確認する。また、魚の種類により摂餌方法が異なるため、多種にわたる魚を使用し安定した摂餌の確認ができればなおよい。

9）野生復帰

新生子の野生復帰については定置網漁が本格的に始まる5月末までに行わなければ、罹網し死亡してしまう可能性もある（図5-64）。そのためにも、保護から野生復帰までは短期間で終えなければならない。

野生復帰を行う場所はできるだけ沖合が望ましいが、海岸であればできる限り漁港や漁網のない場所を選びたい（図5-65、図5-66）。

また、治療が長期におよび定置網漁が本格的に行われている場合には、漁の終了を待って野生復帰することも考えなければならないであろう。そのためには、飼育環境や飼育方法などの工夫も必要となるし、あらゆる面で負担も増えてくる。できる限り短期間で健康状態の回復を行うことが重要であろう。

なおこれまで、アザラシを含む海棲哺乳

図 5-64　定置網内で溺死したゴマフアザラシ

図 5-65 回復し沖合で野生復帰される個体の搬入の様子

図 5-66 海岸での野生復帰の様子
できるだけ漁網の設置されていない海岸で行う。

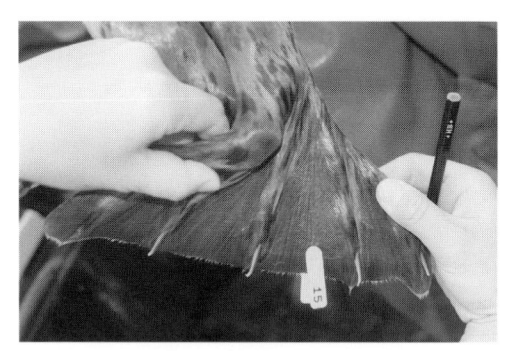

図 5-67 識別標識（小）

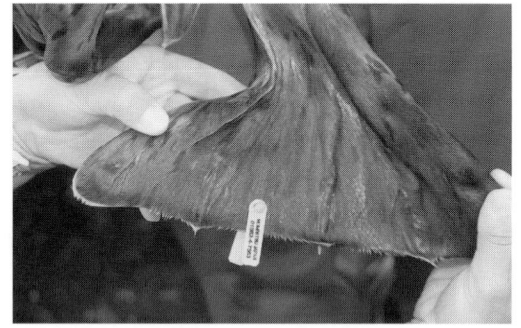

図 5-68 識別標識（小）

類については，いわゆる鳥獣保護法の保護対象外であったが，平成15年度よりアザラシについては新たに保護の対象に加わった。

このため，これまで国内ではアザラシの調査はほとんど行われていなかったが，現在野生復帰個体には，左右後肢の鰭(ヒレ)に保護地識別用のカラータグ（抱き合わせで1対，計4枚）が装着されている（図5-67，図5-68，表5-4）。

8．カ　　　メ

日本に生息するカメ（Testudinata）は5科11属13種（2亜種）である（表5-5）。
主要なものはつぎの3種である。

表 5-4　保護地域ごとの装着標識

色	装着地域
黄	襟裳
水色（一部黄色装着個体あり）	太平洋岸　救護
白	太平洋岸（襟裳以外）捕獲
オレンジ（一部黄色装着個体あり）	オホーツク海側
赤	日本海側
ピンク	歯舞
緑	―

表 5-5　日本に生息するカメの分類

科	種
ウミガメ科　Cheloniidae	アオウミガメ タイマイ アカウミガメ ヒメウミガメ（亜種：オリーブヒメウミガメ） クロウミガメ
オサガメ科　Dermochelyidae	オサガメ
イシガメ科〔バタグールガメ科〕Bataguridae	イシガメ ヤエヤマセマルハコガメ リュウキュウヤマガメ クサガメ ニホンイシガメ ミナミイシガメ ヤエヤマイシガメ
ヌマガメ科　Emydidae	ミシシッピーアカミミガメ（俗名：ミドリガメ）
スッポン科　Trionychidae	ヒガシアジアスッポン（別名：ニホンスッポン）

①イシガメ（Rock Turtle, *Mauremys japonica*）

　唯一の日本固有種のカメで，本州・四国・九州とその近くのいくつかの島々に分布する。甲長 13 〜 18cm，幼体は尾が長く，甲羅が円盤状であるためゼニガメといわれる。水のきれいなところを好み，山地の渓流や平地の池沼やゆるい流れに棲む。雑食性で，柔らかい植物，昆虫，カタツムリ等を食べる。

②クサガメ（Three-keeled Pond Turtle, *Chinemys reevesii*）

　中国東部・台湾・朝鮮半島・本州・四国・九州などに分布。甲長 10 〜 25cm。雌は雄よりずっと大きくなり，巨大な個体は雌とみなしてよいほどである。老化すると黒化し，全身の模様がなくなって眼まで黒くなる。黒化個体はほとんどが雄である。植物食性で青菜類を好む。

③アカミミガメ（Red-eared Turtle, *Trachemys scripta elegans*）

　原産地は北アメリカのミシシッピ川流域。国内では移入種として本州，四国，九州，沖縄島，小笠原父島で普通に見られる。甲長 12 〜 28cm。顔の横に赤く太い模様があり，雄は雌より

大きくなり，尾は太く長い。また前肢の爪が長くなる。

雑食性であるが，肉食傾向が強い。幼体は，いわゆる「ミドリガメ」として売られている。大きくなった雄はメラニズム（黒化）することがあり，全く別のカメに見える。

日光要求性が強く，適正な飼料と豊富な光，25℃温度，水質などの条件が整えば，1年で甲長10cm以上に成長する。15cm以上で成熟・産卵する。

1）カメの疾患

（1）外　　　傷

診察に持ち込まれる症例で最も多いものが外傷である。道路に這い出したために車に轢かれる。人に踏まれる。農機に巻き込まれる。釣り針に引っ掛かる。あるいは犬や猫に襲われて外傷を負う（図5-69，図5-70）。甲殻・四肢・頭部が種々の程度の外傷を受ける。もちろん交通外傷では，甲殻の損傷に留まらず，内臓も大きな損傷を受けて，来院時にすでに死亡しているものもある。その程度は実にさまざまである。

a．治　　療

局所の消毒はイソジン液，あるいはゲンタマイシン点眼液等で洗浄，消毒する。

甲殻の損傷は歯科用スケーラーを用いて，陥没しているものは引出し，できるだけ復位を計る。その上から5分程度で重合が終わるエポキシ樹脂系接着剤で固定する（図5-71）。変位の激しいものでは甲殻にドリルで穴を開けて，手術用鋼線で締結して整復し，さらに樹脂で固定する方法が取られる。甲殻の表層だけが剥がれた場合には樹脂で保護膜を作って，甲殻の成長を待つのがよい。

四肢の外傷も必要が有ればマクソン縫合糸等の単線縫合糸で縫合する（図5-72）。治癒の速

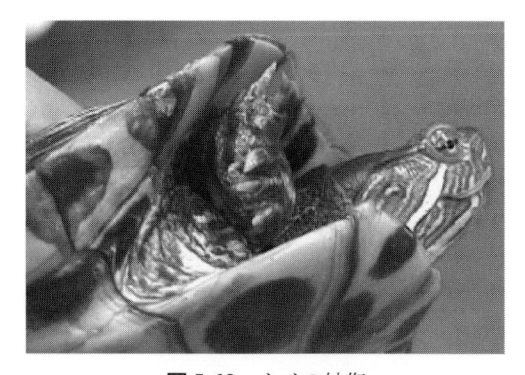

図5-69　カメの外傷
アカミミガメの猫による咬傷例。甲殻の角は角質が剥離している。右前肢の第四指，第五指の裂創が見える。

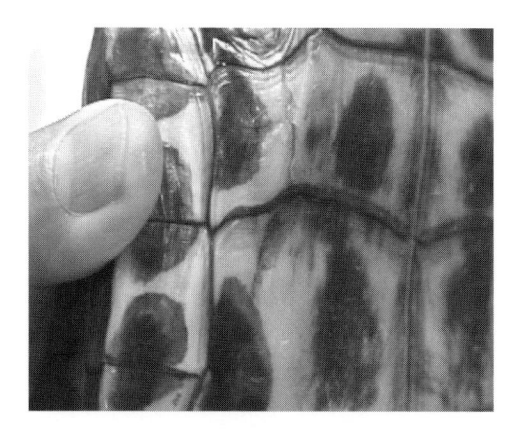

図5-70　カメの外傷
図5-69と同一例で，腹甲に掛けても，亀裂と，出血が認められる。

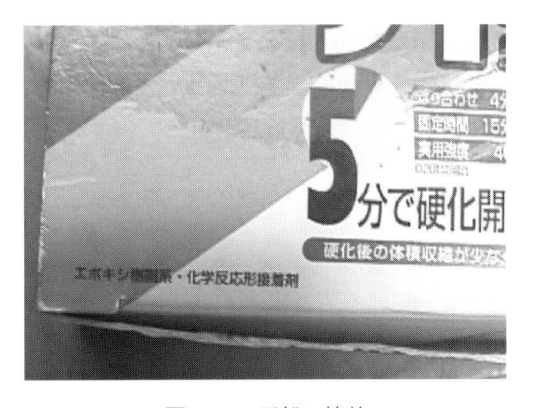

図 5-71 甲殻の接着
エポキシ系接着剤は種々の硬化時間のものが市販されている。硬化時間5分のものが扱いやすい。

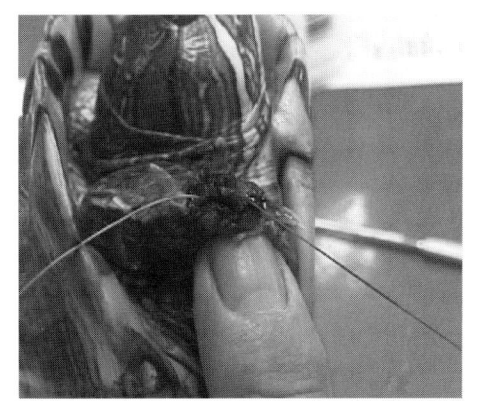

図 5-72 皮膚の縫合
前肢指の裂創の縫合。術後の感染防止のために，エンロフロキサシン投与した。本剤はカメに安全な抗生物質であるといわれている。

度は外気温すなわち体温によって大きく左右される。体表の擦過傷では，患部に炎症がある間は水棲ガメではしばらくの間，水につけないで湿度の高い環境で飼育する。外傷が四肢端にある時は40℃近い温湯にした消毒液（0.1％ヒビテン液）または30mg/lのABPC液に浸漬して治療する。床材としては厚手の紙製のキッチンタオルを頻繁に交換して使うと，清潔で，漿液，出血，分泌液の様子を観察するのにもよい。また気温を通常より高めの30℃前後にして，代謝を亢進して，治癒を促進させるのもよい。したがって抜糸は2週間以上経過してから治癒具合を観察して行う。その間，抗生物質はエンロフロキサシン，クロラムフェニコールが安全な抗生物質として経口投与（図5-73）または前肢基部の皮下または筋肉に注射される。

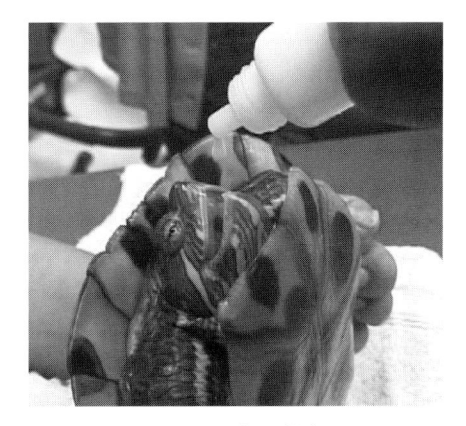

図 5-73 経口投与
経口投与は，このカメのように威嚇して開口する場合には，口内に滴下する。開口しないときは，マイクロスパーテルで開口して滴下する。

（2）骨　　　折

単純なものから，複雑なものまで変化に富んでいるが，X線写真によって確定診断する。塩酸ケタミン11～22mg/kgの皮下投与によって全身麻酔かけ，十分に脱力させる。マイクロスパーテルで開口して気管チューブを装着する（図5-74，図5-75）。それ以降はイソフルレンの吸入麻酔で維持する。気管支への分岐点までが短いので，気管チューブの挿入は数cm以

図 5-74 気管チューブの挿管
舌の中ほどに盛り上がっているのが，気管開口部である。麻酔時には鳥用気管内チューブの挿管が容易に行える。

図 5-75 カミツキガメの気管開口部が口内に白く見える。最近飼育個体が遺棄されて，野外での繁殖例が知られている。アカミミガメ同様に移入種として問題化している。

内にとどめる。

上腕骨あるいは大腿骨は甲殻を切開しなければ到達できないが，それより遠位の四肢骨は外方からアプローチできる。骨髄内固定法あるいはプレートによる固定が実施される。

（3）皮膚の感染症

甲殻あるいは四肢の皮膚が白くふやけたようになったり，潰瘍を起こしていることもある。滅菌綿棒でこの部から採材し，起炎菌を培養同定する。多くはアエロモナスまたはシュードモナス感染症である。クロラムフェニコール 20mg/l の 1 時間ないし 2 時間の薬浴が奏功する。数日間続ける。

（4）トリコモナス感染症

糞便中に，特有の波動膜と鞭毛を有するトリコモナス原虫が見つかる。下痢，沈うつ，食欲

不振ないし廃絶，削痩（体重減少）の原因になり得る。治療はファシジン 10mg/kg の経口投与を1週間継続する。

（5）卵 の 閉 塞

産卵期の気温の急変あるいは容体の悪化によって，産卵が遅延する。そのために卵管内の卵は次第に厚みを増し，弾力を失う。中には前年の卵と今年の卵が併存する場合がある（図 5-76）。これは X 線写真上では卵殻の厚さの違いとなって気付かれる。歯科用高速ドリルで腹腔を四角く切開する（図 5-77）。この部より卵管を引き出して，滞留する卵を摘出する（図 5-78）。卵管は二重結紮を行う。甲殻の閉創は数か所ドリルで穿孔した孔に鋼線を通して締結・固定する（図 5-79）。切開創の上にエポキシ樹脂をおいて接着する（図

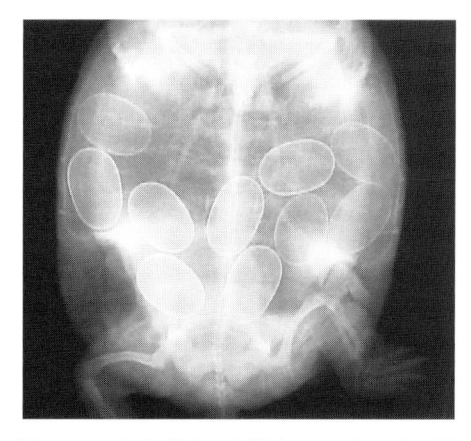

図 5-76 クサガメの卵管内に 10 個の卵が認められる。その内，6 個は卵殻が厚く，他のものは薄い。厚いものは昨年度の産卵期から滞留している可能性がある。怒責し，食欲は廃絶していた。

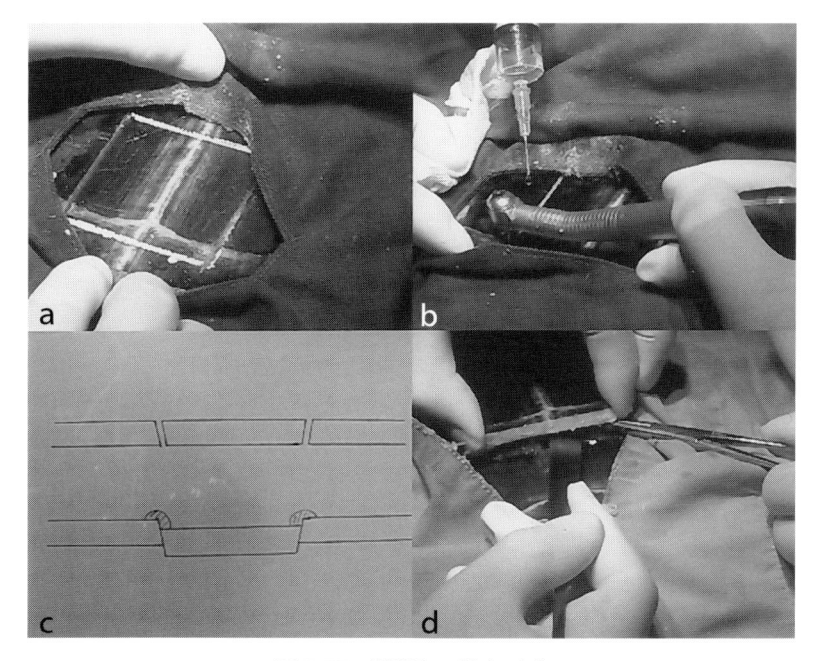

図 5-77 滞留卵の摘出（1）
a：腹甲を開くために，十分な開創を計画する。
b：歯科用高速バーで掘削する。水を滴下して，局所の発熱を防ぐ。
c：断面が台形になるように甲殻を削ると，閉創時に甲殻の落ち込みが少なくなる。
d：四方の甲殻が掘削できたなら，鈍性に尾側と，両横の三方の甲殻下を鈍性に剥離する。

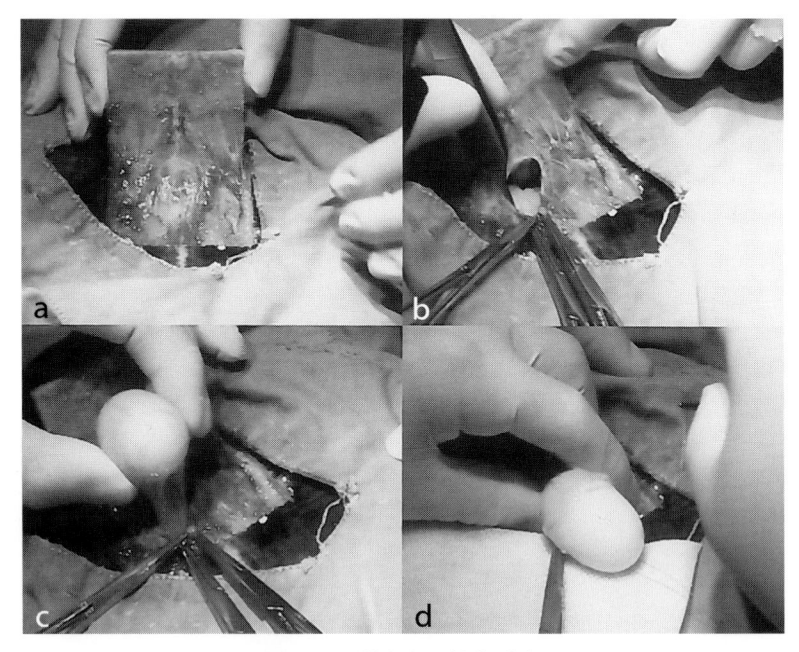

図 5-78 滞留卵の摘出（2）
a：頭側に甲殻片を持ち上げる。頭側端は分離しないで血流を確保する。
b：正中には静脈があるので，これを避けて腹膜を切開する。
c：卵管に2か所固定糸を設け，そのあいだで卵管切開を行う。
d：順次卵管内の卵を取り出す。

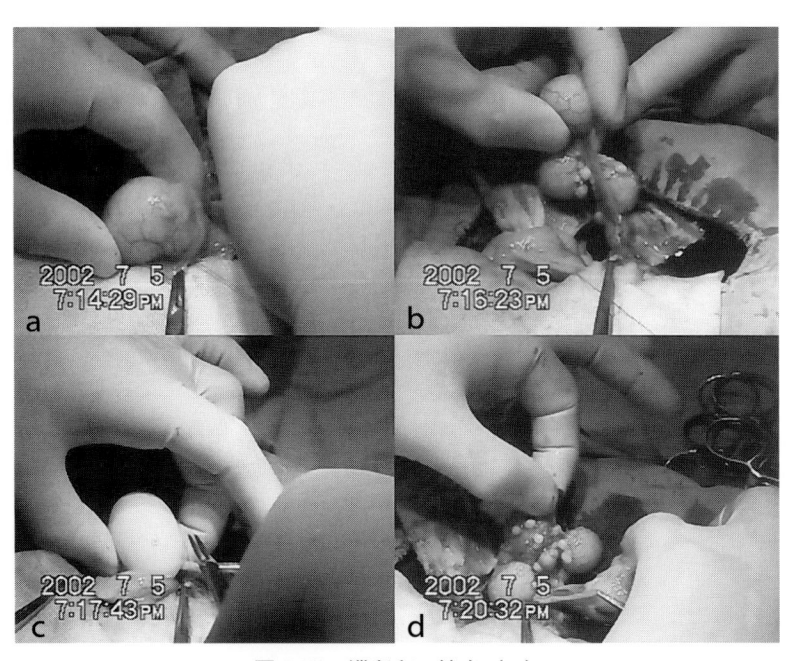

図 5-79 滞留卵の摘出（3）
a：片側の最後の卵が摘出できたなら，卵管と卵巣を点検する。
b：左の卵巣には，発達した卵黄が3個見える。
c：右側の卵管を牽引して，順次滞留している卵を取り出す。
d：右の卵巣にも2個の大きな卵黄が見える。

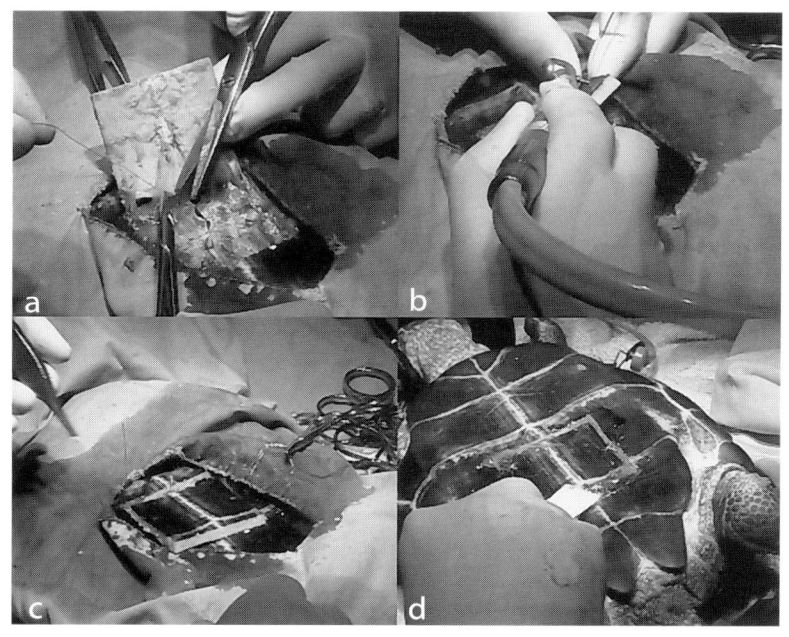

図 5-80　滞留卵の摘出（4）
a：腹膜を数か所縫合して閉じる。
b：歯科用高速バーで甲殻を左右 1 か所穿孔する
c：鋼線で元の位置に締結する。甲殻が適度に傾斜を持って切られているのならばこの操作（b, c）は不要である。
d：エポキシ樹脂を掘削溝に充填する。

5-80）。

（6）肺　　　炎

　吸気性の呼吸困難を呈することが多く，吸気時に頸を伸ばして，開口して少しでも多くの空気を吸い込もうとする。呼吸は不規則で，数回連続して行い，その後しばらく無呼吸が続き，そして再度何度か呼吸する。水に浮かべると傾いて浮かぶ特徴がある（図 5-81）。沈んでいる方に含気量の減少部位が存在する。聴診は甲殻に濡れたタオルを当てて，その上から行う。X 線撮影は頭尾側方向が肺野の診断には最適である。治療はエンロフロキサシン 5mg/kg の前肢基部へ，数日間の皮下または筋肉注射が奏功することが多い。

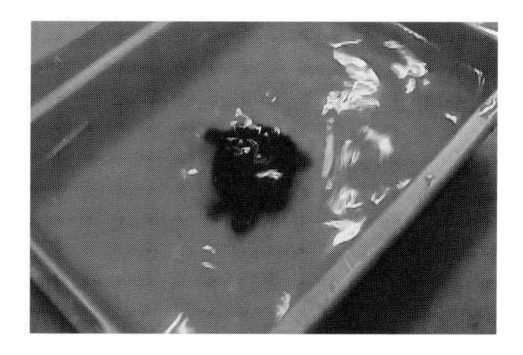

図 5-81　肺炎の診断
　肺炎症状を示すカメを水に浮かべると含気量の差によって，片側が沈むことがある。

（7）ヘミペニスの脱出

高所からの落下，あるいは甲殻への外力の作用によってヘミペニスが脱出する。発見が早い場合には総排泄孔に押し込んで，数日間，軽く1糸縫合しておく。表面がすでに壊死，あるいは外傷を受けている時は，電気メスあるいは炭酸ガスレーザーで切除する。尿管はこの部には含まれないので全切除でも問題はない。

（8）膿　瘍

四肢の皮下にも深い刺創から膿瘍を形成する。また鼓膜の内方に膿が貯留して，腫脹する。やがてチーズ様の固形物が形成される。切開・排膿して，局所へのゲンタマイシンクリームの塗布と，エンロフロキサシン 5mg/kg 皮下注射を7日間連続して行う。

（9）眼瞼の腫脹

保護期間が長くなった場合に，飼料成分の不適切により引き起こされる疾患の1つである。本症はビタミンAの不足により，ハーダー腺が腫脹するもので，多くは両眼が同時に腫脹して，開眼できなくなる。また同時に細菌感染にも見られるので，ビタミンAの投与と共にエンロフロキサシンの経口投与を行う。

（10）消化管内異物

消化管内に小石等の異物を多量に摂取しているときがある（図5-82）。ラキサトーンの様な潤滑剤の投与が試みられる。重度の時は腹腔を切開して，外科的に摘出する。異物の摂取（異嗜）は鉄の摂取不足ともいわれているので，ペットチニック（pfizer）を1日量の飲水に1～2滴

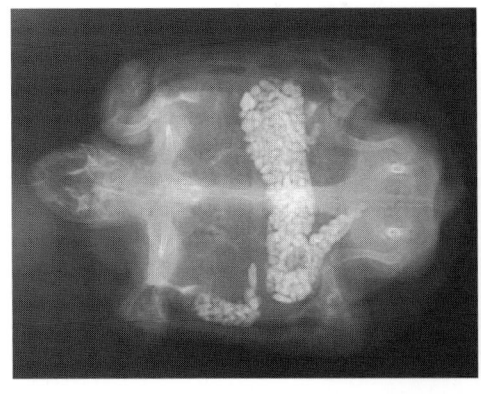

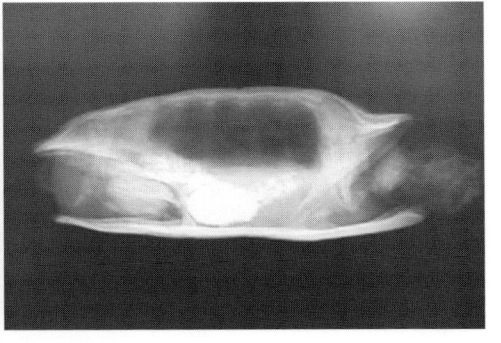

図5-82　異物の摂取
消化管内に多量の敷き砂利を飲みこみ，食欲廃絶した症例で，ラキサトーンとプリンペランの投与で回復した。

第5章　哺乳類・両生類

混ぜて給与する。

2）保護収容中のカメの健康管理

（1）体　重　管　理

長期に保護下におく必要のあるときは定期的な体重測定は健康管理上必須である。
1週間に1回は測定する。少なくとも体重が維持されているか，増加していなければならない。必要があれば強制経口投与を実施する。魚食性，雑食性のものでは，a/dニュートリカル，植物食性のものではモロヘイヤが与えやすい（図5-83）。

（2）視　　　診

甲殻，四肢の表面にカビ様のものが生えていないか。外傷あるいは炎症で赤くなっていないか。きれいな眼をしているか。鼻汁はでていないか。口内検査で舌の色はきれいな赤色をしているか。白っぽいと貧血が示唆される。多くは寄生虫による貧血と栄養不足が原因であることが多い。

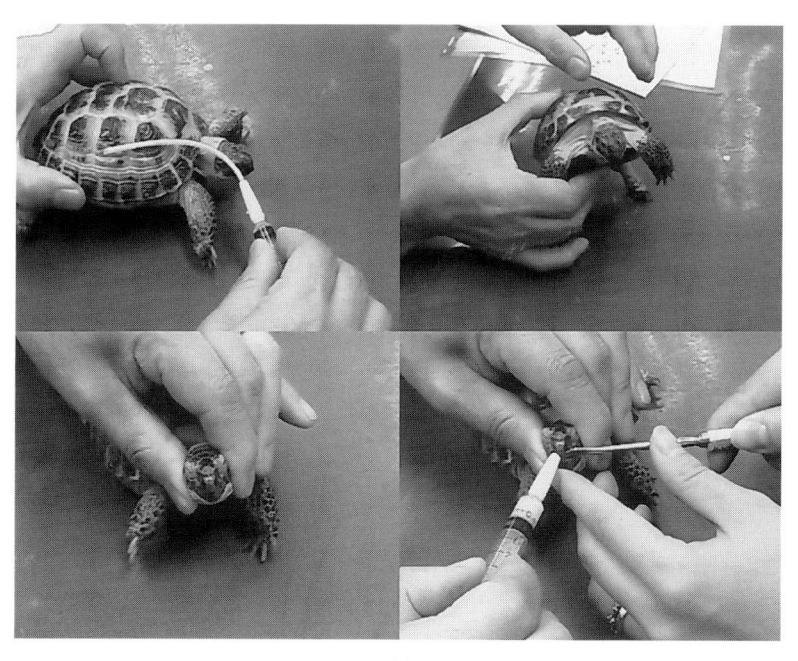

図 5-83　強制経口投与
甲殻のほぼ半分くらいの長さのカテーテルの付いた注射筒を用意する。これにそれぞれの食性に合わせた流動性のある餌を充填する。甲殻を斜めにすると頸を伸ばすので，すばやく頭部の近位を捕まえる。マイクロスパーテルで開口して，カテーテルを進め，甲殻の中央部まで挿入したらゆっくり注入する。

（3）内部寄生虫

症状：体重減少，貧血，動作緩慢。
治療：多くのものはフェンベンダゾール（パナキュア）が有効。5mg/kg/day，3日連続経口投与。
予防：床材を常に更新したり，糞便を踏みつけないように管理することが大切である。そうすることで寄生虫症の発生を減らすことができる。

（4）眼の感染症

腫れて分泌物をつけている眼は眼の外傷または異物の侵入が示唆される。しかし時に呼吸器系感染症の一症状として眼瞼浮腫が見られる。ビタミンA欠乏症も典型的な眼瞼浮腫を招く。しかし過剰投与は禁物である。湿度や気温，床材の再検討で改善されることもある。

（5）耳の膿瘍

側頭部で，眼の近位の腫脹は耳の膿瘍の可能性がある。疼痛が著明で，次第に大きくなる。早期にメスで切開し，圧迫排膿すべきである。時に異物が膿内に見つかり，原因が異物の刺入であることが分かることがある。

（6）脱　　水

脱水は四肢の付け根の皮膚の張り具合で判定する。脱水のない皮膚はふくよかでゆったりしているが，脱水の強い場合には内方に凹んで，甲殻に張り付いたようになっている。こうした場合には，この部または体腔外に電解質液の注射が推奨される。

参　考　資　料

両生類・爬虫類における・飼育・看護総論

ある限られた狭い空間に閉じ込められて生活をしなければならないペットとしてのこれらの動物達にとって飼育環境はきわめて重要である。両生類・爬虫類の病気の多くは，保護下での，飼育環境の不適切からくるものが多い。温度，湿度，照明，床材，食餌などそれぞれの種に最適の環境を提供しなければならない。

1．照　　明

光の効果として
・動物を観察するため → 熱帯魚用照明灯
・熱源として動物を保温するため。飼育環境・気象の創造 → ヒヨコ電球
・紫外線の生物学的作用（ビタミンDを活性化してCaを骨に沈着させる）→ 紫外線灯

・繁殖には年間を通じて日の長さを自然に近く調整する必要がある。長日性，短日性の変化を与える。
・消化を助ける→スポットライトでケージ内の1か所だけ加温。

2．紫外線の生物学的活性

　食べ物のなかに含まれるプレビタミンDは紫外線に当たるとビタミンD_3に変化する。これが血中のリンやカルシウムを骨に沈着させる。薬物としてのビタミンD_3はその個々の個体の要求量や品種による要求量は確立されていない。したがって，薬としてビタミンD_3を与えると過剰症に陥りやすい。ビタミンDは脂溶性ビタミンの一種で，体内に取り込まれると脂肪組織に沈着する。そして徐々に生物学的効果を発揮するが，万一過剰に投与されると激しい副作用を表す。この時は治療法がない。

a．ビタミンDの合成

　特に重要なのはビタミンD_3の合成で，紫外線の波長域220〜320nmが有効である。最も生物学的活性が高い領域は250nmであるが，太陽光が地上に到達した時点ではこの短い波長域は吸収を受けてしまうので恐らく300nm付近が利用されていると思われる。ガラス越しでは吸収されて無効である。

nm＝10億分の1m.

b．紫外線源の種類

・日光→理想的である。日陰も同時に作って過被曝（火傷・角膜炎）を避ける。
・フルスペクトルライト→少しの紫外線を含むので，つけっ放しにして使う。完璧な日光浴を再現できないが，紫外線量が少ない分，過被曝の心配がない。
・紫外線灯→線量が多く過被曝をさけるため短時間だけ照射する。人体にも影響ある。紫外線灯で有効波長域の照射できるものは，東芝FL20S・Eまたは東芝GL20がある。殺菌灯ともよばれるものであるから，人に対する被爆，特に網膜への影響をつねに考慮しなければならない。
・ブラックライト（東芝・NEC製）→波長域がやや高いところにあるのでメラニン色素が増えて動物が黒ずむおそれがある。つけっぱなしで使う。皮膚が黒くなると有効紫外線の体内到達が不十分になるかもしれない。

3．紫外線照射から見た飼育環境の工夫

・爬虫類の一部は十分に紫外線を浴びると，回避行動を取るものがある。紫外線量を感知できるのか，体温上昇に伴う行動なのかもしれない。この回避行動をとるまでの時間を測定して紫外線灯の照射時間を決め，タイマーをセットする。
・完全に日陰となるいわゆるシェルター部分を設ける。せまい空間では回避ができないかもしれない。頭を隠せても，尾部分が照射されつづけるかもしれない。
・通常のガラスは厚くなるほど，また波長が短くなるほど吸収されやすくなる。厚さ3mmで波長320nmの紫外線を80％遮る。したがって，ケージの上蓋を厚さの異なるガラスとす

るのも1つのアイデアとして良いかもしれない。

・ランプからの距離の2乗に比例して減衰するので，ランプを天井部分に設置するのもよい。しかし，ケージの高さの制限を受ける。

・ランプは長時間使っていると，波長の短い方から出にくくなるので，明かりはついているが有効な紫外線が出ていないかもしれない。

4．フルスペクトルライト

有効紫外線の強度こそ，紫外線灯には及ばないものの，つけっ放しで使用しても安全性に優れている。

骨の代謝からだけ考えたならば300nm付近の紫外線の線量に目がいくが，生物がたったそれだけの目的で日光浴をしているとは思えない。まだまだ未知の分野であるが，太陽光のさまざまな波長の光線をさまざまな目的に利用していると推察される。

自然の太陽光に勝るものはなく，野外で飼育され日光浴が自由にできることが理想的である。それ故，ケージ内の動物には太陽光に代わるすべての波長を含む人工灯フルスペクトルライトが必要である。

5．人工灯の科学

a．色温度

例えば鉄の塊を熱して行くと，最初は赤くやがて黄→白→青白と変化していく。この変化を利用して温度で光の色を表したのが色温度という。したがって，色温度が高い光は青白い光，低い光は赤っぽい光として感じる。

b．スペクトルエネルギー分布図（相対エネルギー表）

人工灯の発する光線の各周波数（横軸）ごとの分光照射エネルギー（縦軸）で表した人工灯の能力表。特に問題となる紫外線300nmの分光エネルギーのワット（W）である。

c．演色評価数（自然光近似度％，演色指数）

同じ色のものでも照らす光が変わると見え方が変わる。このような見え方に及ぼす光源の性質を演色性という。特定の基準色紙に自然光をあてた場合を基準（100％）として，光源の演色性との差異を％で表示したもの。

d．紫外線領域の放射区分

人体や植物等の生物の反応や化学物質の反応のピークがどの波長域にあるかをもとに区分されている。いずれの反応も分光出力量に比例する。

波長100～280nm＝UVC→殺菌作用・紫外線眼炎

波長280～315nm＝UVB→紅斑作用（日焼けで赤くなる）と，
　→それに伴うメラニン沈着，ビタミンDの活性化→Caの吸収に不可欠

波長320～400nm＝UVA→紅斑を伴わないメラニン沈着
　→色素の色褪せ促進→物体の硬化作用→爬虫類の脱皮に不可欠

以上の事柄を爬虫類・両生類に当てはめると結局，300nm付近の紫外線がどのくらい出力

（wat 表示）されているかが問題で，そのうえ全波長の分布が太陽光に近いことを確認する必要がある。

6．ホット・スポットの設置

・両生類・爬虫類はその体温は環境の気温と同じで，代謝速度はしたがって気温と連動している。各種酵素類には至適温度があり，通常は30℃以上でよくその作用を発揮する。

・食べた餌は胃で消化し始めるが，この時温度が高いほど早く消化がすすむ。ワニやカメが陸に上がっていわゆる甲羅干しをしているのは太陽の光で自分の体温を上げて消化を助けているのである。

・赤外線ランプなどはケージの一部分をケージ自体の設定温度以上に暖める目的で用いる。その目標温度は30〜40℃位になるように設定する。

・この場所には平らな石やレンガをおいて腹部も下から暖められるようにするとよい。食餌前後の3〜4時間程度つけておく。しかし，ケージが小さいときはこのためケージ全体が高温になるので注意。

・暖房目的ではないのでケージ内に温度差があることが重要である。

7．保　　　温

それぞれの動物の本来棲息している地域の温度を再現する。ヒヨコ電球・赤外線ランプ・園芸用温風ヒーター・パネルヒーターなどが使われる。水温の調整には熱帯魚用の各種ヒーターが使われる。直接動物が触れる恐れのあるときはカバーをつけること。

サーモスタットを接続して温度を設定調整する。必ず温度計を動物が主に生活している高さに設置して測定・確認する。

ヒーターは温度勾配を作るため，ケージの真ん中に設置せずに片寄らせて置くとよい。しかしケージ内の最低温度部が生活限界温度を下まわらないように注意。動物自身がある程度温度調節できるようにする。

・ガラスの特性として日光中の紫外線を遮蔽するが，生物活性の領域である300〜315nm範囲はおおよそ10％透過する。この値は市販のフルスペクトルライトのRETISUN 5.0UVB20Wを高さ30cm所から照射した場合の約1/10である。

・農業用温室素材のニューサンコールは日光の紫外線の65％は透過するといわれている。これらの材料を利用して太陽光を利用することができる。

第6章　人獣共通感染症

1．はじめに

　国境のない野生動物，特に渡り鳥は，オーストラリアから北海道まで旅をするオオジシギのように，自由な生活をしている。その渡り鳥が人にもうつる病原体を持っていたとすれば，保護をし手当てをした者が感染の危険にさらされる。レスキューやリハビリ活動をする人は，この章をぜひともお読みいただきたい。

　野生動物に触れたあとは，必ず流水で手を洗う。「消毒薬は何を使えばよい？」という前に，流水，正確には"流湯"で手に付いた病原体やゴミを流し落とすことが効果的である。その際，薬用石鹸を使えばよいし，洗ったあとに消毒薬に手を浸せばさらによい。

　殺菌剤や抗菌製剤は，細菌にのみ有効なわけで，くれぐれも過信しないように。また，使い捨てのプラスチック手袋をはめたからといって安心してはいけない。素材が薄いだけに鳥の爪や嘴で簡単に穴が開いてしまう。まずは「流水」に徹していただきたい。

　米国では，狂犬病対策としてコウモリの取扱いには相当な神経を使っている。空を飛ぶので，鳥と同じ扱いをしてしまいがちであるが，哺乳類なので人獣共通感染症の危険性はより高く，要注意である。また，北海道ではキタキツネの治療を嫌う獣医師が多い。エキノコックス症の感染を心配してのことだろうが，犬（室内犬も含む）にも発生があるだけに，逃げてばかりはいられない。基本をきちんと守っていれば，人獣共通感染症も心配はない。

2．オウム病

　オウム病（psittacosis）は，わが国では感染症予防法で全数把握の第4類感染症に分類されている。「感染症の診断・治療ガイドライン」（厚生労働省結核感染症課等監修）を参考に，届出等適切な対応を行う必要がある人獣共通感染症である。

1）病原体

　オウム病の病原体は，細菌とウイルスの中間の性状を有する微生物で，リケッチアに近縁のクラミジアに属するオウム病クラミジア〔*Chlamydophila*（旧 Chlamydia）*psittaci*〕で，世界各地において発生している。

2）オウム病の感染様式と感染源

　人獣共通感染症であるオウム病クラミジアは，セキセイインコ，ハト，オウムなどが保有し

ている率が高く，発病期の鳥の糞便，口腔や鼻分泌物，そ嚢液中に病原クラミジアが排出される。鳥類間の伝播は，接触，吸入，経口による水平感染である。人から人への感染はほとんどなく，鳥から人への感染は，病鳥や保菌鳥の排泄物の吸入や餌の口移しによる経口感染，まれに咬傷による経皮的感染である。クラミジア感染症が証明されている鳥類には，オウム，セキセイインコ，ヒインコ，ボタンインコ，カナリア，ブンチョウ，ジュウシマツ，フインチ，スズメ，キュウカンチョウ，カモメ，アヒル，ガチョウ，ハクチョウ，コウノトリ，フラミンゴ，タカ，ワシ，ハト，カラス，鶏，シチメンチョウ，ウミツバメ，ウズラ，キジ，アホウドリ，ツル，ペリカン，フクロウ，ペンギン，オオハシ，カッコウ，など15目（オウム目，スズメ目，ガンカモ目等）140種で証明されているが，特にオウム目の保菌率が高くなっている。オウム病から臨床的に回復した鳥や不顕性感染している鳥は，長期間にわたり排泄物や鼻の分泌液中等に病原体を排出し続けるので，適切な治療や発症予防処置を行わなければ，終生にわたって持続感染の状態になる。

3）オウム病の症状（人）

人では，病原菌であるオウム病クラミジアに感染した場合，約1〜2週間の潜伏期を経て，突然の高熱，悪寒，頭痛，全身倦怠感，筋肉痛，関節痛，食欲不振などのインフルエンザ様症状で発症する。初発症状としての熱は，38℃以上の高熱であることが特徴である。咳は，初めは乾性でやがて痰を伴うという経過をたどり，肺炎，気管支炎，中外耳炎症状を呈することがある。最近では，従来の呼吸器症状以外に頸部リンパ節炎を主徴とする病型が確認された。症状があれば早めの受診が必要で，鳥との接触があれば医師に詳しく申し出る必要がある。

4）オウム病の症状（鳥）

病鳥の症状は，さえずり，水浴びなどの健康的な行動がなくなり，食物と水の摂取が減少し痩せてくる。不活発で羽毛を立て，口腔，鼻や眼の周囲が粘着性の滲出物で汚れる。糞便は軟便，白色水様便，緑白色便，血便になり総排泄腔周囲に付着するようになる。まれに足と翼の震えや麻痺の症状が発現し死亡する。病鳥の死亡率は混合感染の有無により10〜100％である。オウムやインコ類における感受性は，一般に幼若鳥ほど高く，潜伏期は1〜数週間とさまざまで，年齢が経るほど軽い症状で回復するか，全く症状を示さない不顕性感染で終わる場合が多い。不顕性感染の鳥の発症は，細菌，ウイルス，真菌，原虫等の混合感染，栄養性疾患や代謝性疾患，免疫機能障害等が引き金となる。ブンチョウ，カナリア，ジュウシマツなどはオウム病に対して感受性が高く，潜伏期も3〜10日と短く，比較的急性の致死的経過をとることが多い。

5）オウム病の治療（人）

テトラサイクリン系またはマクロライド系抗生物質で治療する。

表6-1 オウム病の治療と予防のための投薬

薬品	投与方法	対象	投与量	投与期間	投与回数	備考
クロルテトラサイクリン（CTC）	直接内服投与	ハト	40〜50mg/kg体重	5日	1日2〜4回	食欲のない鳥に対して行い，食欲が出た後食餌療法に変更する
	餌に添加	オウム目の鳥	1〜2％の濃度でソフトフードに混入し与える	30〜45日	1日1回	
		家禽	110〜550mg/kg飼料	30〜45日		
		家禽（予防）	55〜220mg/kg飼料	21日		
		カナリア	1.5g/kg飼料	30日		
		セキセイインコ	500mg/kg飼料	30〜45日		
		ヒインコ科の鳥（ゴシキセイガイなどのnectar feeders）	500mg/1000mlネクターフード（液状の餌）	30〜45日		
		猛禽類	1日に250mg/kg体重の薬用量となるようにネズミなどに入れる	30〜45日		
		大型鳥類	5g/kg飼料	30〜45日		あまり水を飲まないため餌に添加
	飲水に添加	ほぼすべての鳥	CTC濃度500mg/1000mlの薬液になるように調整	30〜45日	1日2〜3回	薬液は8〜12時間ごとに調整しなおし交換する
		家禽	106〜264mg/1000ml飲水	30〜45日		
		カナリア	1〜1.5g/1000ml飲水	30日		
		ハト	500mg/1000ml飲水	45日		
	筋肉内注射	ハト	100mg/kg体重	5日	1日1回	食欲のない鳥に対して行い，食欲が出た後食餌療法に変更する
ドキシサイクリン（DOXY）	直接内服投与	ハト	25〜50mg/kg体重	5日	1日1〜2回	食欲のない鳥に対して行い，食欲が出た後食餌療法に変更する
	餌に添加	大型のオウム目	1g/kgソフトフード，または10g/kgシード餌（種実類）	45〜60日	1日1回	
		小型インコ，カナリア	1g/kgソフトフード	45〜60日	1日1回	
		猛禽類	25mg/kg体重をネズミなどに入れる	45〜60日	1日2回	
	飲水に添加	ほぼすべての鳥	100mg/100〜120ml飲水	45〜60日	1日1回	

テトラサイクリン系抗生物質以外にニューキノロン系抗生物質，マクロライド系抗生物質が選択薬となる。
予防としてCTCおよびDOXYを使用する場合は，上記投与方法もしくはテトラサイクリンが添加されている市販の飼料を通常3週間継続使用する。

6）オウム病の治療と予防（鳥）

表6-1に示した。

7）オウム病の診断（鳥）

新鮮便，結膜拭い液，鼻拭い液が材料になる。*C. psittaci* の抗原検出キット（市販あり）や遺伝子検出法（PCR法）を用いて検査材料から直接 *C. psittaci* DNA を検出する。

8）消　毒　措　置

Chlamydia psittaci は，酸・アルカリ・乾燥に強く，体外でも数か月間は感染力が持続する。1%次亜塩素酸ナトリウム（30分以上の接触浸漬時間必要）や70%エタノールなどの消毒が有効である。

3．エキノコックス症

エキノコックスとは円葉条虫目，テニア科のエキノコックス（*Echinococcus*）属に属する条虫（サナダムシ）の総称であり，最近の分類では単包条虫（*E. granulosus*），多包条虫（*E. multilocularis*），フォーゲル包条虫（*E. vogeli*）およびヤマネコ条虫（*E. oligarthurus*）の4種類に整理されている。いずれも幼虫が人に寄生する（これをエキノコックス症という）人獣共通の寄生虫であるが，その中でも家畜（有蹄類）を中間宿主としてイヌ科動物を終宿主とする単包条虫と，北方圏諸国（日本を含む）をおもな分布域として，齧歯類とイヌ科野生動物間でサイクルが循環する多包条虫が重要である。野生動物と人間社会との距離が接近しつつある昨今，生活ないしは畜産廃棄物の大量発生が，感受性動物（キツネとネズミ）の行動圏を人家に近づけ，さらにはそれら動物の個体数の増加を促す要因にもなる。その結果として，北海道における多包条虫の人への感染圧はますます加重され，本州以南への分布域拡大のリスクもおおいに懸念されている。

1）病　原　体

多包条虫が北海道のほぼ全域に拡散している。イヌ科動物の小腸に寄生する成虫は全長1.2～4.5mmのきわめて小型の条虫である。しかし，人を含む中間宿主体内では無性生殖を繰返して増殖し，その結果寄生部位の組織を圧迫して大きな障害を与えるとともに，体内各所に転移するなどの強い病原性を示すことになる。

2）多包条虫の発育環と野生動物の介在

発育環は捕食者であるイヌ科動物と被捕食者の齧歯類間で成り立っている。

北海道における主要な終宿主とはキタキツネ（アカギツネの亜種）であり，中間宿主は野ネズミ（主にエゾヤチネズミ）である。終宿主体内の成虫は，寄生期間の2～3か月にわたり順次最末端の受胎片節を離断するが，その中には約300個の虫卵が含まれる。片節内ですでに感染力をもつまでに発育し，六鉤幼虫を含む虫卵は糞便中に排泄され，中間宿主に摂取される機会を待つ。

　虫卵の外界での抵抗性は高く，25℃では約25日，10℃で約90日，4℃では128～256日間生存できる。この間に草食性のネズミ，特に笹の葉を好むエゾヤチネズミなどが虫卵を経口摂取し発育環が循環し始める。中間宿主の小腸でふ化した幼虫は，胆汁に触れるとさらに活性化し，小腸壁に穿入したのち血管内に侵入する。やがて門脈から肝臓に到達した虫体はここに定着して，まず単純な嚢胞を形成する。

　この嚢胞内に小型の嚢胞が次々と，あたかも芽吹くかのように形成され（出芽），スポンジ状の形容を呈する。この小嚢胞内にさらに繁殖胞とよばれる嚢胞が作られ，その中に原頭節（1原頭節が成虫の1頭節に相当，1嚢胞中に10万個以上を含む）が出現する（この嚢胞状態の幼虫を包虫とよび，多包条虫のそれを多包虫という）。感染したネズミをキツネや犬などが捕食すると，その腸管で内臓は消化され，原頭節が腸管腔に遊出する。原頭節は小腸の粘膜に固着して発育を開始し，片節の新生が始まる。感染後早ければ26日，通常約1か月で虫卵を排泄するようになるが，虫体の寿命は2～4か月である。多包条虫の発育環上，人も中間宿主の立場をとるので，基本的にはネズミ体内と同様の経路をたどるが，好適な宿主とはいえないために，ほとんどの場合，人では原頭節は形成されない。

　以上のとおり，中間宿主への感染は虫卵の経口摂取，終宿主への感染は包虫の経口摂取（つまり捕食）以外にない。

3）日本における多包条虫の分布状況

　現在，北海道で蔓延している多包条虫は，アラスカ州のセントローレンス島に分布する株と同じ起源であることが，ミトコンドリアRNAの遺伝子解析から明らかになっている。1936年あるいは37年，礼文島において最終的には130名以上の感染者を出し，1989年にようやく終息した第一次の流行，および1965年根室市在住の7歳の少女に端を発し（66年までにさらに2名の患者が発生），その後全道に拡散定着した第二次の流行は，2002年までに424例（主に病理組織学的検索）の患者を数え，今後さらに被害は拡大するとの懸念を招いた。

　なお，北海道以外の患者数は99年の段階で少なくとも76例が知られているが，この中には北海道との直接的な関連がない患者も含まれており，特に青森県では21症例中9例がこの範疇に含まれる。

　一方，本来の発育環の頂点に位置する北海道のキタキツネの感染状況は，1993年度以降約40％を示しており，報告によっては50％以上の高い感染率を記録している。札幌市内へのキタキツネの侵入も深刻な問題で，キツネの出没に対する苦情件数は1994年が56件，1995

年67件，1996年95件と漸増傾向にある。人獣共通感染症の観点からみると，犬の感染状況についても関心を払わなくてはならない。2002年12月に北海道大学がまとめた調査によると，犬1,649頭中抗原陽性は18頭でそのうち虫卵陽性は6頭と，おおむね1％の水準である。最近では飼育犬や室内犬からも感染が確認されている。猫の寄生率は91頭中5頭と比較的高い値を示すが，寄生していたのはすべて未熟虫体であったという。中間宿主となる動物は北海道では，エゾヤチネズミ，ミカドネズミ，ムクゲネズミ，ヒメネズミ，ハツカネズミ，ドブネズミ，エゾトガリネズミ，オオアシトガリネズミ，その他ワオキツネザル，ニホンザル，オランウータン，ゴリラ，豚，馬および人があげられる。エゾヤチネズミの感染率は平均1％以下であるが，地域内での変動幅が広く0〜30％強の範囲を示す。キツネの繁殖巣周辺の感染率が高い。

4）エキノコックス症の症状と診断・治療

（1）人 の 場 合（中間宿主）

1999年の感染症法で，人のエキノコックス症は第4類に指定され，病原体や抗体が検出された場合，医師による7日以内の届出が義務化された。一方，感染源に対する規定はなかったが，2003年に施行された改正感染症法では，虫卵を排出する終宿主動物の感染源対策が強化され，獣医師の責務という表現が新たに加わった。

人における多包虫の好発部位は肝臓である。成人では10年，小児では約5年で悪性腫瘍に似た症状を示すようになる。この間患者は無症状であるが，嚢胞は無性増殖により原頭節数を増しながら膨大化し，肝表面に黄白色の斑点をつくる。やがて嚢胞は肝臓を圧迫して強い障害を与えるとともに，嚢胞の一部が離脱して血流により肺や脳に転移し，そこに新たな嚢胞を形成するようになると，症状はさらに悪化する。放置した場合の死亡率は90％以上である。

診断としては，血清検査（ELISAおよびウェスタンブロット法）や超音波診断，CT，X線診断などが行われる。病巣の切除が第1選択であり，虫体の発育抑制にはアルベンダゾールやメベンダゾールがある程度有効である。

（2）キツネや犬の場合（終宿主）

通常無症状であるが，時として下痢や血液を含む粘液塊を排泄する。診断は剖検が最も確実であるが，それが許される機会は少ない。虫卵の検出は終宿主においては有効な手段であるが，他のテニア属の虫卵と顕微鏡下では区別ができない。虫卵による鑑別にはDNA診断が必要となる。そこで，糞便中に排泄される虫体由来の抗原を検出するELISA法が開発されている。なお，検査については，「第5章2。キツネ」の項を参照のこと。小腸寄生の虫体にはプラジクアンテル（商品名：ドロンシット錠）の5mg/kg，1回投与が有効である。

5）エキノコックスの拡散とリスクアセスメント

　すでに述べたとおりに，多包条虫の拡散はすでに全道に及び，さらに分布域の拡大が懸念されている。おりしも1999年の8月，青森県の農家で飼育されていた豚から多包虫が発見された。

　この事例のもつ意味は，この豚を飼育していた農家の周辺に虫卵が存在した，つまり多包条虫に感染した終宿主の生息の可能性を示唆する点にある。本州以南で発育環が回るとすれば，終宿主はホンドギツネや犬であり，中間宿主はハタネズミがその主役を担うものと思われる。

　このような事態に陥ったならば，もはや防圧は不可能である。感染の可能性のあるキツネや犬の本州への進入に注意を向けなくてはならない。特に犬については，旅行の同伴も含めて年間7,000頭が北海道から本州に移動する。イギリスやフィンランド，ノルウェーのように，多包条虫流行地からのペットの移動には，入国前の厳しい駆虫義務をつけている国もあるが，わが国へは年間15,000頭以上の犬が無検査で輸入される。同様にたとえ国内での移動とはいえ，流行地から非流行地域への終宿主の移動には一定の衛生規範が必要となろう。

　北海道の自然環境下における実効的なエキノコックス対策としては，キツネの生息数を減らすか感染率を下げるしかない。しかし，前者は動物保護や観光資源の意味から実施不可能であるため，選択肢は限られる。一例として，本虫濃厚汚染地域の1つである南ドイツの試みに修正を加え，北海道大学や北海道庁によるキタキツネに対する駆虫作戦が実施された。すなわち，前出のプラジクアンテルを混入した餌を計画的にキツネに摂らせ，虫卵が環境に大量に放出されるのを抑止するという考え方である。この試みにより，パイロット地区におけるキツネの虫卵排出の減少が明らかになった。

4．狂　犬　病

1）病　原　体

　狂犬病ウイルスはラブドウイルス科リッサウイルス属に属するウイルスである。

2）狂犬病の発生と感染源

　狂犬病（rabies）は，日本では第4類感染症に分類され，1957年以降の半世紀にわたり発生がない人獣共通感染症であるが，オーストラリアを除き欧米を含む世界の大陸で現在も年間で3～5万の人，10数万の動物が死亡していると推定されている。アメリカではアライグマ，キツネ，スカンク，コウモリ，コヨーテが狂犬病ウイルスの宿主となっていて動物の狂犬病の87％を占めるといわれている。ヨーロッパでは森林部のキツネが主な感染源で，アフリカでは犬，ジャッカル，マングース，アジアでは犬，中近東では犬，オオカミ，マングース，中南

米では犬，コウモリが主要な感染源になっている。猫，ハムスター，馬，牛，山羊，羊，フェレットなども原因となる。英国では1996年コウモリの狂犬病がみつかり，またオーストラリアでは1996年にコウモリ（fruit bat）から狂犬病に類似したリッサウイルスが分離され，そのウイルスによる患者が報告された。

3）感染様式

感染した動物に咬まれた傷からウイルスが進入し，軟部組織で増殖後，神経を伝わり脳に移行して中枢神経症状が発現する。ウイルスは脳から神経を伝い，唾液腺からウイルスが排出される。

4）狂犬病の症状（犬・野生動物）

動物は狂犬病ウイルス感染により発病すると凶暴になり，人や物に噛みつく。狂犬病の犬は，感染すると1～2週間で発病し多量のよだれを流し，人や物に見境なく噛みつき，無意味に徘徊する独特の行動や特徴的な遠吠えをする。やがて不全麻痺状態となり，うつろに周囲を眺めるような神経症状の後，昏睡，呼吸障害で死亡する。野生動物では，行動の異常，行動の変化が最も重要な所見で，不自然に人との接触を試みる場合や夜行性の動物が日中に現れる場合に狂犬病を疑う。特に，外部から挑発を受けていないにもかかわらず攻撃を加えてくる場合には狂犬病の可能性が高くなる。しかしながら野生動物での狂犬病に関する潜伏期，臨床症状についての十分な情報がないため，臨床診断は実際において困難である。

5）狂犬病の症状（人）

潜伏期間は9日～数年で，通常は20～30日程度である。発病率は32～64％で，発病するかどうかは，咬まれた傷口の大きさや体内に入った狂犬病ウイルス量などで大きく変わる。症状は，発熱，頭痛，全身倦怠，嘔吐などの不定症状で始まり，咬まれた部位に掻痒感や熱感等の異常感覚が起きる。ついで，筋肉の緊張，幻覚，痙攣，嚥下困難，うなり声，大量のよだれ，昏睡，呼吸麻痺等の神経症状が起き死亡する。急性期の神経症状が見られず，麻痺が全身に急速に拡がる症例があり，特にコウモリに咬まれて発症したケースに多く見られ，死亡するまでの経過は比較的長い。

6）治療方法（人）

狂犬病のおそれのある動物に咬まれたら，すぐに傷口を石鹸と水で徹底的に洗浄し，早急に傷の処置と狂犬病不活化ワクチンと抗狂犬病γ-グロブリン（暴露後接種），破傷風ワクチンを接種する。WHO（世界保健機構）およびわが国では，暴露後免疫獲得のため，治療用の狂犬病ワクチン接種は接種開始日を0として，3，7，14，30，90日の6回を推奨している。しかしながら，狂犬病は発病してしまうと治療法はなく，100％死亡する。

7）予防方法（人）

　暴露前接種（pre-exposure vaccination）については海外で野生動物等に接触する可能性のある場合に，事前に人用狂犬病ワクチンを接種する。4週間間隔で2回，6か月後に1回接種する。

8）予防方法（動物）

　①不活化ワクチン注射〔犬，猫（日本，米国），羊，牛，馬，フェレット（米国）〕。
　②遺伝子組み換え弱毒狂犬病生ワクチンを餌に混ぜて食べさせる経口投与法〔野生動物・州と連邦の狂犬病制御計画での使用に限定（米国）〕。
　③非経口狂犬病ワクチンで野生動物に使用が許可されているものはない（米国）。

9）わが国で狂犬病の疑いのある野生動物を野外で発見した場合

　①発見者は，農林事務所等（野生動物担当機関）に連絡を行い，連絡を受けた農林事務所等は，直ちに発見場所を所管する保健所に連絡する。
　②連絡を受けた保健所は，発見された動物の状況について発見者から状況を聴取する。
　③発見された動物が「鳥獣保護及び狩猟の適正化に関する法律（2002年法律第88号）」の保護動物に該当するかの確認を行った後，該当する場合は，環境省（都道府県等または市町村に権限委譲している動物にあっては，当該機関）の捕獲許可を受けた後，捕獲する。
　なお，捕獲許可申請者及び捕獲実施者は，保健所等とする。
　④捕獲・収容した動物は，都道府県等の動物管理施設で保管を行う。

5．疥　　癬

　タヌキの疥癬（scabies）は，1998年度の環境庁（現 環境省）の調査によると約15年前から全国に広がり，近年キツネやイノシシでも流行している。奄美大島のリュウキュウイノシシでは1978年に確認され，発生地域が拡大したが，豚から感染したと考えられている。

1）病原体

ヒゼンダニ科
・ヒゼンダニ（センコウカイセン *Sarcoptes scabiei*）宿主によって大きさなどが異なる
・ネコショウヒゼンダニ（ネコショウセンコウカイセン *Notoedres cati*）

2）感染動物

キツネ，タヌキ，イノシシ，犬，猫，豚

3）感染経路

接触感染。

4）動物の症状

　ダニは表皮内にトンネルを掘り，生涯をそのトンネル（疥癬トンネル）の中で生活する。ダニがトンネル内で動物の体液を吸って卵を産むため，皮膚の強い痒み，脱毛，肥厚，痂皮形成が起こり，自己損傷も加わり病変は化膿する。全身が脱毛し，体力が消耗して，二次感染を起こした野生動物は死に至ることが多い。1匹の雌ダニは約20～50個の卵を産卵し，2～3日で孵化，3～4日の幼虫期を経て，若虫になる。この若虫から成虫に脱皮するまではおよそ5～6日間。その間，ダニは成長とともに皮膚表面に向かってさらにトンネルを掘るために強い皮膚症状が出る。雌の寿命は3～4週間である。

5）動物の治療

・イベルメクチン　0.2～0.4mg/kg　1～2週間後に再投与
・薬浴剤でシャンプー

6）予防

感染動物の治療と環境を整備する。

7）人の症状

　ヒトヒゼンダニ以外の疥癬虫による人の疥癬を動物疥癬というが，感染動物に接触した人では，約60％に腕，腹部，大腿部の痒みを伴う丘疹を認める。動物疥癬の臨床的特徴は疥癬トンネルがなく，人の皮疹から虫体が証明されることはきわめてまれで，人疥癬の発疹の好発部位である手には発疹ができにくく，躯幹に多く発生する。また発症までの潜伏期間が動物より短く，症状も2週間と短い。センコウヒゼンダニは動物種が違うと，感染しにくく，人の皮膚では長期にわたり生活はできないので動物の疥癬症を治療して完治させると，多くの場合4週間以内に人の症状は自然治癒する。

第7章 病　　　　　理

1．病理学的検査

1）目　　的

　病理学的検査の目的は，種々の病に罹患した野生動物の病変を観察し，その所見をもとに病態を診断，さらに病因や死亡した動物についてはその死因を明らかにすることにある。実際には肉眼的観察によって臓器の病変を，また光学顕微鏡を用いた観察によって組織あるいは細胞の病変を解析し，病理解剖学ならびに病理組織学的診断を立てることにある。さらに病原微生物などの外的因子の関与が疑われる場合には必要な検索（培養や分離，因子の同定）を行うよう指示することもある。

2）病理学的検査の前に

　病理学的検査を行う前に，まず検体にかかわる情報を十分入手しておく必要がある。動物種，主な生息域，おおよその年齢（野生動物では不明のことが多い），性別，検体が採取された季節，場所（地理的情報），検体発見時の様子（検体とその周囲環境），検体の保存方法などである。検体の保存方法は病理学的検査に大きな影響を与える。第一に，死体発見時の状態を止め置き，不必要な手を加えないことである。高温（室温）で保存された検体は死後融解が進み，組織や細胞の保存状態が悪く，得られる情報はきわめて少なくなる。一方，冷凍保存された検体では，できた氷の結晶で組織や細胞が機械的に破壊され，観察に耐えられない標本となりやすい。
　一般には氷温程度（4～10℃）での保存が望ましい。

3）検　査　法

（1）病理解剖学的検査

a．剖検の準備
　検体に関する情報をもとに剖検計画を立てる。可能な限り多数の臓器・組織の観察を心がけるようにし，適切な剖検手技を選択採用する。また，必要に応じて微生物学的検査あるいは生化学検査に適した材料の採取も念頭に入れた準備をしておく。

b．外景検査
　検体の外景検査は重要で，その所見によって病性や死因が推定できることもある。観察点は，体格，栄養状態，被毛，皮膚（外傷の有無，異物の付着），指趾（蹄）の状態，死後変化の程度（死

後硬直の有無），腐敗の有無，天然孔（眼，鼻，口，耳，肛門，生殖孔）の開閉，出血の有無，可視粘膜の状態，浸出物，排泄物，分泌物の有無，その性状など。

c．内景検査

剥皮し皮下組織の状態，血液凝固の状態を観察。開腹，開胸，骨盤腔切開を行い，さらに頭頸部（咽喉頭部），頭部（脳），脊椎（脊髄），運動器（骨，筋肉，関節）などを順次観察の対象とする。各内臓器の位置，大きさ，重量，形状，硬度，色彩（色調），異臭の有無，表面および割面の状態，内容物の有無，量，性状などを観察，記録に取る。肉眼的所見をもとに病理組織学的検査に必要な材料を採取する。また，原因学的検査（細菌，ウイルス，真菌，原虫，寄生虫など）用に二次汚染のないように注意して採取する。また，その他の特殊検査を目的とする場合にはそれぞれに必要な手法に則って採取する。

（2）病理組織学的検査（図7-1）

a．ヘマトキシリン・エオシン（HE）染色標本による検査

この検査が最も一般的で最も有用な基本的情報を提供してくれる。人を含め動物の病理組織学はHE染色標本から得られた情報を中心に組み立てられている。したがって，科学的に野生動物の病態を解析するためにはHE染色標本の作製は不可欠で，かつ良質の標本が必要である。ヘマトキシリンは核を青色に，エオシンは細胞質や間質を赤色に染め分ける。

b．特殊染色による検査

HE染色標本中には正常では見られない種々の構造物が出現することがある。これらの構造物の特性を明らかにするために，その固有の性質に応じた染色法が開発されている。また，種々の微生物に対する染色法も多数開発されている。これらの染色法を組み合わせることで，病変と構造物あるいは微生物との関係（因果関係）を解析することができる。

例：グラム染色（細菌），グロコット染色（真菌），過ヨウ素酸シッフ染色（多糖類，真菌など）。

（3）免疫組織化学的検査（図7-2）

抗原抗体反応を利用した蛋白質とその局在を特異的に検出することのできる優れた方法で，現在最も普及した特異的染色法である。特に組織標本中の外来性異種蛋白質を持つ細菌，真菌，ウイルス，寄生虫などの同定には欠かせない方法である。また，内因性蛋白質の同定にも応用できその分析能力はきわめて高い。しかし，目的とする蛋白質に対する高い特異性を持った抗体が必要である（現在，信頼性の高い多くの細菌やウイルスに対する抗体が市販されている）。また，染色にはいくつかの条件が必要とされ，その条件にあった材料の確保と前処理が求められる。

1. パラフィン切片の作製

```
組織片
  ↓
固定（10％ホルマリン液）
  ↓
切り出し
  ↓
組織の水洗
  ↓
脱水（組織中の水分除去）
   70％アルコール
   80％アルコール
   90％アルコール
   100％アルコール
   無水％アルコール
  ↓
透徹
   キシレン Ⅰ
   キシレン Ⅱ
  ↓
包埋
   パラフィン Ⅰ
   パラフィン Ⅱ
   パラフィン Ⅲ
  ↓
パラフィンブロック
  ↓
薄切（厚4ミクロン）
  ↓
スライドガラスに貼付
  ↓
乾燥
  ↓
パラフィン切片の完成
```

2. ヘマトキシリン・エオシン（HE）染色

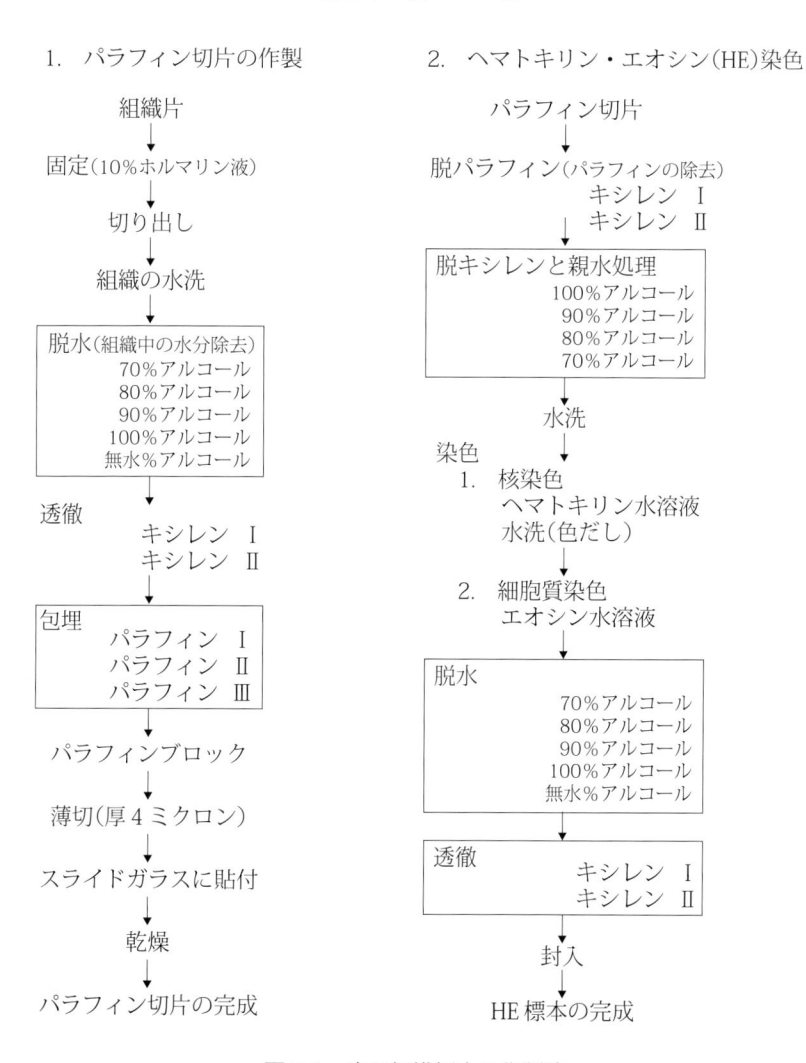

```
パラフィン切片
  ↓
脱パラフィン（パラフィンの除去）
   キシレン Ⅰ
   キシレン Ⅱ
  ↓
脱キシレンと親水処理
   100％アルコール
   90％アルコール
   80％アルコール
   70％アルコール
  ↓
水洗
  ↓
染色
  1. 核染色
      ヘマトキシリン水溶液
      水洗（色だし）
  2. 細胞質染色
      エオシン水溶液
  ↓
脱水
   70％アルコール
   80％アルコール
   90％アルコール
   100％アルコール
   無水％アルコール
  ↓
透徹
   キシレン Ⅰ
   キシレン Ⅱ
  ↓
封入
  ↓
HE標本の完成
```

図 7-1 病理組織標本の作製法

（4）電子顕微鏡学的検査

　光学顕微鏡による観察は組織もしくは細胞レベルにとどまる。これ以下の微小構造物（細胞質内小器官，リケッチア，ウイルスなど）はさらに高い解像力を持った電子顕微鏡を用いなければならない。電子顕微鏡には対象物の表面構造を観察する走査型と内部構造を観察する透過型の2つの型があり，観察の目的によって選択しなければならない。また，それぞれに適した材料の処理法が確立しているので，それに準じた方法で採材し標本を作製する必要がある。

（5）分子病理学的検査

　近年，分子生物学の発展とともに，人医学や獣医学では分子あるいは遺伝子レベルでの病変

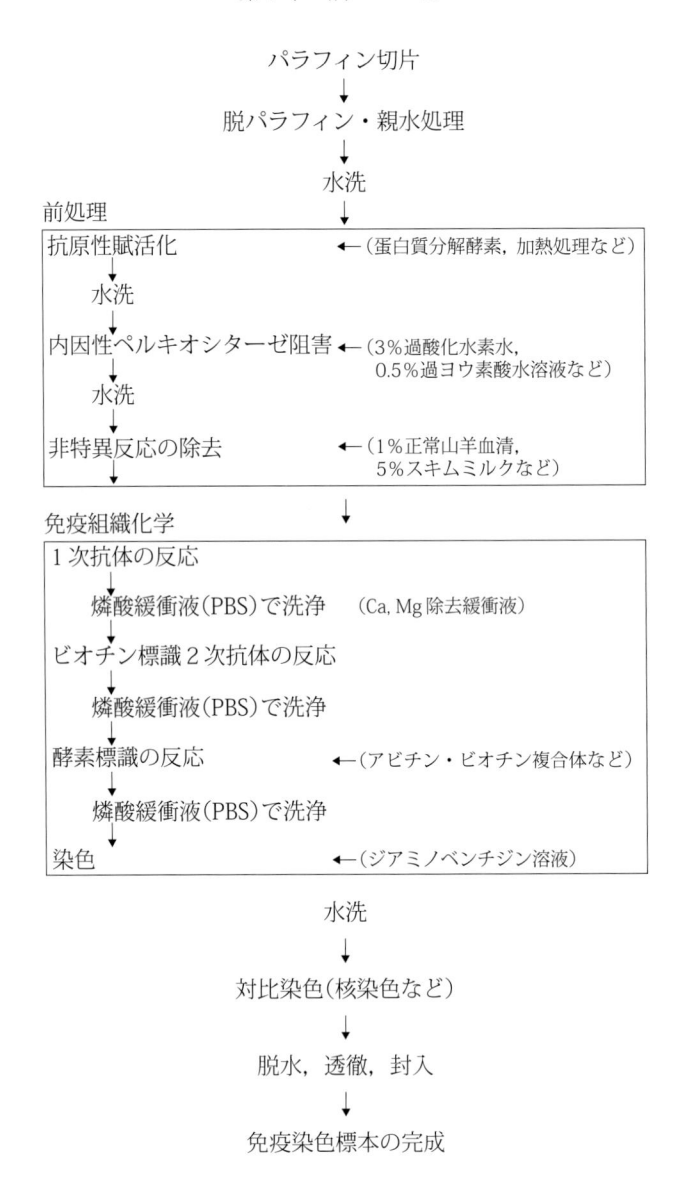

```
                        パラフィン切片
                              ↓
                        脱パラフィン・親水処理
                              ↓
                             水洗
    前処理                    ↓
    ┌─────────────────────────────────────────────┐
    │ 抗原性賦活化        ←（蛋白質分解酵素，加熱処理など）│
    │      ↓                                      │
    │     水洗                                     │
    │      ↓                                      │
    │ 内因性ペルオキシターゼ阻害 ←（3％過酸化水素水，      │
    │      ↓                     0.5％過ヨウ素酸水溶液など）│
    │     水洗                                     │
    │      ↓                                      │
    │ 非特異反応の除去    ←（1％正常山羊血清，           │
    │                         5％スキムミルクなど）    │
    └─────────────────────────────────────────────┘
    免疫組織化学              ↓
    ┌─────────────────────────────────────────────┐
    │ 1次抗体の反応                                 │
    │      ↓                                      │
    │   燐酸緩衝液(PBS)で洗浄   (Ca, Mg除去緩衝液)    │
    │      ↓                                      │
    │ ビオチン標識2次抗体の反応                       │
    │      ↓                                      │
    │   燐酸緩衝液(PBS)で洗浄                        │
    │      ↓                                      │
    │ 酵素標識の反応      ←（アビチン・ビオチン複合体など）│
    │      ↓                                      │
    │   燐酸緩衝液(PBS)で洗浄                        │
    │ 染色                ←（ジアミノベンチジン溶液）    │
    └─────────────────────────────────────────────┘
                              ↓
                             水洗
                              ↓
                        対比染色（核染色など）
                              ↓
                        脱水，透徹，封入
                              ↓
                        免疫染色標本の完成
```

図 7-2 免疫組織化学的染色標本の作製法

もしくは病因の解析が可能になってきた。すなわち，病原微生物の蛋白質や遺伝子の局在と同定，宿主側の遺伝子変位や異常蛋白質の検出あるいはサイトカインなどの情報伝達機構にかかわる因子の分析も可能となり，精度の高い病態の解析が行われている。今日，野生動物医学においても多くの応用例が報告されようになり，今後も大きく発展すると考えられる。

例：polymerase chain reaction（PCR）法による病原微生物の遺伝子の検出。in situ hybridization（ISH）法による組織標本中の宿主あるいは外来微生物の遺伝子の検出など。

第7章 病　　理

```
死亡検体                              罹患生存動物
   ↓                                     ↓
 病理解剖                              臨床検査
病理解剖学的診断                        臨床診断
   ↓                                     ↓
組織の採取（採材）                   生検組織の採取
          ↘                       ↙
           組織標本の作製
    ↙        ↓          ↓          ↘
光学顕微鏡学的検査 │（免疫組織化学的検査）│（電子顕微鏡学的検査）│（分子病理学的検査）
病理組織学的診断   │ 細菌，ウイルス，真菌の検索 │ 細胞内微細構造の観察 │ 蛋白質，遺伝子の検索
                    ↓
            病理学的診断（総合診断）
```

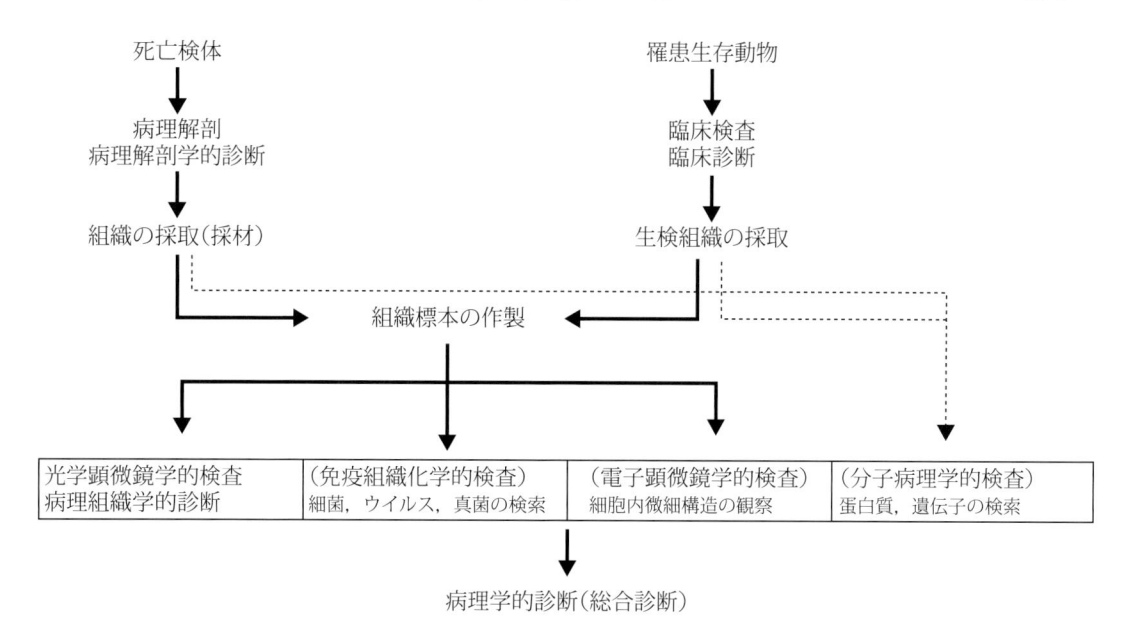

図 7-3 病理学的検査の流れ

　野生動物医学における病理学の目的や方法論も，生命科学の一分野を担うという意味では人医学や獣医学におけるそれと大きく異なることはない。しかし，現実的には多くの制約が存在し，これらが野生動物医学の発展の妨げになっていることも事実である。ここでは，病理学の目的とその方法についての概略（図7-3に病理検査の流れを示す）を述べたが，実際にはそれを行うに必要な施設，設備が完備された固有の機関は少なく，大学や研究所といった公の機関との連携を避けて通ることは不可能である。しかし，特殊な設備や試薬を必要とする検査はともかくとして，病理学的検査の目的，事前の調査，病理解剖法については十分に理解し，日常的に訓練を積んでおく必要がある。特に検体に関する情報の収集の有無，質の高さはその後の分析に大きな影響を与えることはいうまでもない。

2．鳥　　　　類

　鳥類は体温が高く羽毛に覆われているので，死後の体温低下が生じ難く急速に死後融解が進行する。このため検体の解剖は可能な限り早く行うこと，不可能な場合には体温を降下させる手段（例：氷温で保存，凍結は不可）を選択し保存しなければならない。

1）解　剖　法

　鳥類の解剖は，剥皮後に巨大な胸骨を分離することがポイントである。以下，その手順を示す。

①外景検査：羽毛の寄生虫（シラミ，ダニなど），外傷（銃創）など。
②体表の消毒：感染因子を含む羽毛飛散防止のため消毒液につける。
③両翼の分離：仰臥位で体幹腹部を剥皮した後，腋窩の翼神経叢を観察し，肩関節を切開。上腕骨を外し両翼を分離する。
④肩甲骨の分離：両肩甲骨（体背則にそって付着）直下（脊椎との間）に刀を入れ，鎖骨と烏口骨側につけるように切り放す。
⑤胸骨の分離：胸骨と肋骨，胸骨と体幹とを連絡する筋肉，翼神経叢などを切離し，肩甲骨，鎖骨，烏口骨そして胸骨を一体として引きはがすように分離する。
⑥内景検査：胸腔，腹腔の臓器の全容（位置関係，大きさ）を観察する。各臓器を摘出し，各々の重量を計測し所見を記録する。肺は胸郭に，腎臓は腹腔背則に密着しているために摘出に注意が必要である。腸管は特に死後融解が生じやすいため，観察後可能な限り速く固定液に浸漬する。臓器の特徴は鳥の種類によって異なるので，解剖書を参考に慎重に観察する。
⑦腰神経叢と座骨神経叢の観察
⑧喉頭部と脳の観察：咽喉頭部では舌，食道と気管を含む組織の観察。脳は頭蓋骨を慎重にはがし傷つけないように摘出，割を入れないでそのままの状態で固定液に入れる。下垂体，眼球，の採取も心がける。

2）サンプリング

　病理解剖学所見をもとに病理組織学的検査を要する臓器，組織から過不足なく採取することが必要である。また，先にあげた特殊検査を要すると判断されたものについては，その決められた方法に準じて採材を行う。

（1）固定液の準備

　固定とは組織や細胞の死後融解を防止し，その構造を保存する目的で行う。固定液の種類は多くあるが検査の目的に応じて選択しなければならない（表7-1）。最も汎用性の高い固定液はホルマリン液で，市販されているホルマリン液を10倍（ホルマリン1：水9）希釈したものを用いる。

（2）組織の採取

　大きな組織や被膜を持った臓器は小さくても固定液の浸透性が悪い。鳥類は哺乳動物よりも浸透性が悪いので，1つの組織は大きくても一片が2cm程度の立方体にする。被膜のある臓器は割を入れて浸透性を確保しておく。囊胞状の臓器（胆囊）や消化管などの管状の臓器では両端を縛り内腔に固定液を少量注入することもある。固定液の量は浸漬する組織の10倍量を目安とする。固定時間は室温で1〜2日。脳組織は他の臓器より固定が悪いため長め（4日〜1週間）に固定する。

表 7-1 固定液の種類

1. ホルマリン液（最も普及した固定液） 　　① 10％ホルマリン（局方ホルマリン1：水9） 　　② 20％ホルマリン（局方ホルマリン1：水4） 　　② 10％中性ホルマリン（炭酸カルシウムもしくは炭酸マグネシウムで中和） 　　③ 10％リン酸緩衝ホルマリン（局方ホルマリン1：リン酸緩衝液9）
2. カルノワ液（特殊染色用） 　　グリコーゲンやムコ多糖の証明に使用 　　純エタノール　：　6 　　クロロホルム　：　3 　　氷酢酸　　　　：　1 　　使用直前に混合して使用する。長期保存は不可。 　　固定時間　1～3時間（長時間固定は不可）
3. ブアン液（特殊染色用） 　　内分泌顆粒の検索に使用 　　ピクリン酸飽和水溶液　：　　　15ml* 　　ホルマリン　　　　　　：　　　5ml 　　氷酢酸　　　　　　　　：　　　1ml 　　使用直前に混合して使用する。長期保存は不可。 　　固定時間　1～3時間（長時間固定は不可） 　＊ピクリン酸は水に解けにくいので事前に作製しておく。

（3）組織の切り出し

　固定された組織から実際に観察する病変部を切り出す。病変部が標本の中心に位置するようにし，スライドガラスに入るサイズ 縦2×横2～3cm，厚さ4mm程度を目安に切り出す。病変を含む組織の切り出しは図7-4に示す。固定不良の場合には切り出し後，新鮮なホルマリン固定液で再固定（数時間），軽く水洗した後，病理標本作製法に従ってHE染色標本を作製する。

3．哺　乳　類（海獣類）

　陸棲の野生動物の多くは大型小型を問わず，馬や牛，犬や猫などの家畜化された動物とほぼ同様の解剖学的構造を有する。したがって，獣医病理学で採用されている病理学的検査の手法に準じて行うのが合理的である。また，イルカやアザラシに代表される海獣類も，外景は陸棲動物とは大きく異なるが，各々の臓器の基本的構造はきわめて類似しており，その解剖学的手技も大きく異なることはない。一般に小型（齧歯類など）および中型（キツネ，タヌキなど）動物，海獣類は仰臥位で，大型（シカ，クマなど）動物は横臥位で解剖する。

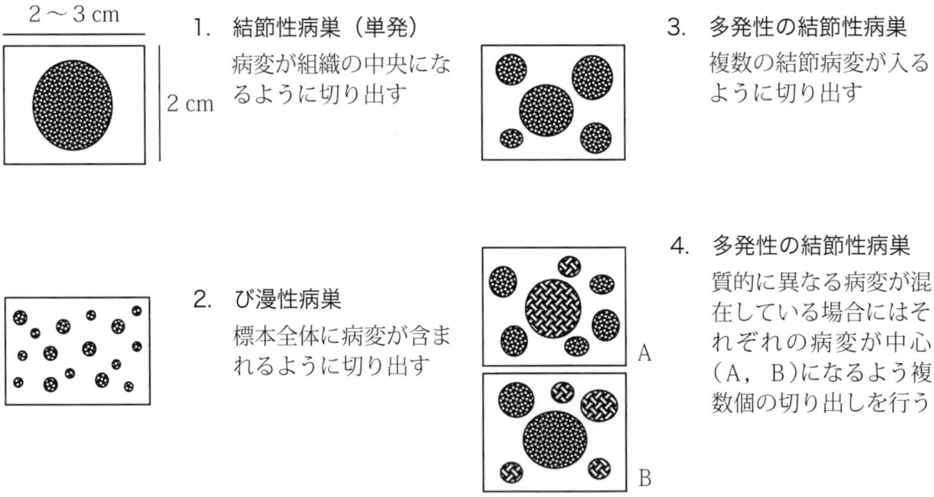

1. 結節性病巣（単発）
病変が組織の中央になるように切り出す

2. び漫性病巣
標本全体に病変が含まれるように切り出す

3. 多発性の結節性病巣
複数の結節病変が入るように切り出す

4. 多発性の結節性病巣
質的に異なる病変が混在している場合にはそれぞれの病変が中心（A, B）になるよう複数個の切り出しを行う

図 7-4a　組織の切り出し方 1

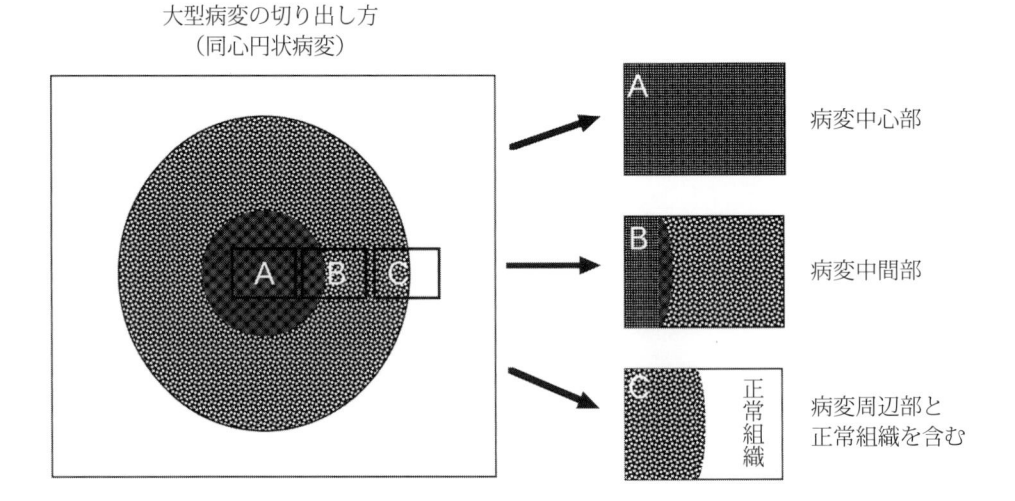

大型病変の切り出し方
（同心円状病変）

A　病変中心部
B　病変中間部
C　病変周辺部と正常組織を含む

図 7-4b　組織の切り出し方 2

1）解　剖　法

(1) 小・中型動物

①外景検査：皮膚の検査（外傷，寄生虫）。必要に応じて消毒。
②剝皮：仰臥位で下顎から外陰部までの正中線を切皮，左右に剝皮する。
③皮下脂肪組織，骨格筋，体表リンパ節，下顎部腺組織（唾液腺），乳腺，皮膚の観察。

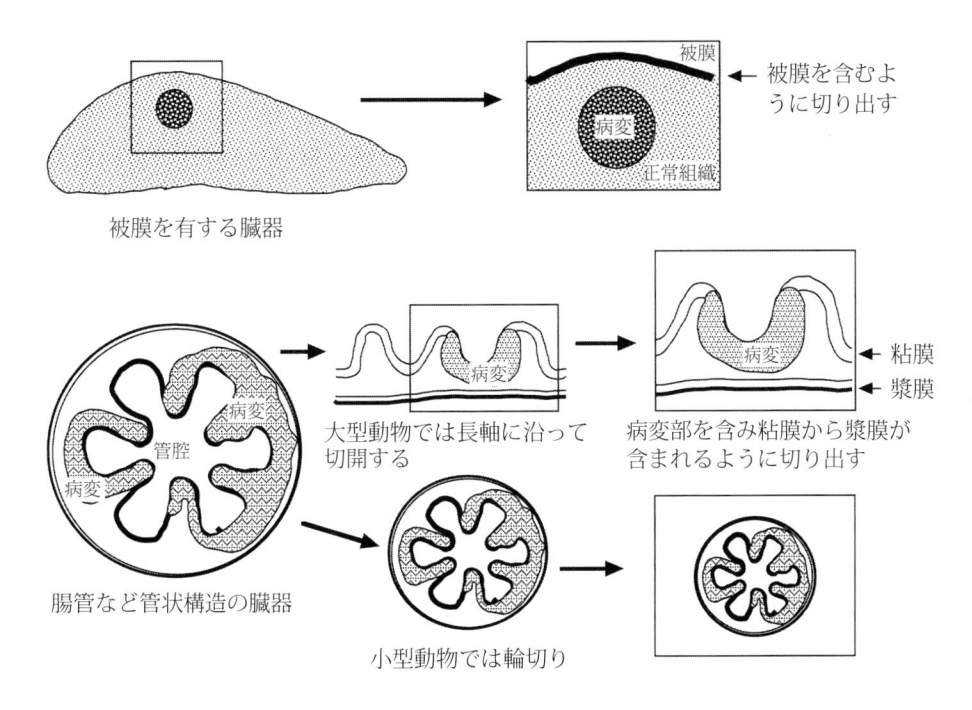

図7-4c　組織の切り出し方3

④腹部内景検査：外陰部直上の腹壁を正中線に沿って剣状軟骨まで切開。そこから左右の最後位肋骨縁にそって腹壁を背側まで切り開き，内臓全景を露出，各内臓器の位置関係や大きさを観察する。骨盤腔から直腸，膀胱，雄性生殖器（副生殖腺を含む）を取り出す。腹腔内にはしばしば漿液（腹水）の貯留や寄生虫が認められることがある。

⑤腹腔臓器：各臓器を取り出し重量を計測し，各々について観察する。しかし，複数の臓器にわたって病変が形成されることもあるので，各臓器の関係も視野に入れた観察が必要である。肝臓，脾臓，腎臓，副腎，胃腸管（長軸に沿って切開），膵臓，腸間膜リンパ節など順を追って観察する，生殖器は動物種によって，あるいは繁殖期によって大きく異なることがあるので成書をもとに注意深く観察する。

⑥胸部および頭頸部臓器：左右横隔膜を肋骨から切り離す。左右肋骨を中間部で切断し，胸部内景を観察。胸郭前口部で食道，気管を切断し，肺，心臓，胸腺，胸部食道，胸部気管を取り出す。心臓は心膜に包まれており心膜を切開して心臓を取り出す。胸腔，心膜腔にもしばしば漿液（胸水，心嚢水）の貯留が見られることがある。下顎部から胸郭前口部までの筋肉を除去，舌を下顎骨から外し咽喉頭部含むように頸部を両側性に下方に向かって頸部気管，頸部食道を挟むように切開，甲状腺，上皮小体をつけたまま取り出す。

⑦頭部：剥皮後，頭部を外し頭蓋骨を除去，小脳と橋，延随，頸部脊髄もつけたまま脳組織を慎重に分離し，そのまま固定液に入れる。頸部脊髄以下については椎骨弓を切断し，脊髄神

経節と硬膜をつけた状態で取り出す。下垂体，松果体も採取する。眼球は結膜周囲を切開し，視神経をつけた状態で摘出する。

⑧末梢神経：腕神経叢，座骨神経叢は四肢を切り放す際，覆う筋肉を除去し，1～2cm程度の長さで切断。筋肉組織も2×2×3cmの大きさで採取する。

⑨骨髄：大腿骨骨頭を含む部分を採取し，鋸で割面を入れておく。

（2）大 型 動 物

①反芻動物は左側横臥位（左側を下），単胃動物は右側横臥位（右側を下）で解剖する。

②外景検査：皮膚の検査（外傷，寄生虫）。必要に応じて消毒。

③剥皮：下顎から外陰部までの正中線ならびに四肢内側に切皮線を入れ，左右に剥皮する。皮下脂肪組織，骨格筋，体表リンパ節，下顎部腺組織（唾液腺），乳腺，皮膚の観察。

④前肢と後肢の分離：内景観察を妨げる前肢と後肢を分離する。前肢は腋窩部から肩甲骨内面に刀を入れるように前肢帯筋を切断する。後肢は内股から臼関節に向かって刀を入れ，前方後方および背側の後肢の筋肉を切断，臼関節を切り離す。

⑤腹部内景検査：最後位肋骨縁に沿って腹壁を背側から剣状軟骨まで切り開く，また最後位肋骨基部から体幹にそって骨盤前縁を通る恥骨前縁までの線で腹壁を切開する。腹腔の大部分を占める消化管を取り出す（反芻動物では複胃，単胃動物では結腸が最も大きい）。各内臓器の位置関係や大きさを観察する。

⑥腹腔，骨盤腔，胸腔臓器の観察要領は小・中型動物と同様に行う。肝臓，脾臓，腎臓，心臓，肺などの大型臓器は可能な限り割を入れ，臓器内部の観察を詳細に行う。腸管は長軸に沿って切開し，粘膜を損壊しないように丁寧に扱う。

⑦頭部においては脳の重量が数百gに及ぶ動物種もあるので，その摘出には大型の器具（鋸，金づち，タガネなど）や技術を要する。取り出した脳はそのままあるいは中脳と橋の間で横断し，それぞれ固定液に入れる。

⑧末梢神経，骨髄も小・中型動物と同様に行う。

2）サンプリング

剖検後の材料の採取法は鳥類も哺乳類も基本的には同一である。しかし，中型，大型哺乳動物では臓器が大きく，かつ病変が広範囲におよぶ場合にはその採材部位を決定することが困難な場合がある。

（1）固定液の準備

鳥類の項を参照。

（2）組織の採取

　大きな組織や被膜を持った臓器は小さくても固定液の浸透性が悪い。1つの組織の大きさは一片が3cm程度の立方体にする。被膜のある臓器は割を入れて浸透性を確保しておく。嚢胞状の臓器や消化管などの管状の臓器では両端を縛り内腔に少量の固定液を注入することもある。固定液の量は組織の10倍量を目安とし，固定時間は室温で通常1〜2日。哺乳動物の脳組織は大きく，そのままのあるいは中脳と橋の間で横断した状態で固定するため，固定に長時間（1〜2週間）を要する。

（3）組織の切り出し

　鳥類の項に準ずるが，一般に臓器が大きいため，全体像を掌握するためには同一臓器から複数の組織を切り出す必要がある。また，病変も大型になることも多く，採取部位の選定が重要となる。小さい病変では病変部が標本の中心に位置するようにし，スライドガラスに入るサイズ 縦2×横2〜3cm，厚さ4mm程度を目安に切り出す。病変を含む組織の切り出しは図7-4に示す。大型の病変では病変の中心部，中間部，周縁部（正常組織との境界部）とその病変全体の構造を掌握できるように切り出す。固定不良の場合には切り出し後，新鮮なホルマリン固定液で再固定（数時間）を行う。

付　　録

環境ホルモンを解説する

1）は　じ　め　に

　環境ホルモンと呼ばれる化学物質が地球環境を汚染している。ワニの生殖器の異常・つがいをつくれない水鳥・海棲哺乳類の大量死・雄のコイの雌化など，汚染化学物質にさらされた野生動物にさまざまな異変が起こっている。人では男性の精子数が減少しているというショッキングな統計結果も示された。これらの化学物質が神経細胞の成長にも害を及ぼすことが分かり，最近多発している異常な刑事事件の原因とも考えられている。問題になっている化学物質の中には，河川水・海水のみならず地下水までも汚染しているものもあり，すでに地球上に蔓延しているといえる。ここでは，こうした環境ホルモンと呼ばれる化学物質について解説する。

2）環境ホルモンとは何か？

　「環境ホルモン（正式名称は"内分泌かく乱化学物質"）」とは，環境汚染化学物質の中で，女性ホルモン作用を有し，生物に取り込まれると体内の内分泌作用を乱し，生殖異変（繁殖毒性もしくは，内分泌かく乱作用という）を引き起こす化学物質のことである。内分泌とは体内のさまざまな生命活動を調節しているホルモン作用であり，その一種である性ホルモンの分泌は性の分化（男と女に別れること）を決定し，性成熟（生殖可能な男または女になること）を成し遂げる働きがある。よって，性ホルモンの分泌が乱れると正常な性分化が進まなかったり，性成熟が成し遂げられなかったりする。つまり，環境ホルモンによる生殖異変とは子孫を残せないということであり，野生動物はもちろん人類を含め，地球上全ての生物の絶滅につながる。

3）環境ホルモンの主なもの

1）毒性物質	ダイオキシン	最も毒性・発ガン性が強く，産業廃棄物焼却により発生。アトピーとの関連
	PCB	工業用に熱媒体として使われた。カネミ油症事件の原因物質
	DDT	農薬として使われた。河川・湖沼を汚染し野生生物へ影響
	有機スズ	船底塗料に含まれる。巻き貝に被害
2）非毒性物質	BPA	プラスチック食器に使われ熱で溶け出す。動物実験で女性ホルモン作用
	NP	プラスチックのコーティング剤。工業用洗剤の分解物。コイの雌化に関係
3）人工女性ホルモン	DES	流産防止薬として使用。小児膣癌誘発など強い女性ホルモン作用

4）植物由来のエストロジェン	ダイゼイン	豆科植物に多い，妊娠マウス子宮重量を増加。乳癌抑制作用もいわれている。
	クメストロール	クローバーに含まれ，羊の流産・繁殖障害の原因物質

4）人の病気との関連

(1) アレルギー疾患（アトピー性皮膚炎や喘息など）

　最近，酪農学園大学でもアトピー性皮膚炎や喘息で悩んでいる学生が多く，新入生へのアンケートで，アレルギー疾患の統計を取ってみると，1991年からこうした疾患の経験者が20％を越している。また，ここ数年は大人になった現在も罹患している新入生の割合が20％（941人中197人）を越えてきた。いったい，この原因はどこにあるのだろうか？アレルギーとは，体内に入ってきた異物を排除するために，抗体ができたり，異物を退治する細胞が働いたりする（免疫反応）機構が，異常に活性化した状態である。最近の研究で，摂取したダイオキシン量が増加するにつれ体内の免疫機能の活性が高まることが分かってきた。つまり，環境から摂取する化学物質が原因で，アレルギー疾患が増加していると考えられている。

(2) 乳　　　癌

　日本人の死亡原因のトップは動脈系の疾患から癌に移ってきた。なかでも，女性の乳癌が急増している。この傾向は人のみならず，動物病院で行われる手術のうちで犬も乳癌が非常に多くなっている。もともと乳腺細胞は女性ホルモンの作用で分裂増殖するので，環境から女性ホルモン作用のある化学物質を取り込むと当然，人でも犬でも乳腺細胞への影響が考えられる。体内で，女性ホルモン活性が正常な範囲を超えた場合には，乳腺細胞の異常増殖（癌化）が起こり得る。

5）問題の深刻さ

　環境ホルモンと呼ばれる女性ホルモン作用が判明した化学物質には，発ガン物質や毒性物質として騒がれていたダイオキシンやPCB等の他に，工業用洗剤の分解物であるノニルフェノール（日本年間生産量　4〜5万t）やプラスチックから溶け出すビスフェノールA（日本年間生産量25万t）などがよく知られている。現在，厚生省では70種類以上の化学物質を環境ホルモンの疑いがあるとリストアップしている。これらの化学物質は人の生活用品として，なくてはならないものであり，現代人の生活から排除することは不可能に近い。すなわち，人の生活を豊かにし，現代文明の担い手となってきたこれらの化学物質が生殖機能を脅かし，人をはじめ生物全体の絶滅の原因になるということである。環境ホルモン問題の解決の難しさ・深刻さがここにある。

6）私たちの研究の紹介

　環境ホルモンの1つであるジエチルスチルベストロール（DES）を成熟した雄ラットに1日0.5mg投与すると，1か月後，精巣が退縮することが新たに分かった（図1）。このことは，胎児期のみならず大人になってからも環境ホルモンの影響を受けると考えられ，最近増加している人の精巣癌や前立腺癌などの男性生殖器疾患も環境ホルモンがその原因になっている可能性を示している。他の研究者からも，DES投与によって精子の成熟期に栄養を与える精巣組織中のセルトリ細胞に異常が生じることがすでに報告されている。DES以外の環境ホルモンにもこのような危険性が考えられる。地球環境中に存在する環境ホルモンは非常に低濃度であるが，長期間しかも数多くの種類に同時に暴露されるので，そこで生活している生物にはこの実験と同じような影響が出ることが十分考えられる。

　上記のような環境ホルモンの影響をくい止めるには，環境ホルモンが体内に取り込まれてからどのような経路をたどって，どのような代謝（いろんな臓器を通過するときに，酵素によって構造変化を受ける）を経て標的器官である生殖器や神経細胞に到達し，かつそこでどのような機序で悪影響を及ぼすかを明らかにしなくてはならない。これまでの私たちの研究で，ビスフェノールAは消化管と肝臓に存在する酵素（UGT2B1）で大部分が解毒（グルクロン酸抱合）され，その後，胆管を通って小腸内に排泄されるが，腸内細菌のβグルクロニダーゼという酵素によって元の危険な形に戻され再吸収（腸管循環）されること，また胎児期にはこの解毒能力を持たず，かつ妊娠母体の肝臓の解毒能がかなり低いことも分かってきた。つまり，環境ホルモンの影響を極力避けるためには，腸内細菌をβグルクロニダーゼを持たない菌種にコントロールしたり，かつ妊娠期には化学物質の暴露から身を守ることが重要であるといえる。今後も上記のような代謝過程の研究を進展させることで，環境ホルモンの作用機序ならびに効果的な防御対策を編み出していけるものと考えている。

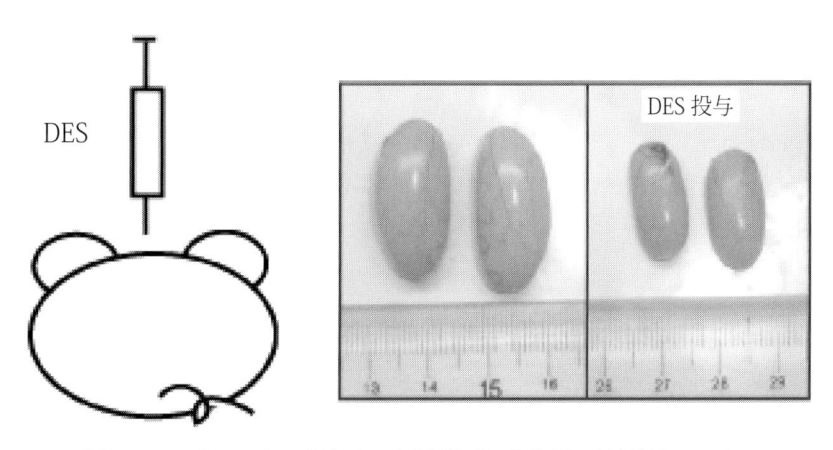

図1　DESをラットに投与すると精巣（写真右側）が萎縮していた。

多くの若い人達が環境ホルモンの問題に関心を持っており，同時に将来への強い危機感を抱いている。この問題は先に述べたように非常に深刻であるが，多くの人々が知恵を出し合うことで，どうしても解決しなければならない課題である。そのためには，これまでの文明を否定するだけではなく新たな生活システムを構築していく必要がある。

私たちの研究室では，"人類は環境ホルモン問題を乗り越えることができれば，本来の豊かな文明を再構築できるのではないだろうか"という希望を持って研究に励んでいる。

野鳥の感染症・寄生虫症の概要と対策

1) 序

病原生物は鉛などの中毒物質とは異なり，自己増殖可能なため，根本的な解決がより難しい。また，アヒルペスト，ニューカッスル病，鳥コレラなどが北米で発生し，非常に多数の野生のガンカモ類やハクチョウ，ウを死滅させたが，その発生の遠因としては環境の人為的改変が指摘されている。日本の自然環境は，明治維新以降，著しい改変が進行しており，飛来する水鳥類や野鳥の個体数は急減したが，最近，増加傾向に転じている。同時に，日本の飛来地において多数個体の一極集中化，高密度化を引き起こしている。これは，感染症の発生という点からみると，非常に危険な状態にある。東アジアを主分布域にしているガンカモ類やツル類では，その個体群の大部分が日本で越冬する種も少なくないことから，種の保全活動において，日本での対策が希求される。また，地球温暖化現象やアジア地域における急激な経済活動活性化に伴う人為的な環境改変などが作用して，個々の種の地理的分布なども変化していくことも考えられる。今後，東アジア，太平洋地域，北米などからの種の流入も予想される。このような鳥類相の変化は新たな病原生物の日本への侵入を引き起こすことも考えられる。よって，日本およびその周辺地域で報告されている，あるいは発生するであろう野生鳥類の感染症と寄生虫症の発生状況把握と病原体の生態などは保護活動において重要な知見である。

2) ウイルス症

ウイルスは，DNAウイルスとRNAウイルスとに大別され，前者にはガンカモ類に病原性の高いヘルペスウイルス科のアヒルペストウイルスが知られる。日本では未報告であるが，北米，アジア，ヨーロッパなどのカモ類（家禽含む）からの感染が懸念される。このほかのヘルペスウイルス科としては，マレック病ウイルスやツル類の封入体病ウイルスなどが含まれ，いずれも日本での発生が知られる。特に，前者は養鶏業に多大な被害を与える感染症として知られるが，その感染により腫瘍を形成し死亡したマガンが，2001年10月，北海道宮島沼で発見された。日本でもある種の病原体が野鳥から検出されることはまれではないが，野外において死亡例が確認されることは少なく（死体が回収されることがまれなので），貴重な症例となっ

た。RNA ウイルスでは，ニューカッスル病ウイルスと鳥インフルエンザ A ウイルス（鳥ペストウイルス）が重要である（2004 年に日本で発生した事例ではカラスからも検出された）。特に前者により北米では，1990 年代，数万のオーダーの水鳥類が死滅した。日本では，2004年 1 月～2 月，西日本の養鶏場で鳥インフルエンザの大発生があった。その発生に野鳥の関与が示唆され，養鶏場周辺で発見されたカラスからウイルスが検出されなどしたが，野鳥の大規模な死亡例はなかった。なお，最近，北米を中心に問題となっている西ナイルウイルス（flaviviridae）のわが国における疫学調査は，厚生労働省や農林水産省が主体となり実施している（2002 年 11 月現在）。

3）細　菌　症

　細菌性疾患としては，2000 年 10 月に韓国で発生した鳥コレラ（あるいは家禽コレラ）によるトモエガモ 11,000 羽以上の死亡例が注目される。この種は絶滅が危惧される種の 1 つであり，今後の個体数の回復が切望されるが，日本との地理的近接性を考慮した場合，無視できない。ボツリヌス菌の産生した毒素による中毒死亡例は，夏の東京や埼玉などのカモ類で知られているが，今後は地球温暖化現象とともに北上が警戒される。特に，2002 年 12 月における台湾のクロツラヘラサギの死亡例は大変ショッキングなものであった。欧米ではサルモネラ菌感染症により（特に不潔なバードテーブルでの採餌による），多くの個体が死亡しているという。最近，悪性水腫菌の一種 *Clostridium* 属感染と考えられる出血性腸炎のカラス死亡例が，わが国でも散見されている。

4）真菌症と原虫症

　真菌（カビの仲間）性疾患としては，アスペルギルス症がよく知られるが，ほかの属としては *Candida*, *Cryptococcus*, *Microsporum*, *Trichophyton*, *Fusarium*, *Ochroconis*, *Absidia* などが鳥類に疾患を起こすものとして報告されている。これら真菌症は，傷病個体の飼育中に，抵抗力が低下したもので日和見感染を起こすことがよく知られる。

　原虫性疾患としては，鞭毛虫やアメーバのグループ（肉質鞭毛虫門）である *Trypanosoma*, *Hexamita*, *Histomonas*, *Parahistomonas*, *Monocercomonas*, *Trichomonas*, *Tetratrichomonas*, *Chilomastix*, *Entamoeba*, *Endolimax* の各属が知られ，日本では（家禽・ペットを除けば）飼育下のライチョウでヒストモナス症やトリコモナス症による死亡例が知られる。*Trypanosoma* spp. は血液原虫の 1 グループで，日本でもスズメ目やフクロウ目の野鳥から報告されているが，病原性は概して低いようである。しかし，コクシジウム類やマラリヤ原虫のグループ（アピコンプレックス門），鳥類寄生性の属名として *Eimeria*, *Isospora*, *Tyzzeria*, *Wenyonella*, *Caryospora*, *Cryptosporidium*, *Sarcocystis*, *Toxoplasma*, *Hepatozoon*, *Haemoproteus*, *Leucocytozoon*, *Plasmodium*, *Babesia*, *Atoxoplasma* などは，病原性が高いので警戒すべきである。特に，日本の野鳥でも報告されている *Plasmodium* や *Leucocytozoon*，あるいはツル類の

播種性内臓型コクシジウムなどの発生に注意すべきである（2003年に阿寒町でタンチョウから検出された）。

5）蠕 虫 症

　寄生蠕虫類（条虫類，吸虫類，線虫類，鉤頭虫，環形動物など）については，自然史としての寄生蠕虫相や寄生蠕虫を生物標識として用いた鳥類生態学などからよく研究されてきた。しかしながら，全般的に未調査の鳥類種が多いことも事実で，最近，われわれが経験した症例だけでもカイツブリのエウストロンギリデス症，コウノトリの眼虫症，カモ類のアミドストマム症およびエポディモストマム症，コハクチョウの住血吸虫症などがある。また，鼻腔に寄生し重篤な蛭症を起こすことが知られるヒル類の調査はない。Hirudinidae 科や Haemadipsidae 科の種は日本でも普通に生息するので，今後は，こういったヒル類の水鳥類などにおける寄生状況の調査も必要となろう。その他，節足動物性の寄生生物については，多岐にわたるので，Asakawa et al.（2002）を参照されたい。

6）対　　　　策

　一般に病原体は endogenous 型と exogenous 型の2タイプに大別される。前者の病原生物は，宿主特異的な寄生蠕虫類のように臨床症状を示さないことが普通で，時に日和見的な感染症を惹起する程度である。一方，後者のものは重篤な症状を引き起こすことが多く，ニューカッスル病や鳥ペストなどが含まれる。最近では，ペット動物として日本に持ち込まれ，外来種化した鳥類から，「エイリアン・ヘルミンス（外来種化した寄生蠕虫類）」が在来鳥類へ寄生することにより生ずる蠕虫症も警戒されている。これも後者の例である。

　このような蠕虫症を防ぐためには，たとえば中間宿主の除去を行うなど，病原体の生態に準じた方法を取り入れる必要がある。特に，薬剤にだけ頼る方法は，野鳥では投与法が難しいこと，薬剤耐性株出現の可能性があることなどから，この点は十分に留意すべきである。いったん大規模な感染症が発生した場合，死体の早急な回収や焼却，感染の疑われる個体の収容と殺処分なども実行する必要がある。

　以上を勘案すると，効果的な感染症あるいは寄生虫症蔓延防止策としては，鳥類と病原体双方の生態に準じ，標的を絞った複合的な方策が望まれ，これまで行ってきたような単一薬剤の大量投与などは効果が薄いことを理解すべきであろう。また，予防という観点から，日本と周辺地域における感染症の情報収集と継続的な疫学調査が不可欠で，このような調査・情報収集体制が，傷病鳥獣の救護活動を実施する際も，常時，平行して機能することが必要である。また，救護活動自体が，不完全な消毒などにより病原体の拡散を助長することが絶対ないよう注意する。無論，一部病原体は人獣共通感染症を引き起こすが，これは本書第6章で触れているので割愛する。もし，規模の大きな感染症の発生が野鳥で生じた場合，どうのように対処したらよいのであろうか。すでに，野鳥の大量死を経験している北米の例を表1に掲載する。このよ

表1 野生鳥類の感染症管理概要　Friend and Franson（1999）より

Ⅰ．計　画
A．必要な組織（人的，法的），装備*の確認
B．生物学的情報　当該鳥類の渡り時期・ルートや過去の感染症発生記録など
C．立　案
Ⅱ．初期行動
A．問題の同定（死体による病理診断，フィールドにおける特性ほか）
B．管理区域の設定（完全閉鎖区域，特別活動区域などの設定）
C．感染症の専門家を含んだ公的組織による死体の除去
Ⅲ．感染症管理の実行
A．管理主体（国，州など）や専門家の本部設置，マスコミ・一般人への対応など
B．鳥類個体群の移動や汚染地域の洗浄など
C．植生や構築物の焼却など
Ⅳ．追跡調査
A．コントロール施策後，1月以内に実施されるモニタリング
B．それ以降の長期的調査
Ⅴ．分　析

＊装　備
　A．死体収集のための自動車やヘリコプターなど
　B．死体焼却や消毒，生態的分解促進のための器材
　C．消毒や二次感染防止のための器材や薬剤
　D．フィールド調査における装備（通信機器含む）
　E．追跡調査のための交通手段や装備
　F．当該地域における野生鳥類の侵入阻止と代替え生息地のための装備，飼料など
　G．野生鳥類のサンプリングのための捕獲器材

うなシステムが直ぐに実現することは困難かもしれないが，その基盤は早々に準備すべき時期にあると考える．なお，Asakawa et al.（2002）では，これまでに日本で発生した，あるいは将来，発生が懸念される鳥類の感染症あるいは寄生虫症について，病原生物（ウイルス，細菌，真菌，原虫，蠕虫および節足動物）別に分け解説（それぞれの一覧表や文献表あり）したので参考にされたい．

参 考 図 書

◆和書の部（五十音順）◆

1) 赤木智香子（1999）：初心者のための図解マニュアル 鳥類の包帯法と副木・副子法，大阪，個人出版．
2) 赤木智香子（1999）：第2回かながわ野生動物救護フォーラム 21世紀のワイルドライフリハビリを考えよう！（かながわ野生動物救護フォーラム講演要旨集編集委員会編），アメリカミネソタ大学猛禽センターの活動，28-37，日本野鳥の会神奈川支部．
3) 赤木智香子，猛禽の森ホームページ：http://www.d1.dion.ne.jp/~akaki_ch/index.html
4) 赤木智香子：鳥の包帯法と副木／副子法，http://www.d1.dion.ne.jp/~akaki_ch/care-first.aid.html
5) 浅野隆司 監訳（1996）：エキゾチックアニマルのための薬物投与ハンドブック，インターズー．
6) ウトナイ放鳥ボランティアーズ活動記録作成委員会（編）（1998）：海鳥を助けよう－ナホトカ号重油汚染事故のウトナイにおける海鳥救護活動の記録，ウトナイ放鳥ボランティアーズ．
7) 小川巌，黒沢信道，武田忠義，森田正治（1996）：アニマルレスキュー教本（野生動物救護研究会編），エコネットワーク．
8) 奥祐三郎（2000）：MVM，体内で増殖・転移する寄生虫"エキノコックス"の拡がり，51，6-17．
9) 奥祐三郎（2002）：北獣会誌，北海道における多包条虫の現状，終宿主診断と感染源対策，46（9），1-13．
10) 押田龍夫，柳川 久（2002）：外来種ハンドブック（日本生態学会編），外来リス類，67，地人書館．
11) 落合謙爾（1996）：日本野生動物医学会誌，水鳥の鉛中毒症，1，55-69．
12) 甲斐芳子（1988）：ムーチョン兵衛山に帰る，平凡社．
13) 神谷正男（1999）：エマージングディジーズ（竹田美文，五十嵐 章，小島荘明 編），エキノコックス症，370-376，近代出版．
14) 神谷正男（2003）：MVM，エキノコックス症 動物対策がヒトを守る，69，12-14．
15) 神谷正男（2003）：平成15年度日獣3学会年次大会（横浜），エキノコックス感染症とその対策，239-242．
16) 川中正憲（2003）：動物由来感染症 その診断と対策（神山恒夫，山田章雄編），エキノコックス症，272-275，真興交易 医書出版部．
17) 川道武男（編）（1996）：日本動物大百科Ⅰ．哺乳類1，平凡社．
18) 川本義郎（2001）：野生動物救護の症例144，ノウサギの骨折2例，118，野生動物救護研究会．

19) 環境省（編）（2003）：ペット動物販売業者用説明アニュアル（哺乳類），環境省．
20) 環境省生物多様性情報システムホームページ：http://www.biodic.go.jp/rdb/rdb_f.html
21) 環境省野生生物課編・著（2002）：改訂・日本の絶滅のおそれのある野生生物2［鳥類］．
22) 菊地　博（1996）：野生動物救護ハンドブック - 日本産野生動物の取り扱い -（野生動物救護ハンドブック編集委員会編），ノウサギ，167-168，文永堂出版．
23) 岸本寿男，志賀定次祠，小川基彦（2002）：小鳥のオウム病の検査方法等ガイドライン（暫定版），国立感染症研究所ウイルス第1部リッケチア・クラミジア室．
24) 黒沢信道（2001）：野生動物救護の症例144，ウサギコウモリの救護例，117-118，野生動物救護研究会．
25) 黒沢信道，斉藤慶輔，渡辺有希子，福井大祐，坂東元，小菅正夫（2003）：北獣会誌，2002年度におけるワシ類鉛中毒の発生状況，88．
26) 小家山仁，他（1996）：爬虫類・両生類の臨床指針，11-39，インターズー．
27) コウモリの会（1999）：Learning about Bats 3，アブラコウモリの子どもを保護したら，コウモリの会．
28) 国立感染症研究所獣医科学部（編）（2003）：狂犬病対応ガイドライン2001及び付属書14，国立感染症研究所獣医科学部．
29) 齋藤慶輔（1996）：野生動物救護ハンドブック－日本産野生動物の取り扱い－（野生動物救護ハンドブック編集委員会編），野生復帰と追跡調査（鳥類），78-91，文永堂出版．
30) 斉藤慶輔，住吉　尚，志村良治，上林亜紀子，黒澤信道（2000）：第6回日本野生動物医学会大会講演要旨集，オジロワシ・オオワシの鉛中毒症　経口解毒剤による治療をその効果．
31) 斉藤慶輔，渡辺有希子，黒澤信道（2004）：第10回日本野生動物医学会大会講演要旨集，北海道におけるクマタカ（Spizaetus nipalensis）の鉛中毒とその治療例，46．
32) 佐藤節雄，三宅　隆（1969）：動物園水族館雑誌，ムササビの人工哺育および飼育について，11，11-14．
33) 清水悠紀臣，鹿江雅光，田淵　清，平棟孝志，見上　彪（編）（1995）：獣医伝染病学，4版，近代出版．
34) 志村良治，上林亜紀子（2002）：動物園水族館雑誌，ビタミンB複合剤による中毒が疑われたシマフクロウの斃死例，43，108．
35) 神保健次，鈴木一子（1996）：野生動物救護ハンドブック - 日本産野生動物の取り扱い -（野生動物救護ハンドブック編集委員会編），ムササビ・モモンガ，169-174，文永堂出版．
36) 須藤明子（2005）：自然保護，風力発電が，希少猛禽類の生息環境を破壊する，487，38．
37) 高野伸二（1981）：日本産鳥類図鑑，高野伸二監修，233-246，309-31，東海道大学出版会．
38) 高山直秀（2000）：ヒトの狂犬病・忘れられた死の病，時空出版．
39) 高山直秀（編）（1999）：ペットとあなたの健康，メディカ出版．
40) 竹田津こるり，柳川　久（1995）：森林保護，エゾモモンガ母子の音声コミュニケーション，247，22-24．
41) 武田芳男，愛甲重成（1980）：動物園水族館雑誌，ノウサギの繁殖及び人工哺育について，

22, 33-35.
42) 田中アサ子（1999）：コウモリ通信, アブラコウモリを飼育して, 7（1）, 18-19.
43) 坪田敏男（2001）：第7回日本野生動物医学会大会講演要旨集, 野生動物における環境ホルモン, 14.
44) 東京都健康局地域保健部環境衛生課（編）（2003）：動物由来感染症（Q熱及びオウム病）病原体検出時マニュアル, 東京都健康局地域保健部環境衛生課.
45) 中尾宏隆（2001）：コウチャンしあわせにね！コウモリ飼育観察日記, コウチャン本出版グループ.
46) 中津　賞（1997）：*MVM*, 油汚染海鳥の救護法について, 6（30）, 31-39.
47) 中津　賞（1997）：*MVM*, The Rescue Report 油汚染海鳥の救護法について, 6（30）, 31-39.
48) 中津　賞（1998）：第19回動物臨床医学会年次大会, プロシーディング1, フェレットと小鳥の臨床－小鳥の臨床－, 163-184.
49) 中津　賞（2001）：第22回動物臨床医学会 講演抄録集, 飼い鳥の飼育管理と疾病, 201-209.
50) 中西せつ子（1996）：野生動物救護ハンドブック-日本産野生動物の取り扱い-（野生動物救護ハンドブック編集委員会編）, アブラコウモリ, 153-157, 文永堂出版.
51) 仲山智子（1998）：ムササビとたはぶれた日々, 新潟日報事業社.
52) 日本獣医師会（編）（2002）：学校飼育動物保健衛生指導マニュアル, 日本獣医師会.
53) 日本鳥類保護連盟, 野生動物救護獣医師協会（編）（1997）：野鳥の油汚染救助マニュアル, 日本鳥類保護連盟, 野生動物救護獣医師協会.
54) 蓮尾嘉彪（1996）：野生動物救護ハンドブック－日本産野生動物の取り扱い－（野生動物救護ハンドブック編集委員会編）, フクロウ類, 235-237, 文永堂出版.
55) 原田正史（1997）：コウモリ通信, コウモリからの狂犬病感染, 5（1）, 11-12.
56) 半田ゆかり, 安田宣紘, 阿部慎太郎（2002）：日獣会誌, 奄美大島のリュウキュウイノシシにみられた疥癬　55, 488-500.
57) 福井大祐, 村田浩一, 坂東　元, 小菅正夫, 山口雅紀（2002）：日獣会誌, 輸入キンメフクロウに認められた血液原虫混合感染例に対する治療試験, 55, 673-678.
58) 福井大祐, 村田浩一, 坂東　元, 小菅正夫, 山口雅紀（2002）：北獣会誌, 輸入キンメフクロウに認められた3種の血液原虫感染, 46, 10-12.
59) 藤丸京子（2000）：ムササビの里親ひきうけます, 地人書館.
60) 北海道環境生活部環境室自然環境課ホームページ：
http://www.pref.hokkaido.jp/kseikatu/ks-kskky/sizenhome/sizentop.htm
61) 前田喜四雄（2002）：コウモリ観察ブック（熊谷さとし, 三笠暁子, 大沢夕志, 大沢啓子）, 日本産コウモリの検索表, 286-297, 人類文化社.
62) 前田喜四雄（1994）：日本の哺乳類（阿部　永 監修）, 日本産コウモリ目検索表, 159-167, 東海大学出版会.
63) 万年和明（2002）：大阪市立中央区民センター講演会資料, 狂犬病再上陸のシナリオとそ

の対策.

64) 源　宣之（2001）：平成12年度 厚生科学研究費補助金（新興感染症研究事業）総括研究報告，狂犬病発生時の行政機関等の対応マニュアル作成に関する研究.
65) 村田浩一（1990）：日獣会誌，輸入オウム類に認められた血液原虫ならびにミクロフィラリアの寄生，43，271-274.
66) 森田正治（1998）：JVM，野生動物の臨床 海鳥の油汚染救護編，51(4)，286-290，51(5)，374-379，51(6)，455-458，51(8)，669-675.
67) 柳川　久（1998）：野生動物救護研究会フォーラム'98報告書，保護されたモモンガとコウモリ類の取り扱いについて，4-9，野生動物救護研究会.
68) 山地明子（1996）：野生動物救護ハンドブック－日本産野生動物の取り扱い－（野生動物救護ハンドブック編集委員会編），ワシ・タカ類，229-234，文永堂出版.
69) 山内一也：霊長類フォーラム Primate Forum，人獣共通感染症連続講座 第17回野生動物の狂犬病，http://www.primate.gr.jp/main-j.html
70) 酪農学園大学エクステンションセンター編（1999）：酪農ジャーナル，5月号・10月号，酪農学園大学エクステンションセンター.
71) ワシ類鉛中毒ネットワーク（2001）：ワシ類の鉛中毒根絶をめざしてⅢ－ワシ類鉛中毒ネットワーク2000年活動報告書－，釧路.
72) ワシ類鉛中毒ネットワーク（2002）：ワシ類の鉛中毒根絶をめざしてⅣ－ワシ類鉛中毒ネットワーク2001年活動報告書－，釧路.
73) Arent, L., Martell, M.（1999）：飼育猛禽類のケアと管理 上，下巻（赤木智香子 訳），大阪，個人出版.
74) Cadbury, D（1998）：メス化する自然（古草秀子 訳），集英社.
75) Colborn, T, Dumanoski, D, Myers, J.P.（1997）：奪われし未来（長尾　力訳），翔泳社.
76) Cooper, J.E., Eley, J.T. eds（1987）：野鳥の医学（小川　巌，小川　均 訳），どうぶつ社.
77) Haskins, S.C.（1999）：小動物臨床，獣医学におけるトリアージ，18(6)，28-30.
78) Newman, S.C.（1999）：油汚染海鳥の救護セミナー講義録，Jan. 6th，カリフォルニア大学獣医学部.
79) Rupley, A.E.（2002）：エキゾチックアニマル臨床シリーズ1(1)，救急医療（岡　哲郎 訳），67-84，インターズー.
80) Walraven, E.（1998）：水鳥のための油汚染救護マニュアル（黒沢信道，黒沢優子 訳），北海道大学図書刊行会.

◆洋書の部（ABC順）◆

81) Asakawa, M., Nakamura, S., Brazil, M.A. (2002)：Yamashina Inst Ornithol（山科鳥研報），An overview of infectious and parasitic diseases in relation to the conservation biology of the Japanese avifauna, 34, 200-221.

82) Bauck, L., LaBonde, J. (1997)：Avian Medicine and Surgery (Altman, R., Clubb, S., Dorrestein, G., Quesenberry, K. eds), Toxic Diseases, 604-613, W.B. Saunders.

83) Butterworth, G., Harcourt-Brown, N.H. (1996)：Manual of Raptors, Pigeons and Waterfowl (Beynon, P.H., Forbes, N.A., Harcourt-Brown, N.H. eds), 120, 122, 163, 216, Iowa State University Press.

84) Coles, B.H. (1997)：Avian Medicine and Surgery (Sutton, J.B., Swift, S.T. eds), 2nd ed., 175-178, 329, Blackewell Science.

85) Dumonceaux, G., Harrison, G. (1994)：Avian Medicine, Principle and Application (Ritchie, B., Harrison, G., Harrison, L. eds), Toxins, 1030-1052, Wingers Publishing.

86) Eckert, J., Gemmell, M.A., Meslin, F.-X., Pawlowaki, Z.S. eds (2001)：A public health problem of global concern, Echinococcosis in human and animals, 238-247, World Oraganization for Animal Health/Office International des Epizooties.

87) Evans, M., Otter, A. (1998)：Vet Rec, Fatal combined infection with Haemoproteus noctuae and Leucocytozoon ziemanni in juvenile snowy owls (Nyctea scandiaca), 143, 72-76.

88) Forbes, N. (1993)：In Practice, Treatment of lead poisoning in swan. March, 90-91.

89) Friend, M., Franson, J.C. eds (1999)：Field Manual of Wildlife Diseases, USGS.

90) Greiner, E.C. (1997)：Avian Medicine and Surgery (Altman, R.B. ed), 332, 685, 820, 921, W.B. Saunders.

91) Greiner, E.C., Ritchie, B.W. (1994)：Avian Medecine：Principles and Application (Ritchie, B.W., Harrison, G.J., Harrison, L.R. eds), 383-386, 388, 389, 410, 425, 1007, 1019-1021, Wingers Publishing.

92) Howard, D., Redig, P.T. (1993)：Retrospective analysis of avian fracture repairs：implications for captive and wild birds, Proceedings of Annual Conference of Avian Veterinarians, Nashville, Tenn., 78-82 (full manuscript).

93) Kenny, D, Kinsey, M. (1987)：Regional Proceedings of American Association of Zoological Parks and Aquariums, Brodifacoum toxicity in avian species at the Denver Zoologic Gardens.

94) Kowalczyk, D. (1984)：*J Am Vet Med Assoc*, Clinical management of lead poisoning, 184, 858-860.

95) LaBonde, J. (1991)：The Veterinary North America：Small Animal Practice. Pet Avian Medicine. (Rosskopf, W., Woerpel, R. eds), Avian Toxicology, 1329-1342. W.B. Saunders.

96) Mautino, M. (1990)：Avian lead intoxication. Proc Assoc Avian Vet, Phoenix,

245-247.

97) Mautino, M. (1997)：*J Zoo Wildl Med*, Lead and zinc intoxication in zoological medicine; review, 28, 28-35.

98) Murase, T., Horiba, N., Goto, I., Yamato, O., Ikeda, K., Sato, K., Jin, K., Inaba, M., Maede, Y. (1993)：*Res Vet Sci*, Erythrocyte ALAD-d activity in experimentally lead-poisoned ducks and its change during treatment with disodium calcium EDTA, 55, 252-257.

99) Nakade, T., Tomura, Y., Jin, K., Taniyama, H., Yamamoto, M., Kikkawa, A., Miyagi, K., Uchida, E., Asakawa, M., Mukai, T., Shirasawa, M., Yamaguchi, M. (2005)：*Wild Dis*, 41, 253-256. Lead poisoning in whooper swans, *Cygnus Cygnus and C. Columbianus*; Case reports.

100) Oaks, J.L. (1993)：Rapter Biomedicine (Redig, P.T., Cooper, J.E., Remple, J.D., Hunter J.D. eds), Immune and inflamatory responses in falcon staphylococcal pododermatitis, 72-87, University of Minnesota Press.

101) Porter, S., Snead, S. (1990)：*JAAV*, Pesticide poisoning in birds of prey, 4, 84.

102) Redig, P. (1984)：Proceedings of the International Conference on Avian Medicine, Toronto, Fluid Therapy and Acid Base in the Critically III Patiend, 59-73.

103) Ritchie, B. (1987)：*AAV Today*, Organophosphate poisoning in Columbia livia, 1, 23.

104) Ritchie, B.W., Harrison, G.J., Harrison, L.R. (1994)：Avian Medicine, Principles and Application, Lake Work, Florida, 39-60, Wingers Publishing.

105) Saito, K., Kurosawa, N., Shimura, R. (2000)：Lead Poisoning in Endangered Sea-eagles (Haliaeetus albicilla, Haliaeetus pelagicus) in Eastern Hokkaido through Ingestion of Shot Sika Deer (Cervus nippon), In Raptor Biomedicine III including Bibliography of Diseases of Birds of Prey (Lumeij, J.T., Remple, D., Redig, P.T., Lierz, M., Cooper, J.E., eds), 163-166, Zoological Education.

106) Shlosberg, A. (1976)：*J Am Vet Med Assoc*, Treatment of monocrotophos poisoning in birds of prey with pralidoxine iodide, 169, 989-990.

索　引

あ

アオゲラ　92
アオジ　83, 90
アオバズク　87, 131
アオバト　89
アカゲラ　3, 85, 92
アカハラ　84, 92
アカミミガメ　203
アザラシ　195
足革　155
足輪　25
アスペルギルス（症）　119, 144, 243
アヒルペスト　242
油汚染　99, 100
安全採血量　77
安楽死　43

い

イカル　83, 90
イシガメ　203
異種間輸血　45
イソヒヨドリ　84
イヌワシ　127
インディアンフード　155

う

ウグイス　84, 91
ウサギ（類）　180, 184
　　—の餌　36
ウズラ　83
ウソ　83, 90
ウミスズメ　96
海鳥　99
ウミネコ　95

海ワシ類　98
羽毛色素欠乏症　48

え

HE染色　228
栄養要求量　42
エキノコックス（症）　171, 220, 222
餌　36, 184, 190, 194
エゾモモンガ
　　—の形質発現　182
　　—の行動発達　182
エゾリス　184
エチレンジアミン四酢酸カルシウム　123
エナガ　85, 92
エリザベスカラー　56
塩土　49

お

オオコノハズク　87
オオジュリン　83, 90
オオタカ　127, 131, 136, 141, 143, 145, 147, 153, 155
オオルリ　91
オオワシ　127, 128, 139, 145, 147
オシドリ　95
オジロワシ　128, 145, 148
オナガ　91
温浴　118

か

海獣類　195
疥癬　225
解剖法　234

カケス　91
カシラダカ　90
カッコウ　86, 93
活性炭投与　104
カメ　202
カモ（類）　84, 94
カモシカ
　　—の餌　36
カモメ　86, 95
カラ（類）　85, 92
カラス　86, 91
カルガモ　84, 95
カルテ　7, 100
カワウ　96
カワセミ　86, 94
カワラヒワ　83, 90
ガン　94
環境ホルモン　239
カンジキ包帯　72
カンジダ　68
関節炎　119
感染症　242
乾燥箱　113

き

気管内異物　39
キクイタダキ　91
キジ　83, 94
キジバト　82, 89
寄生虫症　119, 242
キタキツネ　168, 171, 221
キツツキ（類）　3, 92
キツネ　168
　　—の餌　36
気道確保　39
キビタキ　91
救急処置　134

索引

救急治療 39
給餌 22, 114
吸虫 68
鳩痘 67
球包帯 72
狂犬病 223
　──の症状 224
強制給餌 21, 22, 47, 115, 116, 198
共通感染症 145
キュルシュナー鋼線 57
キレート剤 123
記録 100
記録簿 7
キンクロハジロ 95
筋肉注射 45
キンメフクロウ 146

く

クイナ 97
クサガメ 203
嘴 5
　──の損傷 72
クマタカ 127, 128, 145, 162
クラミジア感染症 65
クロジ 83, 90
クロツグミ 84, 92

け

経口補液 20, 104
形質発現
　エゾモモンガの── 182
血液化学検査データ 131
血液検査 103
血液検査データ 131
血液原虫症 146

こ

コアホウドリ 95
硬度
　水の── 110

行動発達
　エゾモモンガの── 182
硬度調整剤 110
コウモリ
　──の餌 36
　──の人工飼料 194
小型コウモリ類 191
コガモ 95
黒変 48
コゲラ 85, 92
コジュケイ 83, 94
コジュリン 90
個体識別 100
骨髄腔（内）注射 45, 105
骨髄（内）輸液 45, 46, 136
骨折
　──の治療法 55
固定
　テープによる── 17
コノハズク 127
コマドリ 92
コミミズク 127
コルリ 92

さ

採血 103, 200
採血量
　安全── 77
材料
　──の採取法 236
サギ（類） 86, 96
サルモネラ（菌） 68, 243
サンコウチョウ 85, 91

し

Ca-EDTA 63, 123
飼育管理 128, 196
シカ 172
　──の餌 36
趾間包帯 72
シギ 96

シジュウカラ 85, 92
シマアオジ 83, 90
シマフクロウ 127, 131
シマリス 184
シメ 83, 90
ジメルカプトコハク酸 123
写真 5
写真撮影 100
収容 1
収容ネットケージ 107
消化管内寄生虫 188
条虫 68
ジョウビタキ 92
静脈注射 45
静脈内輸液 135
食性 82
褥創 120
ショック 40, 138
シラミバエ 145
趾瘤症 70, 143
シロハヤブサ 146
シロハラ 92
シロフクロウ 146
人工呼吸 12, 39
人工哺育 182, 189
人獣共通感染症 187, 217
身体一般検査 102
心拍数 80

す

水浴 118
スクイズ・ケージ 186
すすぎ 112
スズメ 82, 90
スズメ痘 67
すり餌 81

せ

生化学検査 75, 188
生存の必須条件
　野生での── 75
生理的飢餓糞 49

生理的宿糞　49
セキレイ　86，93
セッカ　91
洗剤　110
洗浄　108，111
洗浄基準　108
線虫　68
蠕虫症　244

そ

創外固定法　142
草食性の鳥　82

た

体温測定　102
体重測定　101
第4類感染症　217，222，223
タカ（類）　87，162
鷹匠　162
　　——の技術　152
脱水　79
タヌキ　165
　　——の餌　36
多包条虫の分布　221
タモ網　31
ダンボール箱　2，3，29

ち

チゴハヤブサ　131，145
チドリ類　96
注射　45，105，166，174，188
チュウシャクシギ　96
鎮静　138

つ

追跡調査　150
接ぎ羽　150
ツグミ（類）　84，92
ツツドリ　93
ツバメ　85，92

ツベルクリン検査　188
ツミ　127
爪の脱落　73
釣り糸　60
釣り針　60

て

DMSA　123
低血糖症　138
D-ペニシラミン　123
テープによる固定　17
癲癇　60

と

痘瘡　67
頭部外傷　138
ドバト　82，89
トビ　12，98，137，141，145，151
トラツグミ　84，92
トリアージ　38，100
鳥インフルエンザ　243
トリコモナス（症）　68，146，243
鳥コレラ　242，243
トリパノソーマ　146
塗料　65

な

内固定法　142
内分泌かく乱化学物質　239
鉛散弾　62
鉛中毒　62，121，147

に

西ナイルウイルス　243
ニホンザル　185
ニホンリス　184
ニューカッスル病　242

ね

ネット　4，5

の

ノウサギ　182
農薬中毒　121，125
ノゴマ　92
ノジコ　83，90
ノスリ　145，155，162

は

敗血症　138
配合飼料　48
ハイタカ　98
ハクチョウ　95
播種性内臓型コクシジウム　244
ハチクマ　131
8の字包帯法　140，142
撥水性　117
羽根
　　接ぎ——　157
羽の構造　99
パピローマウイルス感染症　66
ハヤブサ　127，130，146，153，154，162
パラミクソウイルス感染症　67
バン　88，97

ひ

PA　123
PCR法　65
皮下気腫　74
皮下注射　45
皮下輸液　135
ヒストモナス　243
ヒタキ類　85，91
ヒバリ　83，90
標識　100，120
病理学的検査　227
ヒヨドリ　84，90
ビロードキンクロ　95

ピロプラズマ原虫　146
ヒワ　83，90
貧血　138
ピンニング　57

ふ

フード　153
封入体病ウイルス　242
フェザーマーク　48
吹き矢　31，33
フクロウ（類）　87，98，127，130，145
負傷動物選別　38
伏衣　153
腹腔内注射　45
ブライアン　63
プラスモジウム　146
フルスペクトルライト　214
糞便細菌検査　188

へ

ヘモプロテウス　146
便　102
ペンギン　146

ほ

縫合　189
放飼ケージ　187，190
放鳥　27，161
放鳥基準　120，149
放鳥時の検査　75
放鳥場所　76
補液　109，197
補液剤　109
補液量　109
ホオアカ　83
ホオジロ（類）　83，90
ボーリンゲル小体　67
捕獲法　30
捕獲用ネット　31

ボツリヌス菌　243
保定　14，46，198
ボディーラップ法　141，142
ホトトギス　86
哺乳　182
ポリメラーゼ連鎖反応法　65
ボレイ粉　49
ホンドキツネ　168

ま

マガモ　95
マジックハンド　31
麻酔　50，138，188
麻酔銃　32
麻酔法
　　―リス類の　181
麻酔前投与　138
マヒワ　90
マミジロ　84，92
マレック病　242

み

ミサゴ　137
ミズナギドリ　95
水の硬度　110
ミネソタ大学猛禽センター　142，152
ミヤマホオジロ　83，90

む

ムクドリ　85，90
ムササビ　182，184，185
ムシクイ　91

め

メジロ　84，93

も

猛禽類　97，127
モモンガ類　184，185

や

薬剤投与　104，197
野生動物看護師　28
野生動物リハビリテーター　28
野生復帰　26，88，184，190，201
ヤブサメ　91
ヤマガラ　92
ヤマドリ　83

ゆ

輸液　134
輸液量の計算法　41

よ

ヨシキリ　91
ヨタカ　93

り

リス（類）　180，184
　　―の餌　36
　　―の麻酔法　181
リハビリテーション（リハビリ）　88，117，119，149，201
流動食　114

る

ルリビタキ　92

ろ

ロイコチトゾーン　146

わ

ワセリン　63

野生動物のレスキューマニュアル　　　　　　　　　定価（本体 6,800 円＋税）

| 2006 年 3 月 20 日　第 1 版第 1 刷発行 | ＜検印省略＞ |
| 2012 年 9 月 15 日　第 1 版第 2 刷発行 | |

編 集 者　　森　　田　　正　　治
発 行 者　　永　　井　　富　　久
印刷・製本　　㈱　平　河　工　業　社
発　　行　　**文 永 堂 出 版 株 式 会 社**
　　　　　　〒113-0033　東京都文京区本郷 2 丁目 27 番 18 号
　　　　　　TEL　03-3814-3321　FAX　03-3814-9407
　　　　　　URL　http://www.buneido-syuppan.com
　　　　　　振替　00100-8-114601 番

Ⓒ 2006　森田 正治

ISBN　978-4-8300-3201-1 C3061

文永堂出版

野生動物管理 −理論と技術−

羽山伸一・三浦慎悟・梶　光一・鈴木正嗣　編

B5判，517頁　2012年5月発行　定価7,140円（税込み）送料510円

執筆者（五十音順）：執筆者（五十音順）：淺野　玄，伊吾田宏正，井田宏之，植田睦之，宇野裕之，大井　徹，岡野　司，梶　光一，梶ヶ谷博，川路則友，呉地正行，小泉　透，坂田宏志，東海林克彦，鈴木正嗣，須藤明子，高槻成紀，竹田謙一，塚田英晴，寺本憲之，時田昇臣，常田邦彦，永田純子，羽澄俊裕，羽山伸一，松浦友紀子，松田裕之，間野　勉，三浦慎悟，室山泰之，森光由樹，安田雅俊，柳井徳磨，柳川洋二郎，山本麻希，横畑泰志，横山真弓，吉田剛司，吉田正人

日本の状況に即した日本オリジナルの野生動物管理の書籍がついに完成しました。野生動物管理の道しるべとなる1冊です。

Manfredo et al./Wildlife and Society The Science of Human Dimensions

野生動物と社会 −人間事象からの科学−

伊吾田宏正，上田剛平，鈴木正嗣，山本俊昭，吉田剛司 監訳

A5判，366頁　2011年発行
定価8,190円　送料400円

野生動物と人社会のあり方についての道筋をつけてくれる1冊で，野生動物に関わるあらゆる分野の方にとって必読の書です。

Bird & Bildstein/Raptor Research and Management Techniques

猛禽類学

山﨑　亨 監訳

A4判変形，512頁
2010年発行
定価18,900円　送料510円

猛禽類の研究，保全，医学に関するバイブルといえる関係者必携の1冊です。

Gage & Duerr/Hand-Rearing Birds

鳥類の人工孵化と育雛

山﨑　亨 監訳

B5判，535頁　2009年発行
定価12,600円　送料510円

きわめて変化に富む鳥類の代表的な目のほとんどについて，人工育雛の方法を記述しています。様々な鳥類の食性，生理機能，行動，人工育雛とリハビリテーション技術を網羅した今までになかった1冊です。

Geoff Hosey, Vicky Melfi, Sheila Pankhurst/
Zoo Animals Behavior, Management, and Welfare

動物園学

村田浩一，楠田哲士 監訳

B5判，641頁　2011年発行
定価9,450円　送料510円

本書は動物園を体系的にまとめた1冊です。膨大な量の動物園に関する知識と技術が網羅されて記載されています。関係者のみならず，広く動物に携わる方々に役立ちます。

定価には消費税が含まれています。　●ご注文は最寄りの書店，取り扱い店または直接弊社へ

Bun・eido 文永堂出版

〒113-0033　東京都文京区本郷 2-27-18　　TEL　03-3814-3321
http://www.buneido-syuppan.com　　　　　FAX　03-3814-9407